Methoden zur Bestimmung pflanzlicher Wuchsstoffe

Von

Hans Linser

Dr. phil., Privatdozent an der Technischen Hochschule und an der Hochschule für Bodenkultur, Wien; Leiter des Biologischen Laboratoriums der „Österreichische Stickstoffwerke Aktiengesellschaft", Linz

und

Oswald Kiermayer

Dr. phil., Biologisches Laboratorium der „Österreichische Stickstoffwerke Aktiengesellschaft", Linz

Mit 98 Textabbildungen

Wien

Springer-Verlag

1957

ISBN-13: 978-3-7091-7870-6 e-ISBN-13: 978-3-7091-7869-0
DOI: 10.1007/978-3-7091-7869-0

Softcover reprint of the hardcover 1st edition 1957

Vorwort

Die außerordentlich umfangreiche Literatur, welche während der letzten 25 Jahre, vor allem aber gerade in der letzten Zeit auf dem Gebiete der pflanzlichen sowie der synthetischen Zellstreckungswuchsstoffe erschienen ist, kann gegenwärtig kaum noch überschaut werden. Ihre Bewältigung ist besonders erschwert durch die Tatsache, daß das reiche Material an Beobachtungen und experimentellen Ergebnissen mit sehr verschiedenartigen Methoden, vor allem mit recht unterschiedlichen Testverfahren und an verschiedenartigem Pflanzenmaterial gewonnen wurde. Die Vielfalt der verwendeten Methoden ist selbst für den fachkundigen Bearbeiter, welcher sich bemüht, das Material zu verwerten und in synthetischer Zusammenschau zu überblicken, so verwirrend, daß auch die besten bisherigen Versuche dieser Art nicht als völlig befriedigend bezeichnet werden können. Die Verschiedenartigkeit der verwendeten Methoden beschränkt sich dabei nicht nur auf die Art der technischen Durchführung physiologischer Testverfahren, sondern erstreckt sich ebensosehr auch auf physiologische Verschiedenheiten der verwendeten Testobjekte. Die Auswertung eines jeden einzelnen Ergebnisses erfordert daher eine sehr genaue Kenntnis nicht nur der verwendeten Methode, sondern auch der physiologischen Situation und Verhaltensweise des reagierenden Testobjektes unter dem Einfluß der technischen Durchführung der Methode, eine Kenntnis, welche angesichts der methodischen Vielgestaltigkeit nicht stets in nötigem Umfang gegenwärtig ist. Leider ist auch eine größere Anzahl von Methoden bekanntgemacht und verwendet worden, deren physiologische Bedeutung nicht näher kritisch untersucht worden ist. Alle diese Tatsachen bewirken eine beträchtliche Schwierigkeit bei der vergleichenden Auswertung des experimentellen Materials verschiedener Autoren, aber auch eine merkliche Unsicherheit bei der Auswahl der Methode, welche zur Lösung bestimmter Versuchsfragen herangezogen werden soll. Da zudem die originalen Angaben über die einzelnen Methoden in der Weltliteratur weit verstreut vorliegen und teilweise nur schwer zugänglich sind, wurde in dem vorliegenden Büchlein versucht, sie zu sammeln und so wiederzugeben, daß sie im Laboratorium ohne weiteres ausgeführt werden können. Darüber hinaus wurden die zahlreichen Methoden aber auch im Hinblick auf ihren physiologischen Aussagewert einer kritischen Betrachtung unterzogen, welche nicht nur eine vergleichende Bewertung der Methoden und ihrer jeweils zweckmäßigen

Einsatzmöglichkeiten, sondern auch eine Beurteilung der mit ihnen erzielten Ergebnisse ermöglichen soll. Nicht immer handelt es sich bei den verwendeten Methoden wirklich um Zell*streckungs*wachstumsteste. Es müssen daher auch einige Teilungswachstumsteste berücksichtigt werden, obzwar letztere einer gesonderten Zusammenfassung vorbehalten sein sollten. Um eine brauchbare Vergleichsbasis vor allem der in der Literatur sehr verschiedenartig wiedergegebenen Konzentrations-Wirkungskurven zu erhalten, wurde versucht, die diesbezüglichen Versuchsergebnisse der verschiedenen Autoren zeichnerisch in einem vereinheitlichten Rahmen zu bringen. Wir hoffen damit einen vereinfachten Überblick über die entsprechenden Leistungen der verschiedenen Methoden zu ermöglichen. Herrn Professor Dr. Richard Kuhn, Heidelberg, sagen wir an dieser Stelle für wertvolle Anregungen und Vorschläge unseren ergebensten Dank.

Soweit es zur Nacharbeitung einzelner Methoden erforderlich schien, wurden dem Buch Abbildungen beigegeben. Für die Anfertigung eines Teiles der Abbildungen danken wir besonders Herrn Dipl.-Ing. Roland Kirschner. Dem Springer-Verlag in Wien möchten wir dafür danken, daß er es ermöglicht hat, diese Abbildungen aufzunehmen und das Buch herauszubringen, von dem wir hoffen, daß es für jeden, der sich mit dem Gebiet der pflanzlichen Wuchsstoffe beschäftigt, ein nützliches Hilfsmittel darstellen wird.

Linz, im März 1957

H. Linser
O. Kiermayer

Inhaltsverzeichnis

I. Einleitung

Die Entdeckung zellstreckungsfördernder Hormone, sogenannter „Wuchsstoffe", in Pflanzen nahm ihren Ausgang von der Beobachtung der Lichtwachstumsreaktionen. Schon C. DARWIN (1880) fand, daß die für Licht und Schwerkraft empfänglichsten Stellen der Pflanzen in den Spitzen der Koleoptilen bzw. der Wurzeln liegen und daß von dort eine Wirkung auf die darunter liegenden Gewebe ausgeübt wird, welche sie mit verstärktem (oder vermindertem) Streckungswachstum beantworten. Diese räumliche Trennung von reizaufnehmenden und reagierenden Zonen wurde von W. RHODERT (1894) bestätigt und H. FITTING (1907) nahm auf Grund seiner Versuche eine durch den Lichtreiz hervorgerufene Polarität an, welche sich von Zelle zu Zelle weiter verbreitet. Schließlich konnte P. BOYSEN-JENSEN (1910, 1911, 1913) an der *Avena*-Koleoptile zeigen, daß die Wirkung des Lichtreizes eine Wundfläche überschreitet, indem er Koleoptilen die Spitze abschnitt, aber wieder aufsetzte und sie allein seitlich beleuchtete, worauf der unterhalb der Schnittfläche liegende Koleoptilteil sich in Richtung auf die Lichtquelle hin krümmte. Er betrachtete jedoch den Gesamtvorgang im Sinne einer Analogie zu den Reizleitungsvorgängen in Nerven, ohne die Wirkung eines sich durch Diffusion und Transport in den Zellen ausbreitenden Hormons anzunehmen. Erst A. PAAL (1914), der die Befunde BOYSEN-JENSENS kritisch bestätigte, betrachtete die Koleoptilspitze als den Sitz eines das Wachstum regulierenden Zentrums, in welchem ein Stoff oder eine Mischung verschiedener Stoffe gebildet und an die übrigen Gewebe der Pflanze abgegeben, sowie nach abwärts geleitet wird (PAAL 1919). Er nahm auch an, daß dieser wachstumsfördernde Stoff durch die Belichtung der Spitze entweder in seiner Bildung behindert, oder aber photochemisch inaktiviert bzw. in seiner Abwärtsbewegung gehemmt werden könnte und brachte so zum ersten Mal den Gedanken einer hormonalen Steuerung des Streckungswachstums konkret zum Ausdruck. Er zeigte, daß der Wuchsstoff nicht nur eine Wundfläche, zwischen Koleoptilspitze und Koleoptilstumpf, überschreitet, sondern auch ein dazwischenliegendes Blättchen gequollener Gelatine, durch welches er hindurchzudiffundieren in der Lage ist. P. STARK (1921) versuchte nun, Wuchsstoffe in verschiedenen Gewebeextrakten nachzuweisen, indem er diese in Agarblöckchen brachte, welche er entspitzten Koleoptilen einseitig aufsetzte. Er erhielt jedoch nicht die von ihm erwarteten „negativen" (vom aufgesetzten Agarblöckchen weg weisenden) Krümmungen, sondern keine oder aber entgegengesetzte, „positive" Krümmungen, welche auf wachstumshemmende Wirkungen der Extrakte schließen lassen.

Auch N. NIELSEN (1924) und E. SEUBERT (1925) konnten die Wuchsstoffe, deren Existenz inzwischen durch Ergebnisse H. SÖDINGS (1923,

1925) bestätigt wurde, in Extrakten nicht nachweisen. Erst F. W. WENT (1926) gelang es, die Wuchsstoffe aus der Koleoptilspitze in Agarblöckchen zu überführen und darin nachzuweisen, indem er sich der von STARK benützten Methode bediente. Es gelang ihm, die Wuchsstoffe durch einfaches Aufsetzen von Koleoptilspitzen auf Agarblättchen „abzufangen“ und mit Blöcken, die aus diesen Plättchen geschnitten wurden, durch einseitiges Aufsetzen auf die Stümpfe dekapitierter Koleoptilen diese zu negativen Krümmungen zu bringen (WENT 1928). Seine zu einer exakten Methode ausgearbeitete Arbeitsweise kann heute als der „klassische“ Wuchsstofftest nach WENT bezeichnet werden.

Mit Hilfe dieser von WENT ausgebauten Methode gelang es schließlich F. KÖGL (1932, 1933) mit seinen Mitarbeitern A. J. HAAGEN-SMIT und H. ERXLEBEN (1934 a, b), die pflanzlichen Wuchsstoffe Auxin a, Auxin b und Heteroauxin (= Indol-3-essigsäure) zu isolieren und ihre chemische Struktur aufzuklären. Mit diesen Erfolgen der chemischen Isolierung und Reindarstellung von Wuchsstoffen, vor allem mit der Entdeckung des Heteroauxins, das auch synthetisch herstellbar ist und daher in größeren Mengen angewendet werden kann, schließt der erste Abschnitt der Entwicklung der pflanzlichen Wuchsstofforschung ab. Die nun folgende Periode, welche gegenwärtig noch andauert, befaßt sich vorwiegend mit der Auffindung neuer, synthetisch zugänglicher zellstreckungswirksamer Stoffe, sowie den Auswirkungen solcher Wuchsstoffe auf verschiedenartige physiologische Vorgänge bzw. mit dem Studium ihrer vielfältigen Anwendungsmöglichkeiten bei höheren wie niederen Pflanzen. Als praktisch bedeutungsvoll hat sich dabei die Anwendung von Wuchsstoffen und verschiedenartigen synthetischen Stoffen mit analogen Wirkungen im Gartenbau zur Verbesserung der Bewurzelung von Stecklingen (AVERY und JOHNSON 1947), zur Verlängerung der Blühdauer von Obstbäumen (MARTH und WESTER 1952), zum Ausdünnen unerwünscht starken Fruchtansatzes, zur Erzeugung parthenocarper Früchte, zur Verhinderung des vorzeitigen Abwerfens von Früchten, sowie zur beschleunigten Reifung von Früchten (AVERY 1952) erwiesen. Auch in der Pflanzenzüchtung hat sich die Anwendung von Wuchsstoffen zur Erzielung von Früchten bei Arten, welche infolge zeitigen Abwerfens der Fruchtanlagen normalerweise kaum oder keine Früchte liefern, bzw. zur Erhöhung des Fruchtansatzes bewährt (EMSWELLER 1952). Das wichtigste Verwendungsgebiet von synthetischen Stoffen mit Zellstrekkungswirksamkeit aber besteht in der selektiven Unkrautbekämpfung (z. B. LINSER 1951 a), welche in der praktischen Landwirtschaft, durch die Möglichkeit der selektiven Vernichtung oder Unterdrückung zahlreicher dicotyler Unkrautarten in Getreide und anderen resistenten Kulturen zu großen praktischen Erfolgen geführt hat (z. B. NICKELL 1952) und auch im Grünland (ZÜRN 1950), auf Almen sowie im Forstwesen (LINSER 1954 e) Bedeutung zu erlangen verspricht. Trotz weltweiter Intensivierung der auf diese praktischen Ziele ausgerichteten Forschung konnten aber bisher keine entsprechenden, wesentlichen Fortschritte auf dem Gebiete unserer Kenntnisse über den normalen Wuchsstoffhaushalt der

Pflanze, seine physiologischen Zusammenhänge und seine Rolle im Gesamtgeschehen der pflanzlichen Form- und Ertragsbildung erzielt werden. Dieser dem mit dem Fachgebiet nicht näher Vertrauten unverständlich erscheinende Mangel geht, wie nur eine eingehende Betrachtung zeigen kann, auf die Unzulänglichkeiten der Methoden zurück, welche benützt werden, denn nur mit einwandfreien Extraktions-, Reinigungs- bzw. Trennungs- und Nachweismethoden, welche dazu höchst empfindlich und zur quantitativen Bestimmung brauchbar sein müssen, kann es möglich gemacht werden, den quantitativen Wuchsstoffverhältnissen in den verschiedenen Organen der Pflanze im Laufe normaler oder pathologischer Entwicklungsvorgänge nachzuspüren und dadurch Einblick in die Wirkungszusammenhänge zu erzielen. Die Erarbeitung solcher Methoden, welche zugleich auch für die weitere grundlagenklärende Verfolgung der praktischen Ziele der Wuchsstofforschung unerläßliche Voraussetzung bilden, setzt aber eine kritische Durchleuchtung der Möglichkeiten, welche sie bieten, ebenso voraus, wie eine exakte Ausarbeitung und Verfeinerung ihrer Technik und eine genaue Kenntnis ihrer Fehlergrenzen und Fehlermöglichkeiten.

Nachdem die „klassische" Agarwürfelchen-Methode von F. W. WENT (vgl. S. 50 ff.) gefunden worden war, gab man sich zunächst damit zufrieden, den Krümmungswinkel der einseitig mit Wuchsstoff behandelten Koleoptile als Kriterium der Zellstreckungswirkung des untersuchten Stoffes zu betrachten. Im Anschluß an Überlegungen von H. PURDY (1921) machte jedoch H. LINSER (1938) auf die Tatsache des Wuchsstoffquertransportes, also darauf aufmerksam, daß die Größe des Krümmungswinkels nicht nur von der Zellstreckungswirksamkeit des geprüften Stoffes allein abhängt, sondern außerdem von der Geschwindigkeit stark beeinflußt wird, mit welcher die betreffende Substanz von der behandelten Seite der Koleoptile auf deren unbehandelte Seite transportiert wird. Auch nahm man zunächst an, daß eine einfache Proportionalität zwischen angewandter Wuchsstoffmenge und dem Krümmungswinkel bestehe, ehe man feststellte, daß bei höheren Konzentrationen ein Optimum des Krümmungswinkels erreicht und bei noch höheren wieder kleinere Winkel erhalten werden. Auch darüber war man zunächst unbesorgt, weil man glaubte, daß solch hohe Konzentrationen an Wuchsstoffen aus Pflanzen nicht abgefangen werden könnten und daß in pflanzlichen Organen im allgemeinen nur so kleine Wuchsstoffmengen vorzukommen pflegen, daß bei der Testung eine Überschreitung des Optimums nicht in Frage komme. Es zeigte sich nun aber, daß bestimmte Pflanzen, vor allem die verschiedenen Arten der Gattung *Brassica* so außerordentlich hohe Mengen an zellstreckend wirksamen Stoffen enthalten, daß bei deren Extraktion, aber auch schon bei der Abfangung nur eines Teiles davon aus der Schnittfläche eines Organs im Test das Optimum des Krümmungswinkels überschritten wird. Es erwies sich damit als notwendig, jede Probe in mehreren Verdünnungen zu prüfen, um nachzuweisen, ob man einen Krümmungswert oberhalb oder unterhalb des Krümmungsoptimums gemessen hatte. Werte, welche gemessen wurden, ohne daß diese Vorsichtsmaßnahme durchgeführt worden war, hatten ihre unmittelbare Beweiskraft verloren. Inzwischen waren Methoden ausgearbeitet worden, welche auf den Krümmungswinkel als Meßgrundlage verzichteten und die Messung des Längenzuwachses des Testorgans zum Kriterium wählten. Aber auch hierbei behielt die Beziehung zwischen der Konzentration des Wuchsstoffes und seiner Zellstreckungswirkung die Form einer Optimumskurve, so daß die gleichen Vorsichtsmaßnahmen bei diesen Methoden beachtet werden mußten, welche in dieser Hinsicht bei den Krümmungsmethoden notwendig waren. Die Benutzung der von LAIBACH vorgeschlagenen Anwendung von Wuchsstoffen in Form von Lanolinpasten für die Zwecke einer quantitativen Wuchsstoffbestimmung (LINSER 1938, 1939) bot schließlich die Möglichkeit, mit der Längenzuwachsmessung eine Winkelmessung zu kombinieren, wodurch im allgemeinen die Längenwachstumswerte durch den beigeordneten Krümmungswert in ihrer Lage zum Optimum der Konzentrations-Wirkungskurve eindeutig bestimmbar gemacht wurden. Hierbei wurden erstmals *intakte* Koleoptilen als Testobjekte herangezogen, also nicht solche, welchen durch Dekapitation ihre eigene, physiologische Wuchsstoffquelle entzogen wurde. Während bei dekapitierten Koleoptilen während der Versuchsdauer kein berücksichtigenswertes Zellstreckungswachstum erfolgt, beträgt das normale Zellstreckungswachstum intakter Koleoptilen während der Versuchsdauer etwa die Hälfte des überhaupt möglichen Ausmaßes ihres Zellstreckungswachstums und macht damit einen gut meßbaren Betrag aus. Diese Tatsache hatte zur Folge, daß ein weiterer Faktor offensichtlich wurde, der mit den bis dahin vorliegenden Methoden, deren Eigenart gemäß, nicht entdeckt werden konnte, sondern eher verschleiert wurde. Es ergab sich nämlich, daß in Pflanzenextrakten nicht nur Wuchsstoffe, sondern auch ihnen konträr entgegenwirkende (zellstreckungshemmende) „Hemmstoffe" vorliegen (LINSER 1940) und daß diese in manchen Pflanzen in so großer Menge vorhanden sind, daß ihre Extrakte überhaupt nur einen Hemmstoff und keine Spur eines Wuchsstoffeffektes erkennen lassen (LINSER 1940). Diese Tatsache bringt eine neuerliche Schwierigkeit in das Problem der quantitativen Bestimmung von Wuchsstoffen in pflanzlichen Organen, Diffusaten oder Extrakten. Denn auch bei der Anwendung jener Methoden, welche wuchsstoffverarmte bzw. wuchsstoffentleerte Testorgane benutzen, darf die mögliche Gegenwart von Hemmstoffen nicht vernachlässigt werden. Zwar reagieren solche Testorgane nicht direkt auf Hemmstoffe, weil sie kein normales Wachstum besitzen, welches gehemmt werden könnte. Sobald im Verlaufe der Untersuchung eines Stoffgemisches neben dem Hemmstoff wirksamer Wuchsstoff geboten wird, ist auch Wachstum gegeben, das durch den Hemmstoff gehemmt werden kann (LINSER 1951 b, 1953, und KAINDL 1951) und der erhaltene Testwert ist daher weder ein Maß für den vorliegenden Wuchsstoff noch ein solches für den oder die gleichzeitig vorhandenen Hemmstoffe, sondern eine Resultierende aus den Wirkungen beider Stoffe. Die quantitative Wuchsstoffbestimmung setzt daher in jedem Falle ein Verfahren voraus, welches eine quantitative Trennung von Wuchsstoff und Hemmstoff ermöglicht.

Die Tatsache, daß es ausschließlich von dem Wuchsstoffgehalt des verwendeten Testorgans abhängt, ob ein Hemmstoff erkannt werden kann oder ob er sich der Beobachtung entzieht, muß unser besonderes Interesse der Frage zuwenden, welche Bedeutung ganz allgemein der Wuchsstoffgehalt des Testorganes für die Leistungsfähigkeit und den Aussageumfang einer Testmethode besitzt. Wir dürfen wohl mit Recht annehmen, daß auch der in der Pflanze selbst vorkommende, normal das Wachstum regulierende Wuchsstoff in seiner Wirkung, abhängig von der Konzentration, ein Optimum durchläuft. Es ist nun selbstverständlich, daß ein Organ, welches bereits auf physiologischem Wege so gut mit Wuchsstoff versorgt ist, daß es die gesamte Kapazität des ihm überhaupt möglichen Streckungswachstums ausnützt, durch den im Laufe eine Testversuches zugefügten Wuchsstoff nicht zu einer noch größeren Streckungsleistung veranlaßt werden kann. Vielmehr addiert sich die von außen her in die Pflanze gebrachte Wuchsstoffmenge zu jener, welche im Testorgan selbst schon vorhanden war, die Wuchsstoffkonzentration steigt über die optimale an und veranlaßt eine Hemmung des erwarteten Zellstreckungswertes. Es hängt also auch von dem Wuchsstoffgehalt des Testorganes ab, ob ein Wuchsstoff fördernd oder hemmend auf dessen Streckungswachstum einwirkt. Man wird nur von einem solchen Organ einen empfindlichen und mit kleinen Fehlern behafteten Wuchsstoffnachweis erwarten können, welches während der Versuchsdauer weder eigene Wuchsstoffe noch eigene Hemmstoffe besitzt, und es wird nur ein solches Testorgan zum empfindlichen und mit kleinen Fehlern behafteten Hemmstoffnachweis geeignet sein, welches möglichst optimal mit Wuchsstoff versorgt ist, aber keinen Hemmstoff enthält. Dies sind Gesichtspunkte, welche bei der Beurteilung der einzelnen, vorliegenden Wuchsstoff-Testmethoden, sowie bei ihrem beabsichtigten Einsatz berücksichtigt werden sollten, vielfach aber nicht genügend berücksichtigt worden sind.

Die in dem vorliegenden Buch unternommene Zusammenstellung der Wuchsstoff-Testmethoden wurde im Hinblick auf diese eben erwähnten Tatsachen und Überlegungen durch kritische Betrachtungen der einzelnen Methoden und ihrer Leistungs- bzw. Einsatzfähigkeit ergänzt, weil es angesichts des gegenwärtigen Standes der Wuchsstofforschung vor allem auf dem die Grundlagen klärenden Sektor dringend einer solchen Sichtung bedarf. Ohne eine solche Sichtung erscheint es wenig aussichtsreich, das vorliegende ungeheure experimentelle Material auf seinen tatsächlichen Erkenntnisgehalt zu prüfen. Es ist zu erwarten, daß eine solche Überprüfung zeigen wird, daß bei einem Großteil des erarbeiteten Materials theoretische Folgerungen gezogen wurden, ohne die Eigenart der verwendeten Methode jeweils gebührend zu berücksichtigen. In fast allen Fällen aber war bisher keine genügende Reinigung und Trennung der Wuchs- und Hemmstoffe voneinander möglich. War man ursprünglich der Meinung, daß man es in der Pflanze hauptsächlich mit den Auxinen a und b Kögls zu tun habe und daß das Heteroauxin (die Indol-3-essigsäure) nur eine untergeordnete Rolle spiele, so zeigte sich doch im weiteren Verlauf der Untersuchungen, daß es nicht möglich war, die Auxine a und b neuerlich zu gewinnen, so daß heute vielfach an der Allgemeinheit ihres Vorkommens gezweifelt wird. Wenn auch die mit Säure- und Laugestabilität bzw. -labilität arbeitenden Methoden einer Charakterisierung pflanzlicher Wuchsstoffe manchen Hinweis auf das mögliche Vorliegen der Auxine a bzw. b zu geben scheinen, so erscheint das gewählte Kriterium chemisch doch nicht sicher genug, um eine so wichtige Frage eindeutig entscheiden zu können, um so mehr, als bei den kleinsten Mengen, in welchen die Wuchsstoffe vorliegen, und bei der Verschiedenartigkeit der in viel größeren Mengen in pflanzlichen Materialien vorliegenden Begleitstoffe die Stabilitäts- bzw. Labilitätsverhältnisse weitgehend veränderungsfähig sein können. Molekulargewichtsbestimmungen, welche nach einer in diesem Buche ebenfalls näher besprochenen Methode mehrfach durchgeführt wurden, zeigten, daß weder das Molekulargewicht der Auxine noch jenes des Heteroauxins auf die pflanzlichen Wuchsstoffe zutrifft. Um überhaupt feststellen zu können, welche verschiedenartigen Wuchsstoffe und Hemmstoffe in Pflanzen nebeneinander, aber auch in verschiedenen Pflanzenarten vorliegen, war es notwendig, Methoden auszuarbeiten, welche gestatten, solche Feststellungen zu treffen, ohne daß hierzu eine Isolierung wägbarer Mengen in kristallisierter Form notwendig ist, welche sehr kostspielige und umständliche Hilfsmittel erfordert und oft schon an der sachgemäßen Gewinnung des Ausgangsmaterials scheitern müßte. Man zog daher zunächst die Methoden der Säulenchromatographie heran (LINSER 1951 c mit MASCHEK 1953) sowie schließlich die noch empfindlicher arbeitenden Methoden der Papierchromatographie (BENNET-CLARK et al. 1952, JONES et al. 1952, DENFFER et al. 1952 b) und der Papierelektrophorese (DENFFER et al. 1952 a). Dabei zeigte sich, daß man es bei dem größten Teil der zellstreckungsfördernden Wirksamkeit wenigstens bei *Brassica*-Arten mit jener des Indol-3-acetonitrils zu tun hat, welches sich außerdem als der bisher am stärksten wirksame, synthetisch zugängliche Zellstreckungswuchsstoff erwies (JONES et al. 1952, LINSER und KIERMAYER 1956 a). Daneben konnte man aber nicht nur Indol-3-essigsäure, sondern auch noch eine Reihe anderer Wuchsstoffe nachweisen (LINSER et al. 1954). Der größte Teil dieser Untersuchungen bezieht sich aber allein auf die verschiedenen Arten der Gattung *Brassica*, welche bekanntlich (LINSER 1939) außerordentlich hohe Wuchsstoffmengen enthalten. Wenn auch die zahlreichen morphologischen Eigenarten der *Brassica*-Gewächse einen Zusammenhang mit ihrem hohen Wuchsstoffgehalt vermuten lassen, so gibt doch die Beobachtung zu denken, daß *Brassica*-Keimlinge sich von außen her zugefügtem Wuchsstoff gegenüber fast ebenso empfindlich reaktionsfähig erweisen wie andere wuchsstoffarme Pflanzen. Es ist daher nicht unwahrscheinlich, daß man es bei den *Brassica*-Pflanzen, wenn man Extrakte aus ihnen herstellt, nicht nur mit jenen Wuchsstoffen zu tun hat, welche im Pflanzenkörper frei vorliegen und die normalen Zellstreckungsvorgänge physiologisch regulieren (also jenen, welche man als Pflanzenhormon zu bezeichnen berechtigt ist), sondern auch mit solchen Stoffen, welche als Stoffwechselprodukte entstehen und irgendwie mehr oder weniger fest gebunden werden, also am hormonellen Steuerungsgeschehen nicht unmittelbar beteiligt sind, sondern eher als Inhaltsstoffe zu betrachten sind. Es ist wahrscheinlich, daß aus solchen, in lockeren, mitunter auch festeren und nur enzymatisch spaltbaren (BONNER und WILDMAN 1947) Bindungen durch die Extraktionsverfahren Wuchsstoffe in eine freie, wirksame Form abgespalten werden. Angesichts dieser Sachlage darf man sich nicht damit zufrieden geben, wenn es gelingt, die in *Brassica*- und eventuell anderen, abnorm wuchsstoffreichen Pflanzen vorliegenden Wuchs- und Hemmstoffe zu erkennen, zu trennen und zu bestimmen, sondern man wird bestrebt sein müssen, die dabei gewonnenen methodischen Erfahrungen zu noch etwa 1000- bis 10.000fach gesteigerter Empfindlichkeit zu verbessern und zu verfeinern. Hier sind die Arbeiten gegenwärtig eigentlich erst an einem Beginn und gerade im Hinblick darauf soll die in diesem Buch erfolgende Übersicht über die bereits vorliegenden Methoden und ihre Möglichkeiten eine Basis darstellen, von der aus an den angeschnittenen Problemen weitergearbeitet werden kann.

Die zahlreichen „Wuchsstoff-Testmethoden", welche die Literatur uns anbietet, sind sehr verschiedener und in ihren physiologischen Grundlagen keineswegs einheitlicher Art. Im historischen Ablauf der Wuchsstoffforschung befaßte man sich ursprünglich ausschließlich mit Zellstreckungsvorgängen und die Bezeichnung „Wuchsstoff" bezog sich damals auf solche Stoffe, welche das Zellstreckungswachstum (einen physiologisch genau definierten Begriff) fördernd beeinflußten. Es handelte sich dabei also um Stoffe, welche in das Zellstreckungssystem fördernd eingreifen.

Die seit Beginn der Dreißigerjahre unseres Jahrhunderts besonders reichhaltigen Fortschritte der „Wuchsstofforschung" haben gezeigt, daß die Zellstreckungswirkstoffe keineswegs nur das Zellstreckungssystem beeinflussen. Vielmehr vermögen sie meist auch in verschiedenartige andere physiologische Abläufe regulierend einzugreifen. Da sind es vor allem Zellteilungsvorgänge wie die schon erwähnte Entstehung neuer Wurzelanlagen, Callusbildung, die Ausbildung von Trennungsgeweben bzw. die Beeinflussung des Abwerfens von Blütenblättern oder Früchten, welche von Zellstreckungswuchsstoffen beeinflußt werden, ferner auch mannigfaltige Entwicklungsvorgänge wie die Ausbildung parthenocarper Früchte, spezifischer Blattformen (LINSER et al. 1954, 1955), Blattfolgen und eines spezifischen Habitus der Pflanzen. Wir dürfen nicht ohne weiteres annehmen, daß diese physiologischen Funktionen unmittelbar etwas mit dem System der Zellstreckung zu tun haben, vielmehr ist es wahrscheinlicher, daß wir hier ganz verschiedene voneinander weitgehend unabhängige physiologische Vorgänge bzw. Systeme vor uns haben, welche von den an sie herangebrachten Wirkstoffen an ganz verschiedenen Stellen bzw. Wirkungsorten beeinflußt werden. Wir dürfen nicht einfach annehmen, daß die gleiche strukturelle Eigenschaft, welche einem Molekül Zellstreckungswirksamkeit verleiht, auch für eine Teilungswirksamkeit verantwortlich ist. Wahrscheinlicher ist es, daß ein Molekül, welches beide Systeme beeinflußt, auch zweierlei Eigenschaften besitzt: eine Wirkgruppe, auf welche das eine, und eine zweite, auf welche das andere

System anspricht. Freilich können beide Gruppen sich auch teilweise, im Extremfalle vielleicht auch ganz überschneiden. Dies wird man aber nicht von vornherein voraussetzen dürfen.

Es ist deshalb nicht sinnvoll anzunehmen, daß die Zellstreckungswirkung eines Moleküls stets mit seiner Wirksamkeit als Teilungswuchsstoff oder mit seinen morphogenetischen Regulationsfähigkeiten verknüpft sein muß. Es ist denkbar und wahrscheinlich, daß ein bestimmtes Molekül mit verschieden gestalteten Teilen seines raumerfüllenden Körpers in verschieden gestaltete „Lücken“ verschiedenartiger Teile des lebenden Systems hineinpaßt und dort verschiedenartige physiologische Wirkungen auslöst. Daß tatsächlich nicht alle als Zellstreckungswuchsstoffe bekannten Substanzen auch zu den übrigen, von „Wuchsstoffen“ bekannten physiologischen Leistungen befähigt sind, geht zum Beispiel aus folgender Tatsache hervor: Bei *Solanum nigrum* (grüne Pflanzen vor der Blüte) bewirkt eine Besprühung mit 2,3,5-Trijodbenzoesäure Blattdeformationen sowie Parthenocarpie; dagegen zeigen die in gleicher Weise im Zellstreckungstest als Hemmstoffe wirksamen Stoffe Tetrachlorfluoreszein und Tetrabromfluoreszein diese Erscheinungen nicht. Alle genannten Stoffe aber zeigten gleichmäßig verstärktes Längenwachstum der Internodien. Auch Wurzelwachstumsuntersuchungen von Burström (1953) und Hansen (1954) zeigten, daß gleiche Stoffe im Hinblick auf verschiedene physiologische Vorgänge (Zellstreckung, Veränderung der geotropischen Reaktion, Verlust der geotropischen Reaktionsfähigkeit) sich verschieden auswirken.

Da an dem Gesamtwachstum eines pflanzlichen Gewebes nicht nur Streckungs-, sondern auch noch andere Vorgänge, wie Reduplikations- und Teilungsvorgänge, beteiligt sind, welche ihrerseits ebenfalls fördernd durch Stoffe beeinflußt werden können, kann die Bezeichnung „Wuchsstoff“ nicht allein den das Zellstreckungssystem beeinflussenden Stoffen vorbehalten bleiben. Es erwies sich deshalb als zweckmäßig, nicht von „Wuchsstoffen“ allgemein, sondern von „Zellstreckungswuchsstoffen“ zu sprechen, wenn es sich um zellstreckungsfördernde Stoffe im besonderen handelte. Daneben konnte man Zellteilungswuchsstoffe abgrenzen, bei welchen es vielleicht in Zukunft zweckmäßig erscheinen wird, zu unterteilen in solche Stoffe, welche die Selbstvermehrung des Plasmas und der Substanz der Organoide der Zelle fördern („Reduplikationswuchsstoffe“), und solche, welche das Auftreten von Zellteilungen fördern („Teilungswuchsstoffe“ im engeren Sinne). Jedenfalls handelt es sich in diesen Fällen um voneinander verschiedene physiologische Vorgänge, von welchen jeder für sich in besonderer Weise stofflich beeinflußt werden kann, und wir haben keinen vorgegebenen Grund zu der Annahme, daß ein Stoff, der einen dieser Vorgänge, wir können auch sagen eines dieser physiologischen Systeme, beeinflußt, auch die anderen zu beeinflussen in der Lage sein müsse.

Wenn eine an eines dieser Systeme herangebrachte Substanz überhaupt eine Wirkung darauf ausübt, so kann diese nicht nur eine fördernde, sondern auch eine hemmende sein[1]. Wir sprechen in einem solchen Falle nicht von Wuchs-, sondern von Hemmstoffen. Wir hätten demnach nicht nur von Zellstreckungswuchsstoffen und Zellstreckungshemmstoffen zu sprechen, sondern auch von Teilungswuchs- bzw. Teilungshemmstoffen. Es empfiehlt sich daher, die Wuchs- und Hemmstoffe jedes Systems als „Wirkstoffe" zusammenzufassen, so daß wir Zellstreckungswirkstoffe von Teilungs- bzw. Reproduktionswirkstoffen zu unterscheiden haben.

Wenn wir es aber mit verschiedenartigen physiologischen Systemen zu tun haben, auf welche die „Wuchsstoffe" einwirken, dann wäre es wünschenswert, bei der Besprechung der einzelnen Testmethoden eine Einteilung zu verwenden, welche das verwendete physiologische Testsystem als Ordnungsgrundlage verwendet. Man müßte danach Zellstreckungsteste von Teilungstesten, Parthenocarpietesten, Morphogenesetesten usw. unterscheiden. Leider wurde diesem Gesichtspunkt bisher aber in der vorliegenden Literatur wenig Beachtung geschenkt. In manchen Fällen erscheint auch der den einzelnen Testmethoden zugrundeliegende Vorgang zu sehr mit andersartigen verflochten, als daß eine klare Zuordnung zu der einen oder anderen Gruppe ohne weiteres möglich wäre. Es wurde daher in dem vorliegenden Buch eine Einteilung der Testmethoden nach rein methodischen Gesichtspunkten vorgenommen. In den kritischen Bemerkungen zu den einzelnen Methoden wurde jedoch auch versucht, deren Qualifikation im Hinblick auf den hier erwähnten Gesichtspunkt, nämlich die Art des bewirkten physiologischen Systems, vorzunehmen.

II. Methoden zur Gewinnung von Wuchsstoffen aus der Pflanze

Die Gewinnung von Wuchsstoffen aus pflanzlichem Material kann entweder mit der einfachen *Abfangmethode* oder durch *Extraktion* des Materials mit bestimmten Extraktionsmitteln erfolgen.

Bei der Abfangmethode muß beachtet werden, daß damit die *Wuchsstoffabgabe* eines pflanzlichen Organs an ein Agarplättchen, nicht aber der gesamte Wuchsstoffgehalt erfaßt werden kann. Die Wuchsstoffabgabe ist aber kein einfacher Diffusionsvorgang (Linser 1940), sondern ein zum Teil aktiver Transport, der eine physiologische Funktion darstellt, die ihrerseits von verschiedenen Faktoren, vor allem aber vom Saftstrom des betreffenden Pflanzenorgans abhängig ist. Dieser Safttransport wird

[1] Um auf dem Sektor der Zellstreckungswuchsstoffe sowie sonstiger pflanzlicher, das Wachstum beeinflussender Stoffe zu einer einheitlichen Nomenklatur zu gelangen, versuchten Mitglieder der American Society of Plant Physiologists eine internationale Übereinkunft zustande zu bringen. Ihre Bemühungen brachten als Ergebnis eine nur von vier Forschern (H. B. Tukey, F. W. Went, R. M. Muir, J. van Overbeek) gezeichnete Erklärung zur „Nomenclature of Chemical Plant Regulators" (1954), welche jedoch keine allgemeine Anerkennung fand und insbesondere von P. Larsen (1955 b) abgelehnt wurde.

durch das Abschneiden bzw. Dekapitieren des Pflanzenteils sicherlich verändert, so daß die Menge an abgefangenem Wuchsstoff unter abnormalen Verhältnissen gewonnen wird und daher kein absolutes Maß für die Wuchsstoffabgabe eines bestimmten Organs unter normalen Verhältnissen darstellt.

Zur Bestimmung des Gesamt-Wuchsstoffgehaltes einer Pflanze bzw. eines ihrer Organe müssen statt der Abfangmethode Extraktionsverfahren angewendet werden. Dabei ist jedoch die Gefahr gegeben, daß durch die Zerstörung normaler Strukturen des lebenden Systems während der Extraktion Artefakte entstehen, die bei der Beurteilung des Gesamt-Wuchsstoffgehalts zu falschen Schlüssen führen können, indem sie z. B. einen zu hohen Wuchsstoffgehalt vortäuschen. (Vgl. Extraktion von *Brassica*-Arten, LINSER 1939.)

Trotzdem kann man aber durch Extraktion zu einem einigermaßen befriedigendem Schluß kommen, wieviel Wuchsstoff in einem bestimmten Pflanzenmaterial produziert wird, so daß heute im allgemeinen die Extraktionsmethode, besonders in Verbindung mit modernen Trennungsverfahren, der Abfangmethode vorgezogen wird.

A. Abfangmethode

Diese Methode, die von WENT (1929), KRAMER und WENT (1949), AVERY et al. (1937), LINSER (1940) u. a. angewendet wurde, um aus Pflanzenorganen Wuchsstoffe zu gewinnen, beruht darauf, daß irgend ein Pflanzenteil (z. B. Sproßspitze, Knospe, Blatt usw.) mit der Schnittfläche auf ein Agarplättchen aufgesetzt wird, so daß Wuchsstoff aus dem Organ in den Agar diffundieren kann. Die Handhabung der Methode erfolgt z. B. nach SÖDING (1952) folgendermaßen:

In einem großen Becherglas, das 1000 ccm Wasser enthält, werden 30 g reiner, gewaschener Agar gelöst und mit Faltenfilter abfiltriert. Sodann werden je 16,5 ccm des gelösten Agars in warme Meßzylinder gefüllt und auf gereinigte, vollkommen waagrecht liegende Glasplatten (9 × 12 cm) gleichmäßig ausgegossen. Von der erkalteten Agarplatte werden nur aus der ebenen Fläche Scheiben, die eine Dicke von 1,45 mm haben, herausgeschnitten und in 70 %igen Alkohol zur Aufbewahrung eingelegt (im Alkohol verliert der Agar nach einigen Monaten etwa 0,2 bis 0,3 mm an Dicke).

Für die Abfangversuche werden aus solchen Scheiben, die vorerst gut mit fließendem Wasser gewaschen werden, Blöckchen von geeigneter Größe herausgeschnitten (vgl. S. 54). Die frischen Schnittflächen verschiedener Pflanzenorgane (z. B. Koleoptilspitzen, Blattstiele, Knospen usw.) werden mit solchen Scheiben bedeckt, welche sich möglichst der Form der Schnittfläche anpassen sollen. Nach der Abfangung werden diese Scheiben in Blöckchen zerteilt. Am besten wird der Versuch in Schalen durchgeführt, die zur Erzielung einer hohen Luftfeuchtigkeit mit feuchtem Filtrierpapier ausgelegt sind und mit Glasscheiben bedeckt werden. Die Abfangdauer beträgt meist 1 bis 2 Stunden. Da natürliche

Wuchsstoffpräparate meist nicht lange Zeit haltbar sind (wuchsstoffzerstörende Enzyme!), sollen diese sehr bald in einem physiologischen Wuchsstofftest (z. B. WENT-Test oder einem anderen Krümmungstest, vgl. S. 50ff.) getestet werden.

Da von den Pflanzen-Schnittflächen auch noch andere wuchsstoffzerstörende oder wachstumshemmende Stoffe in den Agar diffundieren, erweist es sich als vorteilhaft, die Schnittflächen vor dem Auflegen des Agars mit Wasser abzuspülen (SÖDING 1952). Auch vorheriges Aufstellen der Pflanzenteile auf feuchtes Filtrierpapier (VAN OVERBEEK 1938a, FUNKE 1939) bzw. Zwischenlegen von Filtrierpapier zwischen Pflanzenschnitt und Agar führt in bestimmten Fällen zu einer besseren Ausbeute an Wuchsstoffen (FUNKE 1939).

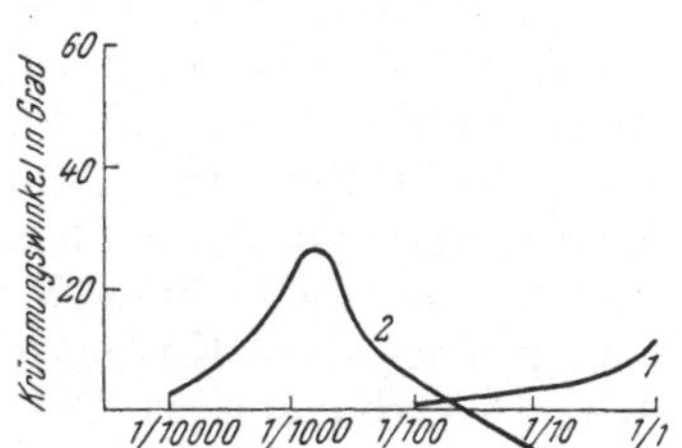

Abb. 1. *Abfangmethode. 1* Wuchsstoffabgabe von 15 Rapko-Pflanzen an 15 Agarplättchen während 2 Stunden. *2* Mit Alkohol aus 15 Rapko-Pflanzen extrahierter Wuchsstoff, in Agarblöckchen in Verdünnungen getestet. (Nach LINSER 1940)

Die mit Hilfe der beschriebenen Abfangmethode erhaltene Wuchsstoffmenge stellt nur die zum Teil aktive Wuchsstoffabgabe des betreffenden Organes dar, keinesfalls aber dessen tatsächlichen Gesamt-Wuchsstoffgehalt. Der letztere kann nur durch Extraktion des Pflanzenteiles bestimmt werden. Die Wuchsstoffausbeute mit der Abfangmethode ist, wie Versuche von LINSER (1940) zeigten, wesentlich geringer als bei der Extraktion des betreffenden Pflanzenorgans (Abb. 1). So betrug z. B. das Verhältnis zwischen abgegebener und vorhandener Wuchsstoffmenge bei Rapko-Pflanzen etwa 1 : 3300.

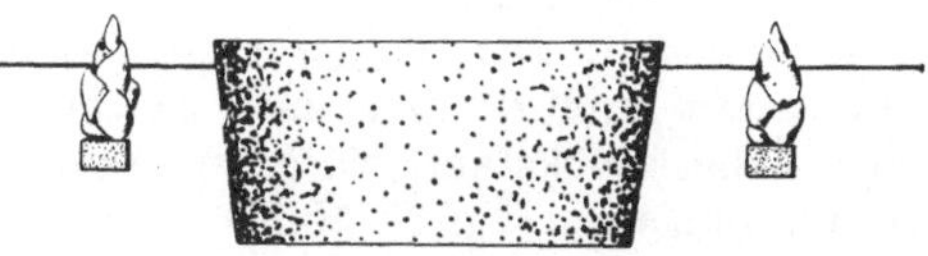

Abb. 2. Versuchsanordnung bei der Abfangmethode. Knospen mit Agarwürfeln mittels Stecknadel auf Kork aufgesteckt. (Nach SÖDING 1952, S. 18)

Die Wuchsstoffausbeute mit der Abfangmethode setzt ferner eine gute Wuchsstoffleitung und die Fähigkeit des verwendeten Pflanzenmaterials, Wuchsstoff abzugeben, voraus. Nach einigen Autoren (BOYSEN-JENSEN 1933, CHOLODNY 1934, VAN RAALTE 1936, 1937) ist es z. B. zum Abfangen von Wuchsstoffen aus Wurzelspitzen notwendig, diesen 10% Glukose oder eine Nährlösung von Glukose und Mischsalzen (3 g Agar + + 10 g Glukose + 0,1 g Ca $(NO_3)_2$ + 0,025 g K_2HPO_4 + 0,025 g $MgSO_4$ + $FeCl_3$ + 100 ccm Wasser) zuzuführen. Für die Abfangung von Wuchsstoff aus kleinen Pflanzenorganen bewährte sich die in Abb. 2 gezeigte Versuchsanordnung.

Eine Abänderung dieser Methode besteht darin, daß pflanzliche Organe (z. B. Koleoptilspitzen) in eine kleine Menge Wasser eingelegt werden und diese wässerige Lösung dann getestet wird. (WILDMANN und BONNER 1948, TERPSTRA 1953b, SÖDING und RAADTS 1953.)

B. Extraktionsmethoden

1. Äther als Extraktionsmittel

Da Wuchsstoffe eine äußerst hohe Empfindlichkeit gegenüber Peroxyden zeigen (VAN OVERBEEK 1938 b), ist es bei allen Äther-Extraktionen notwendig, den zur Verwendung kommenden Äther auch von den letzten Spuren von Peroxyden zu befreien. Die Reinigung des Äthers geschieht nach REIMERS (1943) auf folgende Weise:

Zu 1 Liter Äther werden etwa 2,5 g pulverisierte $FeSO_4$ und etwa 0,5 g pulverisierte CaO gegeben und kurz durchgeschüttelt. Nach der Zugabe von 20 ccm dest. Wasser wird die Mischung 3 Minuten lang stark durchgeschüttelt. Der Äther wird sodann von der wässerigen Phase abgetrennt und einer Behandlung in einer 3-Liter-Destillationsflasche unterworfen, die in einem Wasserbad mit 50 bis 60° C steht und mit einem Liebig- oder West-Kondensor und einer 1-Liter-Flasche (in eisgekühltem Wasser) verbunden ist. Die ersten 50 ccm und die letzten 50 bis 100 ccm des Destillates werden weggeschüttet, das Destillat sodann für 2 Stunden eingefroren. Trocknen mit chemischen Mitteln wird nicht empfohlen. Der Äther wird in eine trockene Flasche überführt und, wenn er nicht gleich verbraucht wird, im Eiskasten aufbewahrt. Die Ätherflaschen sollen nicht mit Glasstoppeln, sondern mit Kork verschlossen werden, da nach REIMERS wie der Kork die Autoxydation des Äthers verhindert.

Methode von Boysen-Jensen (1937): Das frische, wenig zerkleinerte Pflanzenmaterial wird mit einem Gemisch von 20 ccm Äther und 1 ccm 1%iger Essigsäure kalt während 20 Stunden extrahiert und diese Behandlung anschließend zwei- bis dreimal wiederholt. Der Abdampfungsrückstand wird mit verdünnter $NaHCO_3$-Lösung aufgenommen und mit Äther ausgeschüttelt. Der so gereinigte wässerige Anteil wird dann schwach angesäuert und dreimal mit gleichem Volumen Äther ausgeschüttelt. Der Äther-Rückstand wird in Agar überführt und in einem *Avena*-Krümmungstest (vgl. S. 50 ff.) untersucht. VAN OVERBEEK (1938) wendet sich gegen diese Extraktionsmethode, da der Säurezusatz die Ausbeute an Wuchsstoff nicht erhöht und außerdem ,,Auxin b“ zerstört. Er schlägt darum folgende Extraktionsmethode vor (vgl. BONDE 1954).

Das Pflanzenmaterial (z. B. Knoten von Zuckerrohr oder die Spitzen des Stammes bzw. die Basis von Ananas-Blättern) wird in 5 × 2 × 2 mm große Stücke geschnitten (Stengel von etiolierten Erbsen- oder Bohnenkeimlinge brauchen nur in 1 bis 2 cm lange Stücke zerteilt zu werden). Das Pflanzenmaterial (1 bis 20 g) wird vorzugsweise bei 1° C gewogen und dann in eisgekühlten, peroxydfreien Äther in 50 bis 100 ccm Erlenmeyer-Kolben gegeben. Die Menge an Lösungsmittel kann verschieden gewählt werden, soll jedoch nicht weniger als 2 ccm pro g Pflanzenmaterial sein. Die Gefäße werden mit Korken verschlossen und ins Dunkle bei 1° C gestellt. Nach 45 bis 60 Minuten wird der Äther vom Pflanzenmaterial und dem ausgetretenen Saft dekantiert. Das Pflanzengewebe wird zweimal mit 5 ccm Äther durchgewaschen und diese beiden Lösungen mit dem ersten Extrakt vereint. Danach wird das Gewebe nochmals mit der gleichen

Äthermenge übergossen wie zu Beginn der Extraktion und weitere 45 bis 60 Minuten stehen gelassen. Nach dieser Zeit wird wieder dekantiert, zweimal durchgewaschen und schließlich aller Äther zusammengeschüttet. Durch Eindampfen bei 50 bis 55° C wird der Äther auf ein bestimmtes Volumen gebracht (15 oder 25 ccm) und kann so für den physiologischen Test weiter verarbeitet werden. Nach LARSEN (1955 a) soll die Extraktion des „freien" Wuchsstoffs nach $1^1/_2$ bis 2 Stunden vollständig sein, während die Ausbeute an „gebundenem" Wuchsstoff unsicher ist.

Einfrieren des Pflanzenmaterials in Kohlensäureschnee vor der Extraktion steigert die Ausbeute an Wuchsstoff. Ein Zermahlen des gefrorenen Pflanzenmaterials ändert die Wuchsstoffausbeute nicht wesentlich (VAN OVERBEEK et al. 1945).

Bei der Extraktion von trockenem Material, wie z. B. Mais-Endosperm, sollen etwa 2 ccm Wasser pro g Pflanzenmaterial vor der Ätherzugabe beigegeben werden. Für eine maximale Wuchsstoffausbeute ist es notwendig, während der Extraktion dauernd zu schütteln (ALDER, unveröffentlicht). Mit wasserfreiem Äther ist es nicht möglich, Wuchsstoffe aus trockenem Pflanzenmaterial zu extrahieren. Bei der Extraktion mit wasserhaltigem Äther scheint es daher möglich, daß die eigentliche Extraktion durch das Wasser geschieht, von welchem die Wuchsstoffe in den Äther übergehen. Nach LINK et al. (1941) kann jedoch wasserfreier Äther zur Entfernung von Pigmenten und Lipoiden aus trockenem Pflanzenmaterial vor der Extraktion verwendet werden.

Ähnlich der Methode von BOYSEN-JENSEN und in Anlehnung an die Arbeitsweise von KÖGL (1932) arbeiteten auch LAIBACH und LOTZ (1936). DU BUY (1938) extrahiert das vorher in CO_2 eingefrorene und wieder aufgetaute Material mit schwach angesäuertem Wasser und dieses wieder mit Äther und Chloroform.

2. Chloroform als Extraktionsmittel

Das für Wuchsstoff-Extraktionen zur Verwendung kommende Chloroform muß frei von schädlichen Verunreinigungen sein. Dies wird auf die Weise erzielt, daß Chloroform drei bis fünfmal mit einer gleichen Menge Wasser ausgeschüttelt und über Nacht mit Na_2SO_4 getrocknet wird. Das Chloroform wird sodann zweimal mit konz. Schwefelsäure, danach achtmal mit Wasser ausgeschüttelt, über Nacht mit Na_2SO_4 getrocknet und schließlich destilliert (HEMBERG 1952). In so gereinigtem Chloroform, das außerdem noch 1 % absoluten Äthylalkohol enthält, können Wuchsstoff-Extrakte vorrätig gehalten werden.

Bei dieser von THIMANN (1940) verwendeten Methode wird das Pflanzenmaterial (etwa 25 g Frischgewicht) dreimal hintereinander mit 15 ccm alkoholfreiem und gut gereinigtem (HEMBERG 1952) Chloroform, mit oder ohne Zusatz von 2 ccm 0,1-n HCl (nicht wie in der Originalarbeit 1,0-n HCl; vgl. LARSEN 1955 a) pro 15 ccm Chloroform, zermahlen. Daraufhin wird jede Chloroform-Fraktion vom Pflanzenmaterial und der wässerigen Phase abgetrennt, die einzelnen Fraktionen auf ein bestimmtes Volumen zusammengeschüttet, eingedampft und die Rückstände mit Wasser aufgenommen, sodann mit gleichem Volumen 3%igem Agar vermischt. Anstelle von Chloroform kann auch Tetrachlorkohlenstoff verwendet werden.

3. Alkohol als Extraktionsmittel

Methode von Laibach und Mayer (1935): 10 g pflanzliche Frischsubstanz wird mit Alkohol und einigen (3) Tropfen Essigsäure versetzt und 2 Stunden lang am Rückflußkühler gekocht, sodann abfiltriert und die Lösung am Wasserbad eingedampft. Der Rückstand wird mit 1 g wasserfreiem Wollfett verrieben.

Methode von H. Linser (1939): 15 bis 80 g des frischen Materials werden durch einen Mixer getrieben oder mit einer Schere fein zerkleinert und sofort mit 100 bis 250 ccm 96%igem Alkohol übergossen. Nach 24stündigem Stehen bei Zimmertemperatur werden der Alkohol abgesaugt, die Rückstände mit frischem Alkohol $^1/_2$ Stunde lang am Rückflußkühler gekocht und die vereinigten alkoholischen Lösungen am kochenden Wasserbad eingedampft. Die Abdampfungsrückstände werden gewogen und zur Testung im Pastentest (S. 79 ff.) mit so viel Wollfett (und wenn nötig mit etwas Wasser) verrieben, daß die Paste zusammen mit dem Extraktionsrückstand insgesamt $^1/_{10}$ der zur Extraktion verwendeten Frischsubstanz beträgt.

Methode von Avery (1940): Das Pflanzenmaterial wird mit einer fünf- bis zehnmal größeren Menge absolutem Äthylalkohol 3 Minuten lang zermahlen, abfiltriert und der Filter zweimal mit 10 ccm C_2H_5OH ausgewaschen. Der Extrakt wird zur Trockne gebracht, der Rückstand in eine bekannte Menge dest. Wasser aufgenommen und in eine gleiche Menge 3%igen Agar überführt.

Der gleiche Autor beschreibt auch eine Methode, bei welcher das Pflanzenmaterial 3 Minuten lang mit einer fünf- bis zehnmal größeren Menge an absolutem Alkohol und peroxydfreiem Äther zermahlen wird. Nach dem Abfiltrieren wird der Filter wieder zweimal mit 10 ccm C_2O_5OH durchgewaschen und der Rückstand in eine bekannte Menge dest. Wasser aufgenommen. Dieses Gemisch wird in 3%igen Agar überführt. Nach Avery (1940) soll auch eine Extraktion mit einem Alkohol/HCl-Gemisch (2 ccm n/10 HCl pro 10 ccm absoluten Äthylalkohol) gute Ergebnisse liefern.

Methode von Linser, Mayr und Maschek (1954): Es wird eine Alkohol-Extraktionsmethode beschrieben, die vor allem für eine weitere chromatographische Aufarbeitung der Extrakte (vgl. S. 20 ff.) Verwendung finden kann. Das Pflanzenmaterial wird durch oberflächliches Abwaschen mit Wasser gereinigt, in etwa 1 cm breite Streifen geschnitten und sofort in das Lösungsmittel gebracht, welches folgende Zusammensetzung hat: 1 Teil 96%iger Alkohol, 1 Teil dest. Wasser, 0,1 % $Al(SO_4)_3$ (bezogen auf die gesamte Flüssigkeitsmenge).

Es wird die fünf- bis siebenfache Menge Lösungsmittel verwendet. Nach ein- bis zweistündigem Stehen wird das Pflanzenmaterial unter

Lösungsmittel in einer Reibschale möglichst weitgehend zerquetscht und dann 12 Stunden am Rückflußkühler gekocht. Nach dem Abkühlen wird der Extrakt zentrifugiert und bei 70° C auf dem Wasserbad so weit eingeengt, bis kein Alkohol mehr darin vorhanden ist (eher wird noch etwas mehr abgedampft). Der wässerige Rückstand wird mit etwa der fünffachen Menge reinem, peroxydfreiem Äther ausgeschüttelt und der so hergestellte Ätherauszug bei 40° C abgedampft und im Eisschrank aufbewahrt. Der wie oben beschriebene Ätherauszug aus dem Pflanzenmaterial wird am Wasserbad bis zu einem klaren, hochviskosen Rückstand eingedampft. Kurz vor der weiteren Aufarbeitung des Extraktes (z. B. Herstellung von Papierchromatogrammen, vgl. S. 33) wird dieser in 2 ccm Äther aufgenommen.

4. Wasser als Extraktionsmittel

Wasser wurde bisher seltener als Extraktionsmittel herangezogen als organische Lösungsmittel. Der Grund dafür liegt darin, daß durch Wasser mehrere andere unerwünschte Substanzen, vor allem Enzyme, mitextrahiert werden, die bewirken können, daß Wuchsstoff-Vorstufen in aktiven Wuchsstoff verwandelt werden, wodurch ein unnatürlich hoher Wuchsstoffgehalt vorgetäuscht wird, bzw. daß aktiver Wuchsstoff inaktiviert wird. Bei Wasserextraktionen ist es daher — zur Ausschaltung der Enzymwirksamkeit — notwendig, entweder in Gegenwart von 0,01% Na-Diäthyl-dithiocarbamat (Terpstra 1953 b) oder bei tiefer Temperatur (0 bis 4° C) zu extrahieren. Im folgenden sollen die wichtigsten Wasser-Extraktionsmethoden, die in bestimmten Fällen oft eine bessere Ausbeute brachten als mit organischen Lösungsmitteln (z. B. bei Maisendosperm, vgl. Avery, Berger und Shalucha 1941 und Avery, Creighton und Shalucha 1940), angegeben werden:

Methode von van Overbeek (1938b): Das Pflanzenmaterial wird mit der ein- bis zehnfachen Menge dest. Wassers versetzt, 3 Minuten lang zermahlen, abfiltriert und der Filter mit Wasser ausgewaschen. Eine bestimmte Menge an wässerigem Extrakt wird einer gleichen Menge 3%igem Agar beigemischt und im physiologischen Test untersucht. Nach Avery, Creighton und Shalucha (1940) wird die beste Ausbeute bei höheren Temperaturen (60 bis 120° C), sowie einem pH-Wert von 9 bis 10 (bei Maisendosperm) erzielt. Bei diesen Temperaturen und diesem pH-Wert gibt die Wasserextraktion eine zehnmal höhere Ausbeute als bei Verwendung anderer Lösungsmittel.

Methode von Gustafson (1941): Das Pflanzenmaterial wird zerschnitten in einen Kühlmörser gegeben und mit Eis bedeckt, damit es rasch einfriert. Blätter werden in 6 bis 7 cm große Stücke geschnitten, während Stengel und fleischigere Teile viel kleiner zerteilt werden. Das Gefrieren und Zermahlen geschieht in einem großen Kühlraum. Das gefrorene Material wird mit einem Pistill zu feinem Pulver zerrieben und schnell gewogen. Etwa 4 bis 8 g des gefrorenen Pulvers werden in 75 ccm stark kochendes Wasser geschüttet und umgerührt. Das aufgekochte

Material wird sodann schnell filtriert, das Filtrat und der Filter in einem Glas mit frisch dest. Wasser überschüttet und in einem Kühlschrank bei 15 bis 17° C aufgestellt.

Der wässerige Extrakt wird wenigstens dreimal mit Äther ausgeschüttelt und zwar in Intervallen von 5, 9 und 16 Stunden. Alle Ätherlösungen werden schließlich zusammengeschüttet, der Äther teilweise abgedampft, sodann die konzentrierten Lösungen in Ampullen umgefüllt und zur Trockne gebracht. Nach Angaben des Autors können die Trockenrückstände 1 bis 2 Tage im Kühlschrank aufbewahrt werden.

Methode von Terpstra (1953 b) und Larsen (1951 b, 1955 a): Das Pflanzenmaterial (z. B. 65 bis 300 etiolierte *Avena*-Koleoptilen bzw. deren 5 bis 25 mm lange Spitzen) wird in einem Mörser zermahlen, der Brei wenigstens mit der gleichen Menge Wasser oder 0,01-mol. KH_2PO_4-Lösung versetzt und durch einen groben Pyrex-Glasfilter (oder durch Filtrierpapier) filtriert. Ein aliquoter Teil dieses Filtrats wird entweder mit Agar vermischt und getestet oder angesäuert, mit Äther ausgeschüttelt und in Agar überführt. Die Wuchsstoffmenge (Indol-3-essigsäure), die mit dieser Methode erhalten wird, beträgt nach Larsen (1951 b) 1,5 bis 2×10^{-4} γ pro Koleoptile und stimmt mit der Menge überein, die mit anderen Extraktionsmitteln erhalten wird. Eine Inaktivierung der Indol-3-essigsäure im Saft der ausgedrückten Koleoptilen findet nicht statt (Larsen 1949, Terpstra 1953 b). Bei 4° C ist die Ausbeute an Wuchsstoff praktisch von der Extraktionsdauer unabhängig. Ein Ansteigen der Ausbeute bei einer Extraktionsdauer von 24 Stunden bei 23° C (Terpstra 1953 b) wird als Auswirkung bakterieller Tätigkeit während der Extraktion gedeutet.

Methode von Avery, Berger und White (1945): Grüne Blätter oder Stengel werden 24 bis 48 Stunden bei tiefer Temperatur und unter Druck gedörrt, zermahlen und in einem Trockenschrank aufbewahrt. 40 bis 50 mg dieses Materials werden 30 Minuten lang mit 10 ccm Wasser bei Zimmertemperatur durchgeschüttelt, der pH-Wert auf 6,0 gebracht und die Suspension zentrifugiert. Der klare Extrakt wird schließlich in verschiedener Verdünnung mit Agar gemischt. Der Rückstand wird bei 120° C 30 Minuten lang mit 10 ccm $\frac{n}{1}$ NaOH autoklaviert. Nach dem Abkühlen wird der pH-Wert auf 6,0 eingestellt, die Suspension zentrifugiert, in Agar überführt und getestet. Bei gewissen Pflanzen (z. B. *Brassica*-Arten) ist die Wuchsstoff-Ausbeute des alkalisch gemachten Materials mehrere Male höher als die des Original-Extraktes. Diese Zunahme wird als Umwandlung einer Wuchsstoff-Vorstufe in aktiven Wuchsstoff gedeutet.

Anstelle von NaOH wird eine parallele Probe mit 0,5-n HCl (Larsen 1955) in der gleichen Weise wie oben behandelt. Auch dabei entsteht Wuchsstoff aus einer Wuchsstoff-Vorstufe. Ob jedoch diese Wuchsstoff-Vorstufe mit jener identisch ist, welche bei alkalischer Reaktion aktiven Wuchsstoff liefert, ist noch ungewiß.

Methode von Winter und Schönbeck (1953): Kaltwasserauszüge aus Getreidestroh werden so hergestellt, daß das gehäckselte (0,5 bis 0,7 cm)

Stroh in bestimmten Gewichtsverhältnissen bei Zimmertemperatur 24 Stunden lang ausgelaugt wird. Nach zweimaligem Filtrieren werden die Extrakte in einem Samenkeimungs-Test (vgl. S. 155) geprüft.

5. Andere Extraktionsmethoden

Wie AVERY, CREIGHTON und SHALUCHA (1940) zeigten, bringt eine Extraktion mit nacheinander verwendeten verschiedenen Lösungsmitteln — z. B. Wasser-Alkohol-Chloroform — bessere Ergebnisse als bei Verwendung jedes dieser Lösungsmittel allein. Diese „Multisolvent-Extraktion" wird folgendermaßen durchgeführt: Das Pflanzenmaterial (z. B. Mais-Endosperm) wird in einem Glasmörser mit einer gleichen Menge gewaschenem Sand versetzt und etwa 3 Minuten mit der zehnfachen Menge des Lösungsmittels zermahlen. Danach wird das Material auf einen Filter geschüttet und durchgesaugt. Die ersten 20 Waschungen (jede mit 5 ccm) werden in einem Gefäß gesammelt, bei vermindertem Druck im Wasserbad (55° C) zur Trockne eingedampft und in eine bekannte Menge Wasser aufgenommen. 1 ccm dieser Lösung wird mit der gleichen Menge 3%igem Agar versetzt und in einem Krümmungstest geprüft.

Das nach diesen Waschungen am Filter zurückbleibende Gewebematerial wird 20 Minuten mit warmer Luft getrocknet und die Waschungen mit dem zweiten Lösungsmittel begonnen. Nach den Waschungen mit dem zweiten Lösungsmittel und nachheriger Trocknung wird schließlich noch mit dem dritten Lösungsmittel extrahiert.

III. Methoden zur Trennung von Wuchs- und Hemmstoffen aus pflanzlichen Extrakten

Bei der Gewinnung von Wuchsstoffen aus Pflanzenmaterial nach der Abfang- bzw. einer der beschriebenen Extraktionsmethoden liegt stets ein *Gemisch* aus verschiedenen Wuchs- und Hemmstoffen vor, so daß sich als Testergebnis nur eine Resultierende aus den Einzelwirkungen der verschiedenen Wirkstoffe ergibt. Da ferner jede dieser wirksamen Komponenten eine verschiedene Charakteristik ihrer Konzentrations-Wirkungskurven zeigt, scheit es nicht möglich, die Gesamtwirkung in irgend welchen Einheiten (z. B. Indol-3-essigsäure-Einheiten) auszudrücken (vgl. S. 96). Eine allen Ansprüchen gerecht werdende Klärung des Wuchsstoffhaushaltes der Pflanzen unter normalen oder pathologischen Verhältnissen kann daher nur dann erfolgen, wenn eine exakte Trennung der einzelnen Wuchs- und Hemmstoffe voneinander möglich ist. Während sich in einem komplexen, aus verschiedenen Molekülen von verschiedener Größe zusammengesetzten System, wie das des Protoplasmas, die Trennung auf Grund verschiedener Löslichkeiten in verschiedenen Lösungsmitteln insbesondere bei Vorliegen allerkleinster Mengen an Wirkstoffen als nicht sehr zuverlässig erweist bzw. erwiesen hat, bieten die modernen Methoden der Säulenchromatographie, Papierchromatographie sowie Elektrophorese offenbar zulänglichere Möglichkeiten, so daß diese Methoden nun auch in der Wuchsstofforschung einen bevorzugten Platz gegenüber anderen Trennungsverfahren einnehmen.

A. Trennung auf Grund verschiedener Löslichkeit

Eine grobe Fraktionierung eines pflanzlichen Extraktes in *saure* und *neutrale* Wuchsstoffe kann so erreicht werden, daß der Extrakt bei verschieden hohem pH-Wert mit Äther ausgeschüttelt wird.

Diese erstmalig von KÖGL und Mitarbeiter (1933, 1934) zur Trennung von Auxinen aus Harn verwendete Methode wurde seither von vielen Autoren benutzt und kann z. B. nach GUTTENBERG, EIFLER und NEHRING (1953) folgendermaßen durchgeführt werden.

Der Rückstand eines Alkoholextraktes wird in 2 ccm Aqua dest. aufgenommen; davon werden 0,5 ccm mit der gleichen Menge 3%igem Agar vermischt und auf einem Glasplättchen von 2,5×2,5 cm Größe ausgegossen. Dieser Agar wird zum Rohtest verwendet. Die restlichen 1,5 ccm der Lösung werden auf 15 ccm mit Wasser aufgefüllt und mit 1,5 ccm gesättigter $NaHCO_3$-Lösung versetzt. Dann wird dreimal mit jeweils 15 ccm peroxydfreiem Äther ausgeschüttelt, im Scheidetrichter getrennt; darauf werden die drei Äthermengen gemeinsam am Wasserbad eingedampft. Der Rückstand wird mit 1,5 ccm Aqua dest. aufgenommen, davon 0,5 ccm mit ebensoviel Agar vermischt und getestet. In dieser *neutralen Phase* sind Aldehyde oder Hemmstoffe zu erwarten. Der wässerige Rest der neutralen Ätherausschüttelung wird mit 2,3 ccm 10%iger Weinsäure versetzt, mit Äther ausgeschüttelt und in Agar überführt. In dieser *sauren Phase* sind die Wuchsstoffsäuren zu erwarten.

Nach LARSEN (1955 a) erhält man aus der sauren Phase die beste Wuchsstoffausbeute bei pH 2,5 bis 4,7. Bei tieferen pH-Werten als 2,5 wird Indol-3-essigsäure inaktiviert. LARSEN berichtet ferner, daß sich in Ätherextrakten, die mit Weinsäure angesäuert werden, ein Hemmstoff bildet, der die Wirkung von Indol-3-essigsäure im *Avena*-Test herabsetzt. Zur Ansäuerung von Wuchsstoffextrakten wird daher statt Weinsäure vorgeschlagen, die Lösung sorgfältig mit einer 0,5-n HCl-Lösung zu titrieren, wobei eine 0,02%ige wässerige Lösung von Methylorange als pH-Indikator Verwendung finden kann (TERPSTRA 1953 a). Wenn die Farbe des Indikators von gelb bzw. orange zu einem klaren Rot umschlägt, werden pro 30 ccm wässeriger Lösung noch 2 weitere Tropfen Salzsäure hinzugegeben (pH 2,7 bis 2,8). Beim weiteren Ausschütteln mit Äther und Wasser bleibt der Indikator in der wässerigen Phase und ist ohne Einfluß auf die Reaktion der Testpflanzen.

B. Trennung durch Wuchsstoff-Inaktivierung

1. Säure-Lauge-Trennung

Nach KÖGL, HAAGEN-SMIT und ERXLEBEN (1934 b) besitzen verschiedene Wuchsstoffe eine verschieden hohe Empfindlichkeit gegenüber Säuren und Laugen. So ist Indol-3-essigsäure stark säureempfindlich, in

Lauge dagegen stabil. Auxin a ist umgekehrt säurestabil, Auxin b säure- und laugeempfindlich. Indol-3-acetonitril ist gegenüber einer einstündigen Behandlung mit 1-n H_2SO_4 bei 100° C stabil (BENTLEY und HOUSLEY 1952) und entspricht in dieser Hinsicht dem Auxin a. Es wird bei Behandlung mit 1-n NaOH bei 100° C zu Indol-3-essigsäure hydrolysiert. Indol-3-acetaldehyd ist sowohl säure- als auch laugeempfindlich und entspricht in dieser Hinsicht dem Auxin b.

Die Handhabung der „Säure-Lauge-Trennung" ist nach LARSEN (1955a) folgende: Die in Äther oder Chloroform gelöste Wuchsstofflösung (die z. B. 0,05 bis 1 γ Indol-3-essigsäure enthält) wird in einem Proberöhrchen zur Trockne abgedampft. Danach werden 2 ccm 5%ige HCl oder 2 ccm 1-n KOH zugegeben. Die Lösungen werden bei 100° C am Wasserbad für $3^1/_2$ Stunden erhitzt und nach dem Abkühlen mit KOH oder HCl neutralisiert. Da die hohe Salzkonzentration (KCl) einen Einfluß auf das Testergebnis hat, muß die Lösung mit Äther oder Chloroform ausgeschüttelt werden. Die Lösungen werden sodann in einem physiologischen Wuchsstofftest auf ihre Wirksamkeit getestet.

Je nach Versuch kann die Säure- und Laugekonzentration, ebenso die Dauer des Erhitzens verschieden gewählt werden. Eine reine synthetische Indol-3-essigsäure-Lösung wird bei obiger Behandlung vollkommen inaktiviert. Dagegen soll nach HOLLEY et al. (1951) eine Indol-3-essigsäure-Lösung bei Sauerstoffabschluß durch diese Behandlungsweise nicht vollständig zerstört werden.

2. Enzymatische Inaktivierung

Auf Grund der Entdeckung von WILDMAN und BONNER (1948), daß ein aus Erbsenkeimlingen gewonnenes Enzym in der Lage ist, Indol-3-essigsäure zu zerstören, ist es möglich, verschiedene, in pflanzlichen Extrakten vorzufindende Wuchsstoffe von Indol-3-essigsäure zu unterscheiden. Nach MOEWUS (1949a) und FELDMEIER und GUTTENBERG (1953) kann die Zubereitung des Erbsenenzyms auf folgende Weise geschehen: Erbsen der Sorte „Brunsviga" werden im Dunkelhaus aufgezogen und nach 7 Tagen, wenn die Epikotylen eine Länge von 8 bis 10 cm erreicht haben, abgeschnitten, gewogen und in einer Eis-Kochsalz-Mischung 30 Minuten lang gefroren. Dann werden sie in einem Mörser zerstampft und mit der gleichen Menge Aqua bidest. versetzt. Der Extrakt wird nun 24 Stunden in den Eisschrank gestellt, anschließend durch Filtration von den Pflanzenresten befreit und bis zu seiner Verwendung im Eisschrank aufbewahrt. Zum Test werden 0,5 ccm der zu prüfenden wuchsstoffhaltigen wässerigen Lösung mit der gleichen Menge Erbsenenzym-Extrakt versetzt, nach fünfstündiger Inkubationszeit (im Thermostaten bei 37° C) wird die Hälfte des Gemisches mit 0,5 ccm 3%igem Agar verarbeitet. Nach FELDMEIER und GUTTENBERG zerstört der Erbsenextrakt eine reine 10^{-2}%ige Indol-3-essigsäure-Lösung vollständig.

C. Trennung durch Diffusion

Auf Grund der verschiedenen Diffusionsgeschwindigkeiten der in pflanzlichen Extrakten enthaltenen Wuchs- und Hemmstoffe durch mehrere Agarplättchen ist es nach GOODWIN (1939) und BOYSEN-JENSEN (1941) möglich, auch mit Hilfe dieser Methode eine Trennung von Pflanzenextrakten zu erreichen (nähere Angaben über die Handhabung der Diffusionsversuche vgl. Kap. VI, S. 160).

D. Säulenchromatographische Methoden

Zur Trennung nahe verwandter Naturstoffe voneinander hat sich die von TSWETT (1906, 1910) erstmals verwendete und später von KUHN und BROCKMANN (1932) zu einer leistungsfähigen Methode ausgearbeitete chromatographische Adsorptionsanalyse (ZECHMEISTER und CHOLNOKY 1938) sehr gut bewährt. LINSER (1951 c) und REDEMANN et al. (1951) verwendeten dieses Trennverfahren erstmalig zur Trennung von Wuchsstoffen aus pflanzlichen Extrakten. Als Adsorptionsmittel können dabei Aluminiumoxyd, Cellulosepulver oder Puderzucker bzw. Calziumkarbonat verwendet werden.

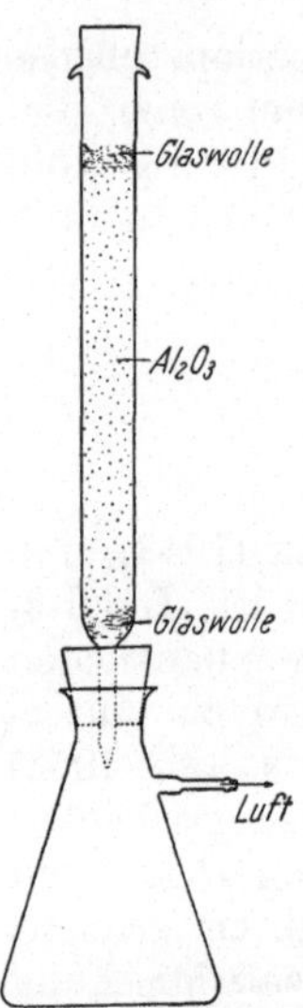

Abb. 3. Chromatogrammröhre (mit Al_2O_3 gefüllt) und Saugflasche

1. Aluminiumoxyd als Adsorbens

Methode von H. Linser (1951c): Der durch Alkohol-Extraktion gewonnene alkoholische wässerige Extrakt (vgl. S. 14) wird noch auf einem Wasserbad auf 50 ccm Volumen eingeengt und an Aluminiumoxyd (BROCKMANN 1944) chromatographiert. Die Chromatogramme werden an 22 cm hohen Säulen von 20 mm Durchmesser erhalten, welche nach dem Einfüllen mit 50 ccm 96%igem Alkohol vorgewaschen sind. Das Einfüllen des Pflanzenextraktes geschieht unmittelbar anschließend an das Absaugen des zum Vorwaschen benützten Alkohols. Um das Einfüllen der Lösungen zu erleichtern, wird das obere Ende der Säule durch eine dünne Auflage von Glaswolle geschützt (Abb. 3).

Nach dem Durchsaugen der Flüssigkeit durch die Säule wird mit 50 ccm reinem 96%igem Alkohol nachgewaschen (bzw. entwickelt). Die Aluminiumoxydsäule kann nach den bei Betrachtung im UV-Licht sichtbar werdenden Fluoreszenzfarben in verschieden lange Abschnitte geteilt werden. Diese einzelnen, voneinander abgetrennten Schichten werden mit n/2 HCl neutralisiert und durch Zentrifugieren von ausgeflocktem $Al(OH)_3$ gereinigt. Dann werden die Eluate am Wasserbad zur Trockne eingedampft. Die Rückstände werden mit einem Glasstempel pulverisiert, nochmals mit 96%igem Alkohol extrahiert und in Meßkölbchen auf 25 ccm gebracht. 12,5 ccm davon werden am Wasserbad zur Trockne eingedampft, der Rückstand in 2 g

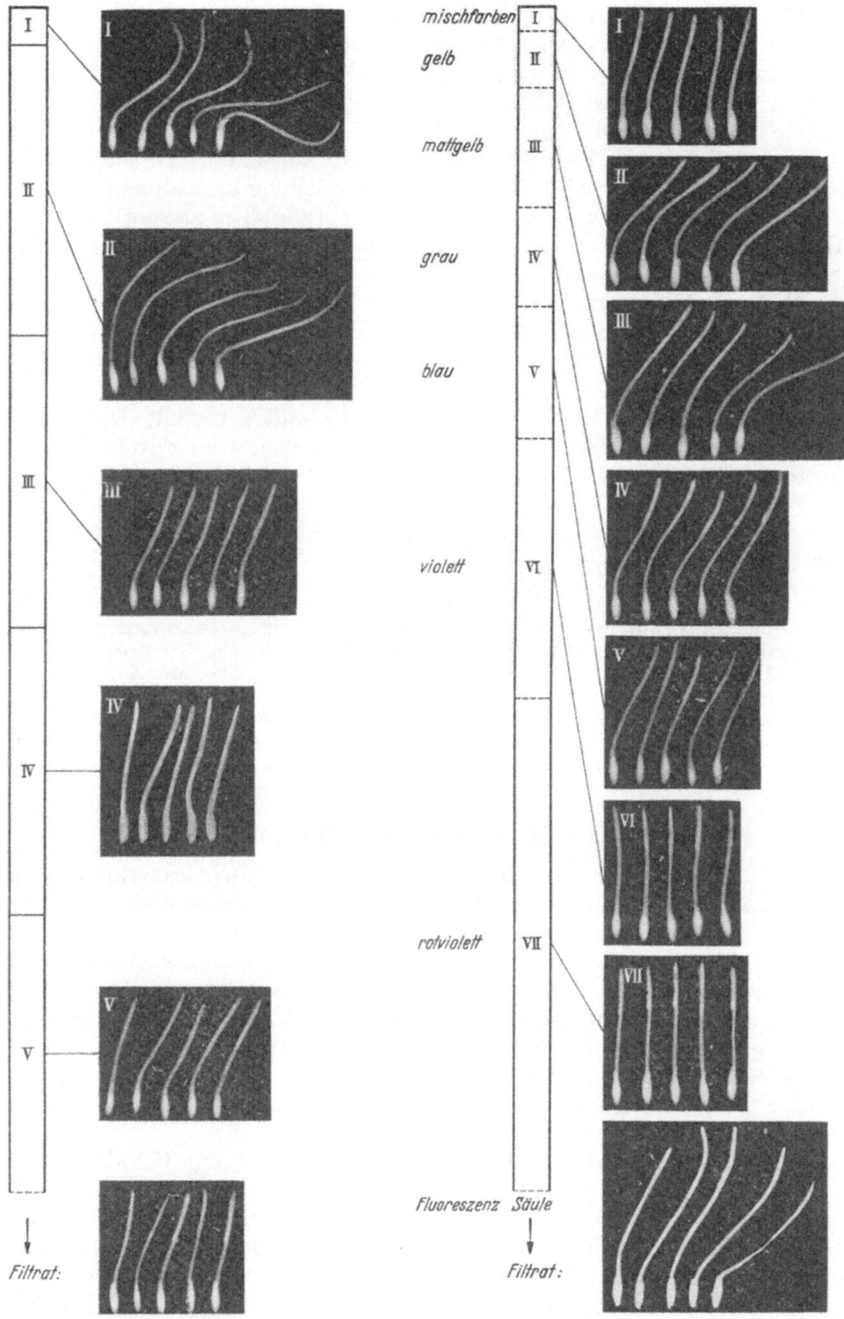

Abb. 4. Wirkung der aus den Eluaten der Säulenabschnitte (Aluminiumoxyd) gewonnenen Wuchsstoffe im Pasten-Test. Die Säulenabschnitte sind von oben nach unten mit römischen Ziffern numeriert. Links Indol-3-essigsäure aus 96%igem Alkohol. Rechts Sprossenkohlextrakt aus Alkohol. (Aus LINSER 1951c, S. 388)

Lanolinpaste aufgenommen und nach der Pastenmethode (S. 79) oder einem anderen physiologischen Wuchsstofftest getestet. Die anderen 12,5 ccm werden ebenfalls im Wasserbad eingedampft, der Rückstand mit 5 ccm 96%igem Alkohol aufgenommen und 1,5 ccm davon mit 3 ccm einer Mischung aus 50 Volumsteilen 35%iger Perchlorsäure mit 1 Volumteil 0,5-mol. Ferrichlorid (vgl. S. 43) versetzt. Nach einer Wartezeit von 30 Minuten wird die entstandene Färbung im Stufenphotometer bei 530 μm gemessen und dann an einer Indol-3-essigsäure-Eichkurve der Indol-3-essigsäure-Äquivalentwert der Farbreaktion abgelesen (vgl. colorimetrische Methoden, S. 43ff.).

Wie auf Abb. 4 ersichtlich, wird bei Verwendung von Indol-3-essigsäure die *gesamte Wirksamkeit* in den obersten Schichten (I und II) adsorbiert, so daß das Filtrat praktisch wuchsstofffrei bleibt. Beim Chromatographieren eines alkoholischen Sprossenkohlextraktes (Abb. 11) ist die Wirkung auf die Schichten II, III, IV und V verteilt. Die Hauptmenge der Wuchsstoffwirksamkeit findet sich dagegen im Filtrat (Indol-3-acetonitril!), obwohl die dazwischenliegenden Schichten VI und VII wuchsstoffunwirksam sind.

Denffer et al. (1952a) und Fischer (1954) schlagen eine Kombination der chromatographischen Adsorptionsmethode mit der Papierchromatographie (S. 24ff.) und insbesondere mit der Papierelektrophorese (S. 36ff.) zur Trennung pflanzeneigener Wuchsstoffe von anderen Indolkörpern vor. Wird z. B. das Adsorbat aus der Aluminiumoxydsäule papierchromatographiert, so ergibt sich bei Verwendung der Nitrit-Reaktion (S. 45) unterhalb der Indol-3-essigsäure-Zone eine dunkelrote, schnell verblassende Zone, die im UV-Licht blau fluoresziert. Die elektrophoretische Aufgliederung des Al_2O_3-Adsorbates eines Rosenkohlextraktes, ergab auf dem Papier verschiedene, im UV-Licht fluoreszierende „Spots". Auch hier konnte die Zone, die auf dem Papierchromatogramm mit Hilfe der Nitrit-Reaktion gefunden wurde, wieder festgestellt werden.

2. Cellulosepulver als Adsorbens

Zur chromatographischen Trennung von Pflanzenextrakten kann nach Linser (1951c) und Fischer (1954) auch Cellulosepulver verwendet werden. Fischer schlägt dazu folgende Methode vor:

Eine 40 cm lange und 15 cm breite Glasröhre, die unten mit einem Drahtnetz und einer etwa 5 cm dicken Watteschicht verschlossen ist, wird unter ständigem Rütteln (in einer Rüttelmaschine) mit Cellulosepulver gefüllt. Das Pulver wird mit Hilfe eines Glasstabes, der am unteren Ende einen Gummistopfen trägt, gleichmäßig in die Röhre gepreßt, danach mit Petroläther und Chloroform langsam nachgewaschen und die Säule schließlich vollkommen trocken gesaugt.

Der wässerige, auf $^1/_{10}$ eingeengte Extrakt wird mit Cellulosepulver vermischt und dieses Gemisch nach Trocknung in das untere Ende der Röhre, nach vorherigem Entfernen des Drahtnetzes und der Watte, hineingepreßt. Der entstandene freie Raum wird mit Cellulosepulver ausgefüllt und abschließend mit einer dünnen Watteschicht verschlossen. Die gefüllte Säule wird nun in einen verschließbaren Glaszylinder eingestellt und aufsteigend mit einem Isopropylalkohol-Lösungsmittel chromatographiert. Nach FISCHER steigt das Lösungsmittel langsam nach oben und es zeigen sich dabei mehrere scharf abgegrenzte Extraktzonen.

Nach dem Chromatographieren wird das Glasrohr aus dem Zylinder genommen und die angetrocknete Cellulosesäule herausgepreßt. Die Bestimmung der einzelnen Indolkörper geschieht so, daß eine Seite der Säule mit dem Lösungsmittel besprüht wird und diese nun feuchte Seite auf einen Filtrierpapierstreifen so lange aufgedrückt wird, bis dieser gleichmäßig durchfeuchtet ist. Der Papierstreifen wird sodann mit einem Indolreagens (S. 43) entwickelt; die Zonen, die eine Indolreaktion zeigen, werden auf der Säule angezeichnet. Die Säule wird nun in die einzelnen Abschnitte zerlegt und diese mit Äther im Soxhlet-Apparat extrahiert.

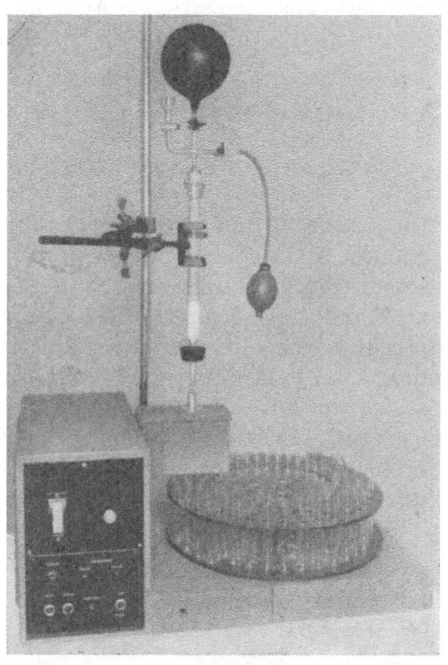

Abb. 5. Fraktions-Kollektor mit teilweise gefüllter Chromatogrammröhre und mit Gummiballon

3. Puderzucker als Adsorbens

Um einen pflanzlichen Extrakt, der bereits durch eine Aluminiumoxydsäule gelaufen war, daher keine Indol-3-essigsäure mehr enthält, noch weiter zu trennen, wird das Filtrat zur Trockne eingedampft und der Rückstand in Petroläther aufgenommen. Diese Lösung wird dann an einer Säule von Puderzucker (vgl. LINSER 1951 c) chromatographiert, wobei mit reinem Petroläther so lange nachgewaschen wird, bis die Chlorophylle in das Filtrat übergehen. Danach werden die Säulenabschnitte mit Wasser aufgelöst und mit peroxydfreiem Äther ausgeschüttelt. Der Äther wird schließlich abgedampft und der Rückstand in Lanolinpaste überführt, oder es wird die ätherische Lösung mit der auf S. 55 abgebildeten Apparatur auf Agarplättchen getropft, so daß die Testung entweder nach der Pastenmethode (S. 79ff.) oder mittels der WENT-Methode (S. 50ff.) erfolgen kann.

Neben Puderzucker kann eine Trennung der nicht indolartigen Wuchsstoffe auch aus Petroläther an Calziumkarbonat mit ähnlichen Resultaten wie bei Verwendung von Puderzucker durchgeführt werden.

Die genannten säulenchromatographischen Methoden lassen sich auch in Verbindung mit einem „Fraktionsschneider" (Fraktions-Kollektor) (Abb. 5) gut durchführen. Bei der absteigenden Chromatographie an Aluminiumoxyd hat sich zur Elution der Säule der in der gleichen Abbildung ersichtliche Schliffverschluß mit Einfülltrichter und einem Anschluß für einen Gummiballon bewährt, der etwas erhöhten Druck herstellt.

E. Papierchromatographische Methoden

Die Papierchromatographie stellt heute wegen ihrer apparativ einfachen Handhabung die wichtigste und zugleich auch zuverlässigste Methode zur Trennung von Naturstoffen, insbesondere kleinster Substanzmengen, die durch Extraktion aus pflanzlichen oder tierischen Geweben gewonnen werden, dar [1]. In der Literatur sind nun mehrere, speziell für die Trennung von pflanzeneigenen Wuchsstoffen (Indolkörpern) ausgearbeitete papierchromatographische Methoden bekannt geworden, die im folgenden beschrieben werden sollen.

1. Methode von T. A. Bennet-Clark, M. S. Tambiah und N. P. Kefford (1952)

Zerkleinertes Pflanzenmaterial wird mit Alkohol 24 Stunden lang bei —5° C extrahiert. Der alkoholische Extrakt wird unter vermindertem Druck konzentriert und der wässerige Rückstand in Äther bei pH 3 aufgenommen. Der Ätherextrakt wird mit einer Natriumbikarbonat-Lösung versetzt, welche dann abgetrennt, angesäuert und nochmals mit Äther extrahiert wird. Die ätherlöslichen sauren Substanzen aus dem Pflanzenextrakt werden konzentriert und auf die Startlinie des Chromatogramms punkt- oder streifenförmig mit Hilfe einer Tropfpipette aufgetragen. Als Lösungsmittel kommt ein Isopropylalkohol-Wasser-Ammoniak-Gemisch (10:1:1) zur Verwendung; entwickelt wird mit einem Ferrichlorid-Perchlorsäure-Gemisch (vgl. S. 43) oder einem Gemisch von Salpetrigersäure-Salpetersäure (vgl. S. 45).

Die quantitative Bestimmung geschieht durch Messung der Spotfläche, und zwar ist der Logarithmus der Fläche des Spots innerhalb bestimmter Grenzen der Konzentration der auf der Startlinie aufgebrachten Menge proportional.

Die biologische Testung der Chromatogramme wurde von den Autoren mit Hilfe des *Avena*-Koleoptilzylinder-Testes (vgl. S. 107 ff.) oder mit einem Erbsenwurzel-Test durchgeführt. Zur Ausführung des letzteren werden 1,3 bis 3,0 mm weit von der Wurzelspitze von Erbsen (*Pisum sativum* var. The Pilot) entfernt Stücke herausgeschnitten und 24 Stunden bei 25° C mit 2 ccm 1%iger Zuckerlösung, die die Wuchsstoffe enthalten, geschüttelt. Danach wird die Längenzunahme der Wurzelschnitte gemessen. Die Anzucht der Erbsen erfolgt in feuchten Sägespänen, in denen sie 4 Tage bei 22° C gehalten werden.

Zur biologischen Testung der Chromatogramme mit dem Koleoptilzylinder-Test wird jedes Chromatogramm in 2,5 × 2,5 cm große Quadrate geschnitten. Diese werden in kleine Pyrex-Schälchen, zusammen mit 2 ccm 3%igem Frucht- oder Rohrzucker und mehreren *Avena*-Koleoptilschnitten (Hafersorte Victory from Svalöf) eingelegt. Der Längenzuwachs der in

---

[1] Über allgemeine papierchromatographische Methodik vgl. Cramer 1954), Turba (1954) und Linskens (1955).

eine Dunkelkammer bei 21° C gestellten Koleoptilstücke wird nach 24 Stunden gemessen.

Da die Anwesenheit von Papierquadraten in der Testlösung auf das Wachstum von Erbsenwurzelschnitten einen Einfluß haben könnte, wurde der Erbsenwurzel-Test nur zur Testung von Wuchsstoffen verwendet, die aus Chromatogrammen eluiert wurden. Um solche Eluate zu erhalten, wird eine große Menge Pflanzenextrakt streifenförmig und parallel dazu derselbe Extrakt einmal punktförmig auf das Chromatogrammpapier aufgetragen. Das Chromatogramm aus dem punktförmig aufgetragenen Spot wird entwickelt; aus dem großen Chromatogramm werden die parallelen aktiven Zonen herausgeschnitten und durch Kochen in Alkohol und Äther eluiert.

2. Methode von L. C. Luckwill (1952)

Äther- oder Wasserextrakte aus Pflanzengeweben werden mit wassergesättigtem Butylalkohol-Ammoniak oder Isopropylalkohol-Ammoniak chromatographiert. Nach dem Trocknen werden die 21 cm langen Chromatogramme in 1 cm lange Querstreifen geschnitten. Jeder Streifen wird in eine kleine Glasschale gelegt und mit 1 ccm Aqua dest. übergossen. Siebzehn Stunden später werden 10 Stück 2 mm lange Weizen-Koleoptilschnitte in jede Schale eingelegt und 24 Stunden nachher mit einem Okularmikrometer gemessen. Die mittlere Länge von 10 Schnitten einer jeden Schale wird bestimmt.

Mit Hilfe dieser Methode konnte Luckwill zwei deutlich voneinander unterschiedene Wuchsstoffe und einen Hemmstoff in verschiedenen Pflanzenextrakten finden.

3. Methode von D. Jerchel und R. Müller 1951 (Terpstra 1953 a, b)

Auf Whatman IV-Filtrierpapier (8×60 cm) werden entlang einer 6 cm langen Startlinie 0,5 ccm der wässerigen Lösung mit mindestens 5γ Indol-3-essigsäure mittels einer Kapillarpipette aufgetragen. Nach kurzem Trocknen bei Zimmertemperatur läßt man durch den Streifen ein Gemisch von 60 Teilen n-Propylalkohol, 30 Teilen konz. Ammoniak und 10 Teilen Wasser während 6 Stunden absteigend laufen. Die Indol-3-essigsäure wandert mit einem R_f-Wert von 0,82 bis 0,84. Zum Nachweis der Indol-3-essigsäure können die auf S. 43ff. beschriebenen Reagenzien verwendet werden. Da Tryptophan die gleichen Farbreaktionen, und bei Verwendung von Propylalkohol-Ammoniak-Wasser auch den gleichen R_f-Wert wie Indol-3-essigsäure gibt, ist es notwendig, diese beiden Substanzen noch weiter zu trennen. Dazu erweist sich ein Gemisch von 70 Teilen Methyläthylketon, 5 Teilen Pyridin und 15 Teilen Wasser als geeignet. Tryptophan gibt dabei einen R_f-Wert von 0,18, die Indol-3-essigsäure dagegen einen von 0,78 (über elektrophoretische Trennung von Indol-3-essigsäure und Tryptophan vgl. S. 39). Für anschließende Bestimmung im biologischen Test ist dieses Lösungsmittelgemisch jedoch ungeeignet.

4. Methode von A. Fischer (1954)

Da sich beim Chromatographieren von chlorophyllhaltigen Pflanzenextrakten der Gehalt an Chlorophyll beim Entwickeln der Chromatogramme störend auswirkt, ist es nach FISCHER (1954) zweckmäßig, vor der Herstellung des Papierchromatogrammes den Pflanzenextrakt nach der Methode von LINSER (1951c) an Al_2O_3 vorzureinigen und danach auf präparativen Filtrierpapierbogen (S und S 2071 und 2230) aufsteigend zu chromatographieren. Die beste Zonenbildung ergibt ein Isopropanol-Ammoniak-Wasser-Gemisch (80:5:15).

Zur Anreicherung von Wuchsstoffzonen kann die von PORTER (1951) beschriebene „Chromatopack"-Methode angewendet werden, die darin besteht, daß an Stelle eines Papierbogens ein Pack von etwa 50 Filtrierpapierbogen, die mit zwei Stahlplatten zusammengepreßt werden, zur Verwendung kommt.

Zur Erzielung einer scharfen Zonentrennung eines Filtrierpapierbogens auch innerhalb des Packs ist es nach FISCHER vorteilhaft, zwischen die einzelnen Papierbogen am oberen und unteren Ende je einen dünnen Kunststoffstreifen einzuführen. Für die „Packmethode" eignen sich die Filtrierpapiere S und S 2071 und 2230 sowie der 6 mm dicke Karton derselben Firma sehr gut. Um eine gleichmäßige Durchdringung der Kartons mit dem Substanzgemisch zu gewährleisten, werden diese längs der Startlinie in Millimeterabständen mit einer Nadel perforiert. Die Handhabung der präparativen Trennung erfolgt nach FISCHER folgendermaßen: Das Substanzgemisch wird etwa 8 cm vom oberen Rand entfernt in einer querverlaufenden Linie auf die Schmalseite des 30 × 55 cm großen Papierbogens mit einer Kapillarpipette aufgetragen. Das Auftragen wird nach kurzem Trocknen auf beiden Papierbogenseiten noch mehrmals wiederholt und diese Bogen sodann übereinander geschichtet. Zwischen die einzelnen Bogen wird am oberen und unteren Ende ein Kunststoffstreifen (2 mm dick, 2 cm breit und einige cm länger als die betreffenden Bogen) eingelegt. Diese Kunststoffstreifen werden an ihren überragenden Enden mit Gummiringen zusammengepreßt. Nach Überprüfen und Korrigieren der Abstände der einzelnen Bogen wird der Papierpack in einen Glastrog mit dem Lösungsmittel eingestellt. Die einzelnen Packs werden hintereinander mit ihren überstehenden Kunststoffstreifenenden auf zwei querstehenden Glasstäben, dic mit je etwa 3 cm langen Druckschlauchenden in dem Glastrog befestigt sind, aufgehängt. Durch die Kunststoffstreifen am unteren Ende des Packs sind diese beschwert und hängen straff in das betreffende Lösungsmittelgemisch. Nach etwa 30 bis 36 Stunden werden die Packs herausgenommen und getrocknet. Nach dem Chromatographieren wird ein 2 cm breiter Streifen von der ganzen Länge des Bogens herausgeschnitten und mit dem Indolreagens (vgl. S. 43) entwickelt. Das Messen der Extinktion geschieht mit einer Photozelle (z. B. Elphor-Auswertegerät). Entsprechend diesen gefärbten Streifen werden die einzelnen Zonen auf den Bogen der Packs in Form waagrechter Streifen herausgeschnitten. Diese werden im Starmix zerkleinert und anschließend im Soxhlet-Apparat mit Äther extrahiert. Der erste Bogen eines Packs enthält ein Mischchromatogramm, und zwar werden hiezu etwa 5 cm vom rechten Rand entfernt auf das aufgetragene Substanzgemisch mehrere synthetische Indolderivate punktförmig aufgetragen, die Stelle wird mit einem Bleistift markiert.

5. Methode von A. J. Vlitos und W. Meudt (1953)

Mit Hilfe einer Mikropipette werden auf die Startlinie, die 2,5 cm weit vom Ende des Chromatogrammpapieres (Whatman Nr. 1; 50 × 46,5 cm) gezeichnet wird, Wuchsstofflösungen bestimmter Konzentration bzw. ein gereinigter Pflanzenextrakt aufgetragen. Die Tropfen, die mindestens 3 cm voneinander entfernt aufgetragen sind, werden 5 Minuten lang luftgetrocknet. Danach wird das Ende des Papierstreifens in einen Trog, der ein Gemisch von Isopropylalkohol-Ammoniak-Wasser im Verhältnis 80:5:15 enthält, eingetaucht und das Chromatogramm 15 Stunden in der Chromatogramm-Kammer („Ascending-descending-Type“ nach Block, Le Strange und Zweig, 1952) laufen gelassen. Das Papier wird sodann aus dem Lösungsmittel herausgenommen, getrocknet und mit einer 1%igen Lösung von p-Dimethylaminobenzaldehyd in n/1 HCl besprüht. Die Arbeiten werden bei einer Temperatur von 22° bis 25° C durchgeführt.

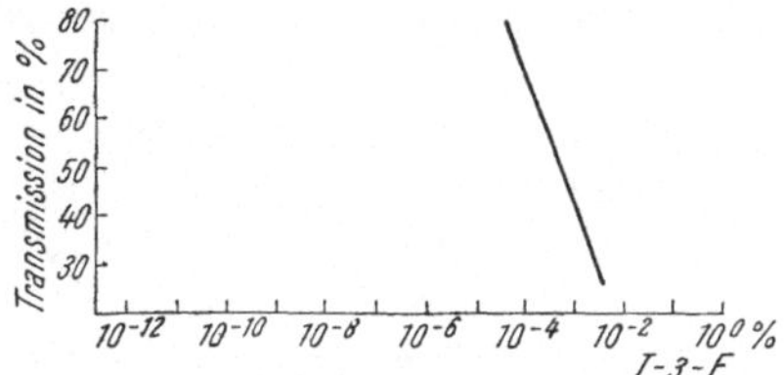

Abb. 6. Papierchromatographische Methode von Vlitos und Meudt. Konzentrations-Transmissions-Kurve. (Nach Vlitos und Meudt 1953, S. 198)

Nach dem Trocknen des Papiers wird die optische Dichte der tiefblauen „Spots“ mit Hilfe eines „Densichron Transmissions-Densitometers[1]“ (Welch Mfg. Company) ermittelt. Wird der Logarithmus der Indol-3-essigsäure-Konzentration auf der Abszisse, die Lichttransmission in Prozenten auf der Ordinate aufgetragen, so erhält man eine gerade Linie (Abb. 6). Mit dem Ansteigen der Indol-3-essigsäure-Konzentration ist, wie aus Abb. 6 ersichtlich, ein Absinken der Lichttransmission verbunden.

---

[1] Ein ähnliches, für andere chromatographische Bestimmungen verwendetes photometrisches Auswertegerät (geliefert durch Fa. Bender & Hobein, GmbH., München, Lindwurmstraße 71) funktioniert in der Weise, daß Chromatogrammstreifen, die nach dem Trocknen an der Luft mit einer Mischung aus Paraffinöl und α-Bromnaphthalin (vom Brechungsindex $n_D = 1{,}51$) getränkt und dadurch weitgehend durchscheinend sind, zwischen zwei Glasscheiben blasenfrei eingespannt an einem etwa 1 mm breiten und 40 mm langen Spalt vorbeigeführt werden, der von vorne durch ein paralleles Lichtbündel durchstrahlt wird. Das durch den Streifen gelangende Licht wird von einer Photozelle aufgenommen. Durch eine Kompensationsschaltung, entsprechend der im Lange-Kolorimeter üblichen, kann erreicht werden, daß die Ausschläge des Meßinstrumentes unmittelbar die Extinktion des Streifens anzeigen (Cramer 1954).

Zur Auswertung von Papierchromatogrammen kann ferner das mit Synchronmotor und Nachlaufschreiber ausgestattete lichtelektrische Chro-

6. Methode von L. J. Audus und R. Thresh (1953)

Bei nachfolgender Methode werden Papierchromatographie und biologischer Test kombiniert angewendet.

Das Papierchromatogramm wird nach der von BENNET-CLARK et al. (1952, vgl. S. 24) angegebenen Methode hergestellt. 4 cm breite und 50 cm lange Streifen werden aus dem Chromatogrammpapier (Whatman Nr. 1) herausgeschnitten. Als Lösungsmittel kommt ein Gemisch von 100 Teilen Isopropylalkohol, 10 Teilen dest. Wasser und 10 Teilen konz. Ammoniak zur Verwendung.

Nach dem Chromatographieren wird die Lösungsmittelfront markiert, das Papier mit einem Infrarotstrahler getrocknet und ein Teil bzw. das ganze Chromatogramm in etwa 20 Querstreifen zerschnitten. Mit jedem Streifen wird ein kleines Glasplättchen (1,5 × 1,5 cm), das von einem mikroskopischen Objektträger abgeschnitten wird, umwunden (Abb. 7). Die Glasplatten mit den Streifen werden darauf in kleine zylindrische, im Durchmesser 2,5 cm breite und 2 cm hohe Glasgefäße gelegt und diese mit einer kleinen Menge 0,5%iger Zuckerlösung (gelöst in Aqua dest.) versetzt. Die Zuckerlösung dient als Kulturmedium für Wurzelschnitte, die für den biologischen Test direkt auf die Papierstreifen aufgelegt werden. Die Schnitte sind 2 mm lang und werden aus der Wachstumszone, 2 bis 4 mm von der Wurzelspitze entfernt, aus 3 Tage alten Erbsenkeimlingen herausgeschnitten (vgl. Wurzel-Zylinder-Test von AUDUS und GARRARD, S. 124).

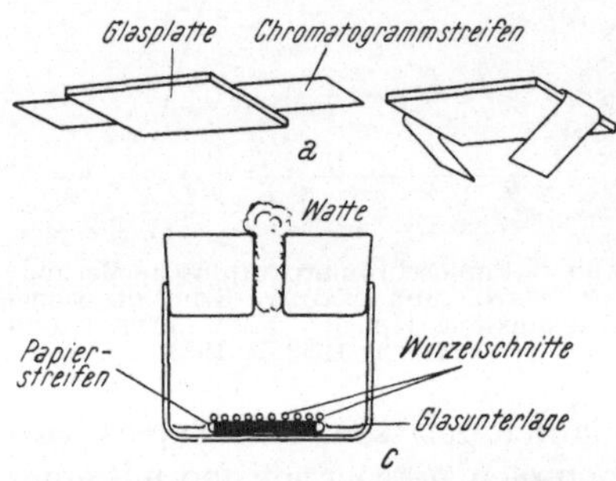

Abb. 7. Papierchromatographische Methode von AUDUS und THRESH (1953). *a* und *b* Der Chromatogrammstreifen wird um ein Glasplättchen gewunden, darauf werden die Wurzelschnitte gelegt (*c*)

Vor dem Auflegen auf die Chromatogrammstreifen werden die Wurzelschnitte in glasdestilliertem Wasser gewaschen und ihre Oberfläche mit Filtrierpapier abgetrocknet. Danach werden sie auf einer Mikro-Torsionswaage (auf 0,1 mg genau) gewogen, auf die Plättchen aufgelegt und das Kulturgefäß mit einem Korkstoppel, der in einer Durchbohrung einen Wattepfropfen enthält, verschlossen (Abb. 7). Die so präparierten Gefäße kommen daraufhin in einen dunklen Brutschrank mit einer Temperatur von 25° C und hoher relativer Luftfeuchtigkeit.

Nach einer bestimmten Zeit (24 Stunden) werden die Schnitte aus den Glasgefäßen genommen, mit Filtrierpapier kurz abgetrocknet, gewogen und die prozentuellen Gewichtsunterschiede der Wurzelschnitte auf den Chromatogrammstreifen gegenüber dem Gewicht der Kontrollen bestimmt.

---

matometer der Firma Dr. B. Lange (Berlin-Zehlendorf) herangezogen werden, bei dem es nicht notwendig ist, die Chromatogrammstreifen mit Paraffinöl durchsichtig zu machen.

Zur graphischen Darstellung der Resultate werden die gefundenen Werte auf der Ordinate, die dazu gehörigen R_f-Werte auf der Abszisse aufgetragen und die Kurve konstruiert. Neben der Gewichtsbestimmung kann auch die Längenzunahme der Wurzelschnitte bestimmt werden (vgl. Abb. 8).

7. Methode von S. P. Sen und A. C. Leopold (1954)

Es wird die aufsteigende Methode angewendet. 2 bis 5 cmm einer 1%igen Test-Lösung in Alkohol oder Wasser werden in gleichen Abständen punktförmig auf die Startlinie des Chromatogrammpapieres (Whatman Nr. 1) aufgetragen. Danach wird das Papier zu einem Zylinder zusammen-

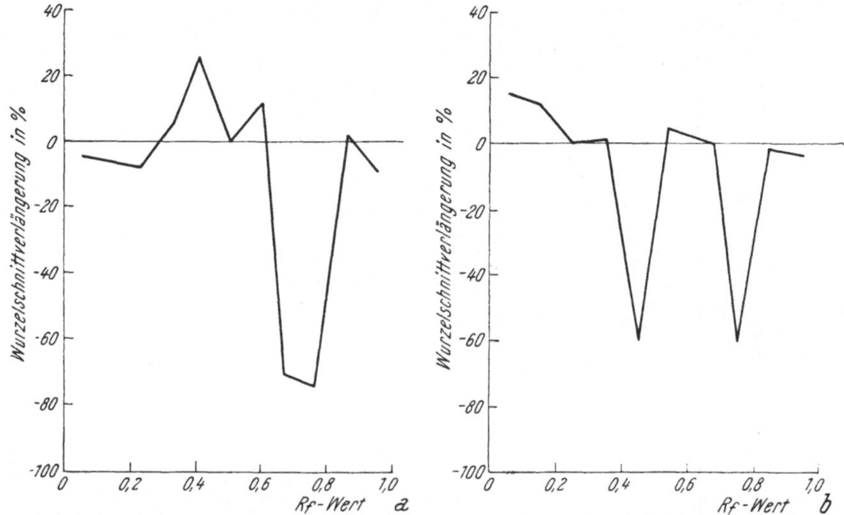

Abb. 8. Papierchromatographische Methode von Audus und Thresh. *a* Chromatogramm-Kurve einer Mischung aus 10^{-4} γ Indol-3-essigsäure + 1,0 γ 2,4-Dichlorphenoxyessigsäure. *b* Chromatogramm-Kurve einer Mischung von 1,1 γ Indol-3-essigsäure + 1,1 γ 2,4-Dichlorphenoxyessigsäure. (Nach Audus und Thresh 1953, S. 460)

gerollt und geheftet in ein Glasgefäß gestellt, welches das Lösungsmittel enthält. Die Filtrierpapierrolle wird aus dem Gefäß genommen, wenn das Lösungsmittel etwa eine Höhe von 20 bis 30 cm emporgestiegen ist. (Die Zeit ist vom verwendeten Lösungsmittel abhängig.) Vor dem Besprühen des Papiers mit dem Reagens wird es über warmer Luft getrocknet.

Als Lösungsmittel können verwendet werden: 70%iger Äthylalkohol (Yamaki und Nakamura 1952); wassergesättigtes Phenol (Mallinckrodt's Phenol A. R.); Isopropylalkohol-Ammoniak-Wasser 10:1:1 (Bennet-Clark et al. 1952, 1953; Denffer et al. 1952a; Jerchel und Müller 1951; Luckwill 1952; Linser et al. 1954), Butylalkohol-Propionsäure-Wasser (Benson et al. 1950), Butylalkohol-Äthylalkohol-Wasser 4:1:1; Butylalkohol-Äthylalkohol-Ammoniak 1:1:2; Pyridin-Ammoniak 4:1.

Die Chromatogrammpapiere werden zum Entwickeln mit verschiedenen Indol-Reagenzien (vgl. S. 43ff.) besprüht und bei 65° C getrocknet.

Tabelle 1. R_f-*Werte verschiedener natürlich vorkommender und synthetischer Wirkstoffe bei Verwendung verschiedener Lösungsmittel (nach S. P. Sen und A. C. Leopold 1954)*

Substanz	Struktur	R_f-Werte in							
		Phenol-Wasser	Butanol-Propionsäure-Wasser	Isopropanol-Ammoniak-Wasser	Butanol-Äthanol-Wasser	Butanol-Äthanol-Ammoniak	70% Äthanol	Pyridin-Ammoniak	Wasser
Indol	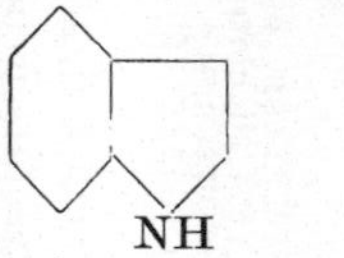 NH	0,99	0,99	0,99	0,93	0,99	0,86	0,97	—
3-Methyl-indol (Skatol)	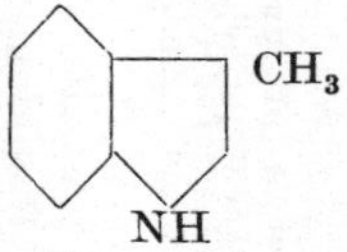 CH_3 NH	0,98	0,99	0,98	0,93	—	0,88	0,98	—
Indol-3-aldehyd	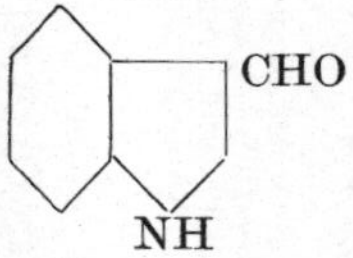 CHO NH	—	—	0,86	0,92	0,98	0,86	0,97	0,47
Indol-3-acetaldehyd	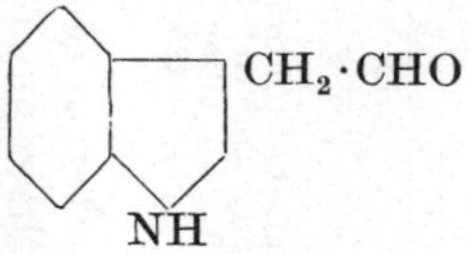 $CH_2 \cdot CHO$ NH	—	—	—	—	—	0,45	—	—
Indol-3-essigsäure	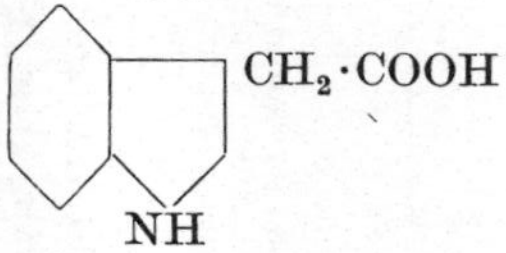 $CH_2 \cdot COOH$ NH	0,80	0,93	0,37	0,66	0,81	0,77	0,56	0,89
Indol-3-propionsäure	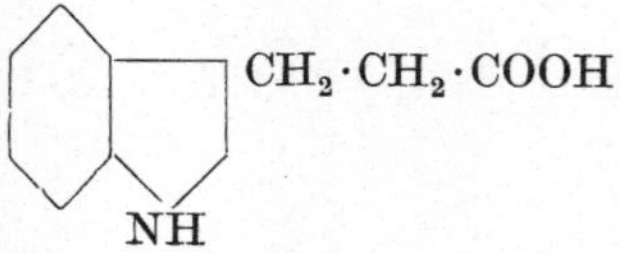 $CH_2 \cdot CH_2 \cdot COOH$ NH	0,82	0,96	0,44	0,76	0,85	0,91	0,61	0,85

Indol-3-acetonitril	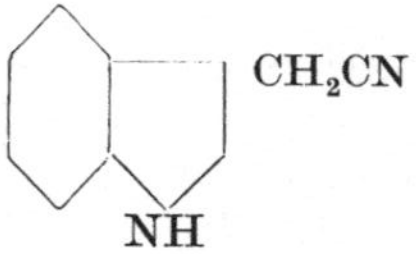 CH_2CN; NH	—	0,9	0,99	0,94	0,99	0,86	0,95	0,41
Tryptophan	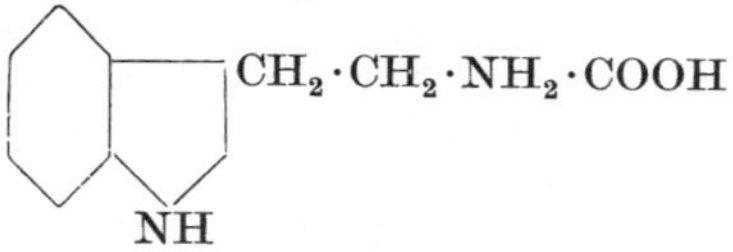 $CH_2 \cdot CH_2 \cdot NH_2 \cdot COOH$; NH	—	—	0,19	0,26	—	0,40	0,45	0,63
Phenoxyessigsäure	 $OCH_2 \cdot COOH$	—	0,91	0,67					
p-Chlor-phenoxyessig-säure	 Cl; $OCH_2 \cdot COOH$	—	0,89	0,56					
2,4-Dichlorphenoxy-essigsäure	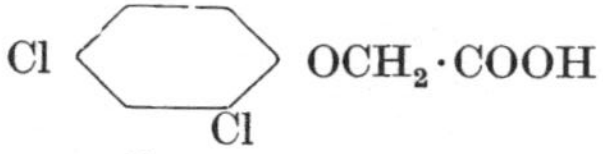 Cl; $OCH_2 \cdot COOH$; Cl	0,83	0,91	0,67					
2, 3, 5-Trijodbenzoe-säure	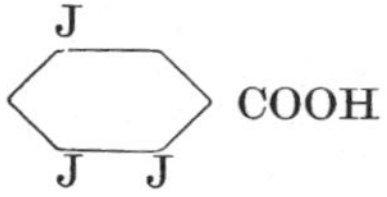 J; COOH; J J	—	0,92	0,78					
α-Naphthylessigsäure	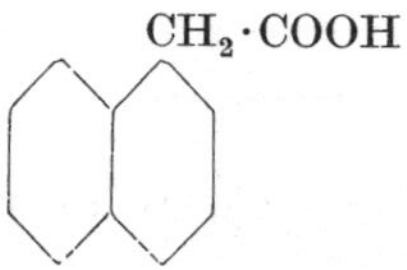 $CH_2 \cdot COOH$	0,93	0,94	0,58					
β-Naphthoxyessigsäure	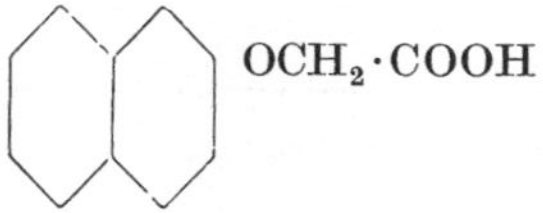 $OCH_2 \cdot COOH$	0,90	0,91	0,60					

Tabelle 2. *Farbreaktionen verschiedener Indolderivate nach S. P. Sen und A. C. Leopold (1954)*

Substanz	UV-Licht (Fluoreszenz)	Farbreaktionen mit					
		$FeCl_3$-$HClO_4$	p-Dimethyl-aminobenz-aldehyd	KNO_2-HNO_3	Zimtaldehyd HCl	anderen Reagenzien: Reagens	anderen Reagenzien: Farbe
Indol	blaßgrün	orange-rot	lichtrot	rot	rötlich-braun	DCCC 5n H_2SO_4	rot rosa
3-Methyl-indol (Skatol)	lichtblau	rötlich-braun [1]	blau	gelb	lichtbraun		
Indol-3-aldehyd	blaßgelb	lichtbraun	lichtbraun	gelb	gelb	Van Eck's Reagens	gelb
Indol-3-acet-aldehyd						Van Eck's Reagens	rot-violett
Indol-3-essig-säure	grau	rosa	bläulich-rosa	rot	gelblich-braun	DCCC Br_2 Krokonsäure in Aceton	braun rot-gelb rot-braun
Indol-3-Pro-pionsäure	lichtblau	lichtbraun	bläulich-grün	gelb	lichtblau		
Indol-3-aceto-nitril	grünlich-blau	grün [1]	gelb	grau-braun	gelb		
Tryptophan	gelblich-grün (nach Behandlung mit $HClO_4$)	lichtbraun	rosa	gelb	lichtbraun	Ninhydrin DSS DCCC 0,5n H_2SO_4	purpurbraun rot-orange rosa grau

[1] Bei Versuchen von LINSER, MAYR und MASCHEK (1954) mit dem Eisenchlorid-Perchlorsäure-Reagens gab Indol-3-acetonitril (hergestellt von Prof. Dr. E. R. H. JONES, University of Manchester) im Gegensatz zu den obigen Angaben eine *blauviolette*, Skatol eine *gelbe* Färbung.

DCCC = Dichlorchinon — Chlorimid; DSS = diazotierte Sulfanilsäure

Tab. 1 gibt eine Aufstellung über die R_f-Werte der wichtigsten Wuchsstoffe nach SEN und LEOPOLD bei Verwendung verschiedener Lösungsmittel. Weiter bringt Tab. 2 die Farbreaktion verschiedener Indolverbindungen nach Behandlung mit verschiedenen Reagenzien.

8. Methode von H. Linser, H. Mayr und F. Maschek (1954)

Zur Anwendung kommt die absteigende Methode (CRAMER 1954), bei der die Möglichkeit gegeben ist, auch Substanzen mit kleinen R_f-Wert-Unterschieden noch gut trennen zu können. Auf der vorher aufgezeichneten Startlinie des Chromatogramms wird mit Hilfe einer Mikrometer-Meß-Pipette[1] durch Auftropfen in Form eines Fleckes von maximal 1,5 cm Durchmesser die Wuchsstofflösung bzw. der Pflanzenextrakt aufgebracht. Bei verdünnteren Lösungen müssen die Tropfen in zeitlichen Abständen, jeweils nach Abtrocknen (am besten mittels eines kräftigen Ventilators) der sich bildenden Flecken aufgetragen werden, um eine unliebsame Vergrößerung des Durchmessers zu vermeiden. Die Aufbringung eines Streifens geschieht in der Weise, daß die Tropfen nebeneinander aufgetragen werden und eine Vereinigung durch Zusammenfluß auftritt. Die Startpunkte haben untereinander einen Abstand von 3,5 bis 5 cm. Als Papier bewährte sich das bekannte Standardpapier Whatman Nr. 1. Seine Laufzeit gestattet es, die Chromatogramme über Nacht laufen zu lassen und jeweils am Morgen mit der Auswertung beginnen zu können. Das Papier Whatman Nr. 4 kann zu Vorversuchen oder zu solchen Versuchen, bei welchen eine kürzere Laufzeit vorteilhaft ist, herangezogen werden. Die Papiere werden nach Abtrocknen der Startfläche in den Kasten eingehängt, in welchem bereits eine gesättigte Atmosphäre über dem verwendeten Lösungsmittel i-Propanol: H_2O : NH_3 ($d = 0{,}91$) $=$ 80:15:5 (VLITOS und MEUDT 1953) vorhanden ist. Der Kasten muß so aufgestellt werden, daß er allseits derselben Temperatur ausgesetzt ist und nicht etwa im Inneren ein Temperaturgefälle und damit Konvektion eintritt, weil sonst keine Geradlinigkeit der Lösungsmittelfront erzielt werden kann. Mit dem Eingießen der Lösungsmittel in den Glastrog (Abb. 9) beginnt die eigentliche Chromatographie, welche, nachdem das Chromatogramm eine entsprechende Länge (etwa 30 cm) erreicht hat, durch Herausnehmen des Papiers abgebrochen wird. Nach dem Trocknen erfolgt die Farbreaktion (vgl. S. 43), sowie eine Betrachtung eines

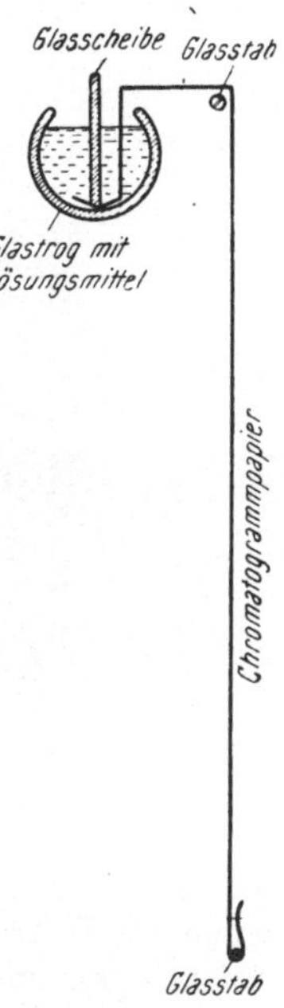

Abb. 9. Absteigende Papierchromatographie. Glastrog mit Lösungsmittel und eingehängtem, gefaltetem Chromatogrammpapier (Querschnitt). Das Papier liegt auf einem Glasstab und wird von einer Glasscheibe im Glastrog festgehalten. Am unteren Ende des Papiers wird ein Glasstab befestigt, der das Papier straff spannt

[1] „Agla"-Shardlow Micrometers Ltd.; Sheffield, England.

eigens zu diesem Zweck angesetzten Chromatogramms im UV-Licht und die Auswertung nach den R_f-Werten.

Eine quantitative Auswertung kann auf mehrere Arten erfolgen:

1. Nach der Fleckengröße (wobei die Fleckengröße proportional dem Logarithmus des Gehaltes an Substanz ist) mit Eichung.

2. Elution der aufgetrennten Substanzen und kolorimetrische Bestimmung im Stufenphotometer bzw. durch biologische Prüfung im Pastentest (vgl. S. 79) oder beides. Dabei hat sich zur Elution die in Abb. 10 gezeigte Anordnung gut bewährt. Im dampfgesättigten Raum werden

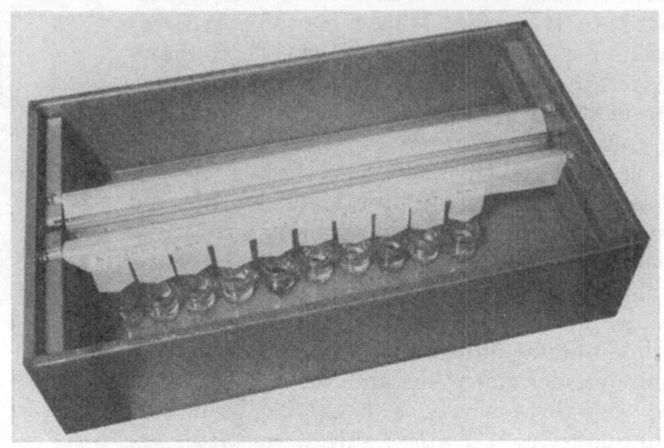

Abb. 10. Elutionswanne nach LINSER, MAYR und MASCHEK (1954)

die einzelnen Chromatogrammabschnitte nebeneinander an einem bereits feuchten Filtrierpapierstreifen, welcher aus einem Glastrog Lösungsmittel ansaugt, angeklebt („angeklatscht") und durch mehrere Stunden in darunter gestellte Glasschälchen eluiert. Um die verschiedenen Auswertungen durchführen zu können, müssen jeweils bis zu 6 Parallelbestimmungen angesetzt und das Chromatogramm aufgeteilt werden, wie dies aus Abb. 11 ersichtlich ist.

Wegen der bekannten Lichtempfindlichkeit der Indol-3-essigsäure werden alle Arbeiten unter Ausschaltung von Tageslicht bei schwacher künstlicher Beleuchtung bzw. bei vollkommener Dunkelheit durchgeführt. Von der Reihe von Farbreaktionen, mit welchen Indolverbindungen, insbesondere Indol-3-essigsäure nachgewiesen werden können, kann die Besprühung mit p-Dimethylaminobenzaldehyd in HCl, welche mit Indol-3-essigsäure blaue Flecken gibt (VLITOS und MEUDT 1953), die Besprühung mit 1% alkoholischer $NaNO_2$-Lösung und Exponierung in HCl-Atmosphäre (violette Flecken) und die Reaktion mit 35 % $HClO_4$ (50 ccm) und 0,5-mol. $FeCl_3$-Lösung (1 ccm; GORDON und WEBER 1951) zur Anwendung kommen. Hinsichtlich Empfindlichkeit und Haltbarkeit der Färbung entspricht jedoch am besten die Entwicklung durch Besprühung mit $HClO_4$-$FeCl_3$ (versprüht mit N_2-Gas). Auch zur quantitativen Bestimmung der Indol-3-essigsäure in den Eluaten kann diese Methode herangezogen werden. Mit ihr kann an Papierchromatogrammen noch eine Menge von 0,5 γ Indol-3-essigsäure nachgewiesen werden, während die besten Ergebnisse im Bereich von 2 bis 10 γ Indol-3-essigsäure erzielt werden.

Als besonderen Vorteil besitzt die Perchlorsäure-Eisenchloridreaktion spezifische Farb- und Verhaltenscharakteristiken der verschiedenen Indol-Körper-Spots bei der Entwicklung, welche wertvolle Anhaltspunkte für die Identifizierung einzelner

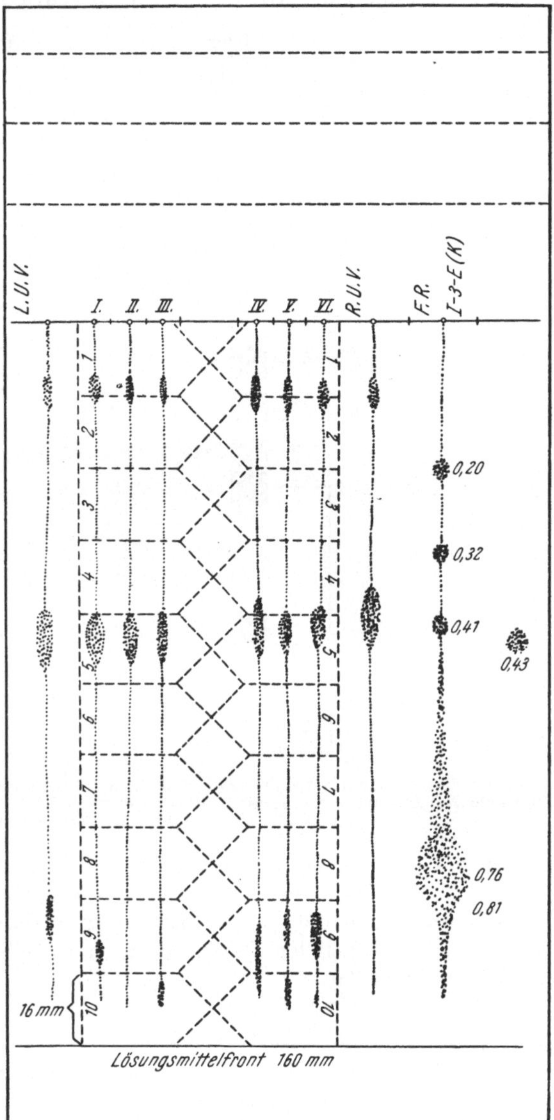

Abb. 11. Beispiel eines Papierchromatogramms (gezeichnet nach einem Originalchromatogramm eines Kohlsprossen-Extraktes). Die drei oberen gestrichelten Linien stellen die Faltstellen des Chromatogrammpapiers dar. Darunter liegt die Startlinie, auf welcher der pflanzliche Ätherextrakt achtmal mit Hilfe einer Mikrometer-Injektionsnadel aufgetragen wird. Die Punkte *L. U. V.* und *R. U. V.* dienen zur Fluoreszenzanalyse, wobei die fluoreszierenden Spots auf dem Chromatogramm eingezeichnet werden. Die Punkte *I* bis *VI* dienen zur Elution und nachherigen Prüfung im physiologischen Test. Dazu wird das Chromatogramm von der Startlinie bis zur Lösungsmittelfront in 10 gleichgroße Abschnitte geteilt, jeder Abschnitt von 3 Chromatogrammen *I* bis *III*, bzw. *IV* bis *VI* in Form kleiner Wimpel (gestrichelte Linien) herausgeschnitten und in der Elutionswanne (Abb. 10) eluiert. Das Chromatogramm des Punktes *F. R.* wird mit einem Indolreagens (hier Eisenchlorid-Perchlorsäure) besprüht, die Farbflecken eingezeichnet und ihr Rf-Wert daneben angezeichnet. Auf Punkt *I-3-E* (*K*) wird schließlich reine Indol-3-essigsäure in bestimmter Konzentration als Kontrolle aufgetragen, das Chromatogramm ebenfalls mit dem Indolreagens besprüht und der Rf-Wert bestimmt. Es ist zu beachten, daß zwischen Punkt *III* und *IV* ein größerer Raum zum Zuschneiden der „Wimpel" freigelassen wird

Stoffe bieten und im Zweifelsfalle eine Erkennung oder Trennung zweier Stoffe mit nahe beieinanderliegenden R_f-Index-Werten ermöglichen bzw. erleichtern können (Abb. 12). Die beschriebenen Methoden gestatten

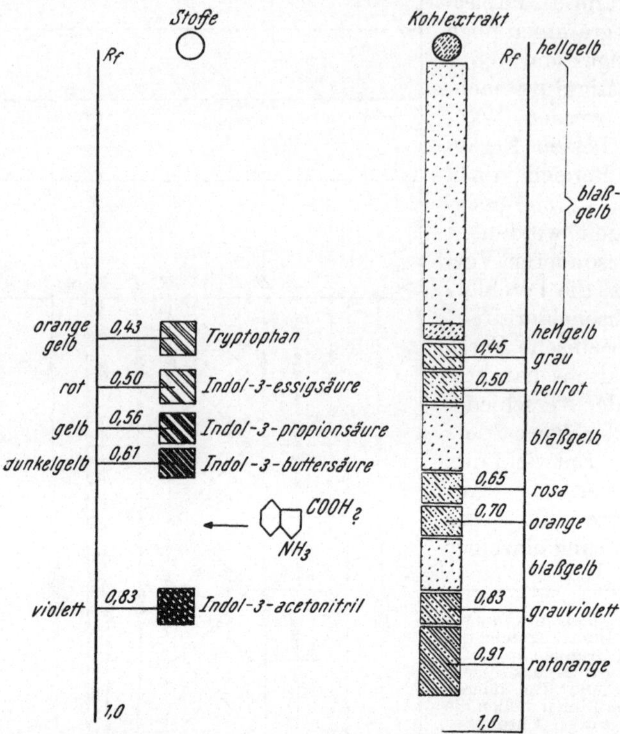

Abb. 12. Beispiel für die Trennung eines Kohlextraktes nach der papierchromatographischen Methode von LINSER und MASCHEK (1953). Lösungsmittel Isopropanol : Wasser : NH_3(konz.) = 80 : 15 : 5. Reaktion: Perchlorsäure/$FeCl_3$

somit eine papierchromatographische Trennung der verschiedenen Inhaltsstoffe der Pflanzen, soweit sie durch Extraktion erfaßt werden, und ihre Charakterisierung durch Fluoreszenzfarbe und Farbreaktion auf Indolkörper nebst paralleler Bestimmung der Zellstreckungswirksamkeit im physiologischen Test.

F. Papierelektrophoretische Methode

Zur Trennung von synthetischen und natürlich vorkommenden Wuchsstoffen haben DENFFER et al. (1952a) und FISCHER (1954) die Papierelektrophorese mit Hilfe des Elphor-H-Gerätes [1] nach W. GRASSMANN und K. HANNIG (1950) vorgeschlagen:

Wie Abb. 13 zeigt, besteht dieses Gerät aus 2 Elektrodenräumen, in denen sich die beiden Elektroden in einem Labyrinthsystem angeordnet

[1] Fa. Bender & Hobein, München, Lindwurmstraße 71.

befinden. Anoden- und Kathodenkammer sind durch Diaphragmenröhrchen mit der Hauptkammer, die den Rahmen zum Aufnehmen der Papierstreifen enthält, verbunden (vgl. Abb. 13). Auf diese Rahmen werden zwei 4 cm breite und etwa 30 cm lange Papierstreifen (S und S 2043 b oder Whatman Nr. 1), auf welche mittels einer Mikrometer-Pipette die Testlösung als feiner Querstrich aufgetragen wird, gelegt. Die beiden Enden des mit Pufferlösung (Phosphatpuffer nach SÖRENSEN, pH 7,0) angefeuchteten Streifens tauchen in die mit der gleichen Pufferlösung gefüllten Vorkammern der Elektrodenräume ein. An die Elphorkammer wird während 8 bis 12 Stunden eine Spannung von 110 Volt angelegt. Nach dieser Zeit wird der Streifen aus der Kammer herausgenommen und im Dunkeln bei Zimmertemperatur getrocknet. Die Entwicklung des Streifens wird mit den üblichen Indolreagenzien (S. 43) vorgenommen.

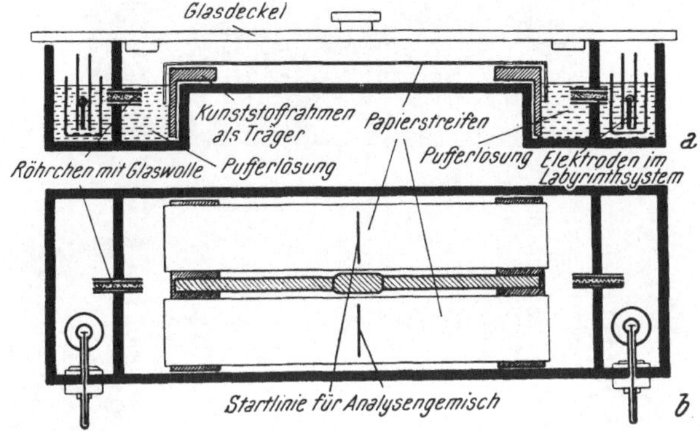

Abb. 13. Elektrophoresekammer nach GRASSMANN und HANNIG (1950). *a* Aufriß, *b* Grundriß. (Aus LINSKENS 1955, S. 9)

Bei der Trennung von Pflanzenextrakten ist, genau wie bei der Papierchromatographie, eine gründliche Vorreinigung erforderlich. Sollen größere Extraktmengen aufgearbeitet werden, so ist es zweckmäßig, den Streifen erst nach dem Auftragen des Gemisches mit der Pufferlösung zu besprühen. Wird nämlich das Substanzgemisch auf den schon vorher angefeuchteten Streifen aufgetragen, so pflegt es ziemlich weit auseinander zu diffundieren und kann infolgedessen nicht durch mehrmaliges Auftragen angereichert werden. Genau wie bei der Papierchromatographie ist es auch in diesem Fall vorteilhaft, die angereicherten positiven Reaktionszonen zu extrahieren und auf einem neuen Streifen nochmals zu trennen.

Die präparative Trennung von Substanzgemischen erfolgt vorteilhaft wieder mit Papierpacks, und zwar werden zwischen die einzelnen Papierstreifen wieder 2 bis 3 mm starke Kunststoffrahmen zur Isolierung gelegt.

Das Substanzgemisch wird in der Mitte der Streifen aufgetragen. Nach elektrophoretischer Entwicklung wird eine Fraktionierung in einen neutralen und je einen kathodisch und einen anodisch wandernden Teil erreicht. Die einzelnen Fraktionen werden nach getrennter Extraktion und Einengung nochmals an der Anoden- bzw. Kathodenseite aufgetragen. Durch die Anwendung neutraler, basischer oder saurer Puffergemische läßt sich eine Trennung der Substanzgemische durchführen. Die Pufferlösung soll nach etwa 6 Stunden aus den Elphorkammern abgesaugt und durch eine neue ersetzt werden. Werden nur 2 bis 3 Streifen verwendet,

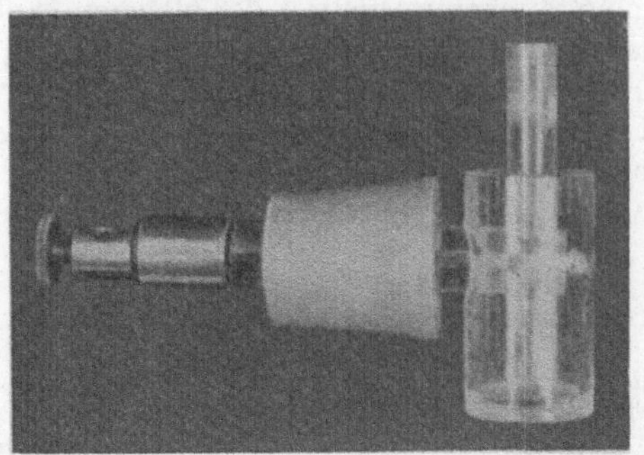

a

b

Abb. 14. Glaselektrode (*a*) und Elektrophoresekammer (*b*) nach FISCHER. (Aus FISCHER 1954, S. 294 und 295)

so genügt es, nach der gleichen Zeit den Pack mit den Rahmen herauszunehmen und um 180° in bezug auf die Längsrichtung zu drehen. Die Elektroden werden hiebei umgepolt. Die Versuche sollen möglichst in einem kühlen Raum durchgeführt werden.

Durch das Dazwischenlegen der Kunststoffrahmen, die ein Durchhängen der Streifen verhindern, kann mit längeren und breiteren Streifen gearbeitet werden. FISCHER verwendet deshalb eine Kammer, die im Prinzip der üblichen Elphorkammer gleicht, jedoch 20 cm breit, 50 cm lang und 15 cm hoch ist. Entsprechend den Elphorkammern von GRASSMANN und HANNIG werden die Elektroden in einem Labyrinthsystem angebracht. Anstatt Glaselektroden werden solche aus Plexiglas verwendet. In der Kammer werden sie mittels eines in der Mitte durchbohrten weichen Gummistopfens befestigt (Abb. 14a). Die 2 bis 3 mm-Rahmen entsprechen in ihrer Größe derjenigen der Kammer (Abb. 14b). Die Breite des Randes beträgt 2 bis $2^1/_2$ cm. Das Stoffgemisch wird in einer querverlaufenden Linie unter Berücksichtigung der Breite des Randes auf dem trockenen Filtrierpapierstreifen mit einer Kapillarpipette aufgetragen. Anschließend wird der Streifen mit Pufferlösung besprüht und in die Kammer auf einen Kunststoffrahmen aufgelegt. Beim Auflegen auf den Rahmen saugt sich der Streifen mit seinen Rändern sofort fest und liegt vollkommen eben. Nach Herausnehmen und Trocknen der Streifen erfolgt die Identifizierung und Extraktion der einzelnen Zonen genau wie bei der Papierchromatographie. Um eine Inaktivierung der wirksamen Indolkörper während der Elektrophorese zu verhindern, soll das Gerät im Dunkeln stehen und Stickstoff durch die Kammern geblasen werden.

Mit Hilfe dieser Methode gelingt es, bei pH 7 Indol-3-essigsäure von Tryptophan zu trennen. Außerdem konnten Denffer et al. (1952) an einer durch UV-Strahlung zersetzten Indol-3-essigsäure-Lösung außer dem Indol-3-essigsäure-Spot noch zwei weitere Spots vorfinden, welche die Nitritreaktion (S. 45) gaben und im Kressewurzel-Test (S. 116ff.) deutliche Wachstumshemmung zeigten. Es wird wahrscheinlich gemacht, daß es sich bei diesen Spots um β-Indolaldehyd handelt und daher Brauners (1952) Annahme, daß das wahrscheinlichste Endprodukt der photolytischen Indol-3-essigsäure-Zersetzung (unter dem Einfluß von Riboflavin) das β-Indolaldehyd sein müsse, bestätigt. Mayr (1956) konnte bei Untersuchungen über die Photolyseprodukte von Indol-3-essigsäure vier Indolspots nachweisen, von denen nur zwei im Pastentest (S. 79ff.) Wuchsstoffwirksamkeit zeigten. Es wird dadurch verständlich, warum Lösungen, in denen Indolkörper enthalten sind, bei der colorimetrischen Bestimmung meist höhere Werte ergeben als im biologischen Test.

Neben Indol-3-acetonitril (Jones et al. 1952) konnten Denffer et al. (1952b) das β-Indolaldehyd auch in Extrakten aus Kohlpflanzen nachweisen. Sie weisen darauf hin, daß Indol-3-essigsäure nicht in allen Pflanzenextrakten vorzufinden ist, sondern daß statt dessen vier andere Indolderivate festgestellt werden können, drei davon mit Wuchsstoffwirksamkeit. Zwei von diesen vier pflanzeneigenen Indolkörpern wurden als β-Indolaldehyd und Indol-3-acetonitril identifiziert.

G. Elektrodialytisches (kataphoretisches) Verfahren von R. Pohl (1951)

Das Verfahren gestattet die Gewinnung und Isolierung von Hemmstoff durch Elektrodialyse aus fein zerkleinertem Pflanzenmaterial. Die dazu verwendete Apparatur (vgl. Abb. 15) arbeitet nach dem Prinzip eines vereinfachten Elektrodialysators: sie besteht aus zwei Kammern, die den Kathoden- und Anodenraum bilden. Jede Kammer faßt 25 ccm Lösung und ist unten mit einem Ablaufstutzen, seitlich mit einem Einfüllstutzen und oben mit einem Stutzen zum Entweichen der Luft beim Füllen der Kammer versehen. Die Platinelektroden, die zur Befestigung im Glasrohr eingeschmolzen sind, werden vom Kopfende aus mit einem Gummipfropfen in die Kammern eingeführt. Das gegenüberliegende Ende der Kammer ist plangeschliffen und paßt sich einer gleichen Schlifffläche der anderen Kammer genau an. Zwischen diesen Schliffflächen wird ein Filter eingespannt, das für Eiweiß undurchlässig ist. Als Filter kommt ein Ultra-Cellafilter „feinst" der Membranfiltergesellschaft Göttingen, das auf Undurchlässigkeit für Kongorot geprüft, nach Angaben der Firma für

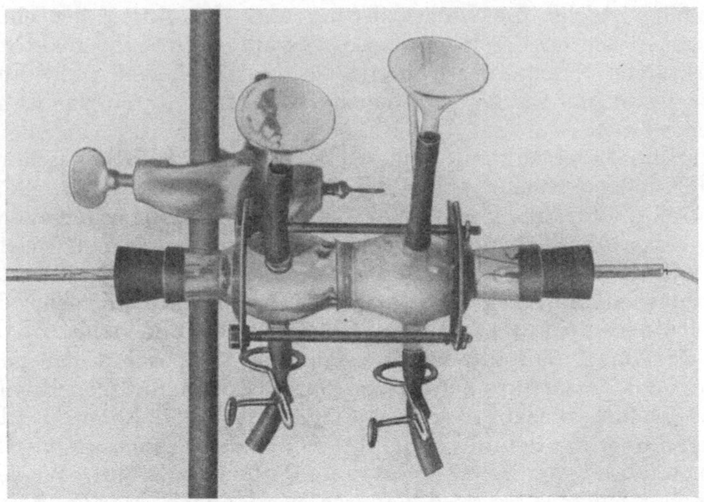

Abb. 15. Apparatur zur Isolierung von Hemmstoff durch Elektrodialyse. (Aus POHL 1951, S. 107)

feinste Kolloide und Eiweiß somit unpassierbar ist, zur Verwendung. Die beiden Kammern werden durch drei Schrauben dicht aneinandergepreßt und mit einem Halter an einem Stativ befestigt.

Zur Isolierung von Hemmstoff wird das fein zerkleinerte Pflanzenmaterial bei zusammengesetzter Apparatur in die Anodenkammer eingefüllt, der Gewebebrei dann mit einer dünnen Lage Watte abgedeckt, dic mit einem Glasstab gehalten wird. Dadurch liegt die Anode frei in der Anodenflüssigkeit, ohne mit dem pflanzlichen Gewebe unmittelbar in Berührung zu kommen. Dies ist deshalb erforderlich, weil dem an der Anode auftretenden Sauerstoff in statu nascendi eine starke zerstörende Wirkung auf den zu gewinnenden Hemmstoff zugeschrieben werden muß. Nach Einführung des Gewebes werden beide Kammern mit Aqua bidest. gefüllt, das mit Salzsäure (2 Tropfen einer 1-n HCl-Lösung auf 1000 ccm Aqua bidest.) schwach angesäuert wird. Den Strom zur Extraktion des Wuchsstoffes liefert eine 8-Volt-Batterie, an die die beiden Elektroden unter Zwischenschaltung eines Regulierwiderstandes und eines Ampèremeters angeschlossen werden. Die Extraktion des Wuchsstoffes und die Dialyse des Hemmstoffes erfolgt bei 0,8 bis 1,5 mA über einem Zeitraum von 8 bis 12 Stunden. Nach Ablauf dieser Zeit wird die Lösung der Kathodenkammern auf ihren Hemmstoffgehalt geprüft, die Lösung der Anodenkammer verworfen.

H. Verteilungsmethode (Counter-Current-Distribution) nach R. W. Holley, F. R. Boyle, H. K. Durfee und A. D. Holley (1951)

Das Pflanzenmaterial (bei obigen Autoren *Brassica oleracea var. capitata* L.) wird fein zerschnitten und eine Menge von 1 kg in eine 2-Liter-Flasche, die 1200 ccm dest. peroxydfreien Äther enthält, gegeben. Die Mischung bleibt sodann 18 Stunden bei 2° C stehen. Nach dieser Zeit werden 750 ccm Äther abgegossen und das Pflanzenmaterial erneut mit 300 ccm Äther abgespült. Die wässerige Lösung, die durch die Wirkung des Äthers aus dem Gemisch entsteht (150 ccm, pH 6,3), wird abgenommen, mit 10 ccm 1-mol. Phosphorsäure auf pH 2,9 angesäuert und mit 150 ccm Äther ausgeschüttelt. Dieser sowie die früher erhaltene Äther-Lösung werden zusammengebracht und durch Destillation auf 100 ccm eingeengt. Die so erhaltene Äther-Lösung wird zweimal mit 10 ccm einer 5%igen Na-Bicarbonatlösung extrahiert. Die Na-Bicarbonatlösung wird mit 20 ccm Äther ausgewaschen, mit 25 ccm einer 1-mol. Phosphorsäure angesäuert und schließlich mit 40 ccm, 30 ccm und nochmals 30 ccm Äther extrahiert. Darauf kommt die Ätherlösung ganz kurz über wasserfreies Magnesiumsulfat, wird abfiltriert und schließlich bis zur vollkommenen Trockne *in vakuo* gebracht.

Dieses getrocknete Material, von dem angenommen werden kann, das es ätherlösliche organische Säuren enthält, wird in einer 24-stufigen Verteilungsapparatur nach Craig et al. (1949) bei Verwendung von Äther und 1-mol. Phosphatpuffer (pH 6,0; 27,6 g prim. Na-Phosphat-Monohydrat und 19,9 g sec. K-Phosphat in 280 ccm Lösung) verarbeitet. Das pH des Puffers wird deshalb so gewählt, da sich die Indol-3-essigsäure, wie empirisch festgestellt werden konnte, bei diesem pH in den beiden Phasen gleichmäßig verteilt.

Nach vollständiger Verteilung wird der Inhalt jedes Röhrchens in Eprouvetten umgefüllt. Die wässerige Phase in jedem Proberöhrchen wird mit 2,0 ccm einer 1-mol. Phosphorsäure angesäuert (die wässerige Phase in Röhrchen 0 und 1 enthält stark saures Material, das mit Äther nur nach Ansäuerung mit 1 ccm konz. HCl extrahiert werden kann).

Das saure Material wird in den Äther überführt und dieser zentrifugiert, um noch etwaige Wassertropfen zu entfernen. Die Ätherlösungen werden schließlich in Proberöhrchen gefüllt und für eine weitere Auswertung bei 2° C gelagert.

Die biologische Wirkung der verschiedenen Fraktionen wird mit Hilfe eines physiologischen Testes (z. B. *Avena*-Test) bestimmt. Der Gehalt der Fraktionen an Wuchsstoffen kann aber auch colorimetrisch nach vorheriger Färbung mit den bekannten Reagenzien im Photometer bestimmt werden.

I. Sublimations-Methode

Nach LARSEN (1944), YAMAKI und NAKAMURA (1952) und BEHRENS und FISCHER (1954) kann eine Trennung von Wuchsstoffen auch so durchgeführt werden, daß ein Substanzgemisch bei verschieden hohen Temperaturen im Vakuum verdampft wird, wobei sich im Wärmegradienten verschiedene Ringe niedergeschlagener Stoffe bilden.

Die beiden letztgenannten Autoren verwenden zu diesem Zweck ein 60 cm langes Rohr, an dem durch Umwicklung eines Heizdrahtes, durch Wärmeisolierung und Kühlung mit fester Kohlensäure ein möglichst linearer Wärmegradient hergestellt wird, der z. B. von 300° bis −80° C reicht. In dieses Rohr wird ein zweites Rohr, das an dem einen verschlossenen Ende das zu trennende Substanzgemisch enthält und am anderen Ende evakuiert werden kann, langsam, im Verlauf von mehreren Stunden, durch ein Uhrwerk eingeführt. Das Substanzgemisch durchschreitet so langsam alle in Frage kommenden Temperaturen. Kommt jeweils eine Substanz des Gemisches in die Zone des Wärmegradienten, die die für den betreffenden Stoff charakteristische Verdampfungstemperatur hat, so verdampft dieser Stoff, um sich gleich wieder im zunächst liegenden kälteren Teil des Gradienten niederzuschlagen. Bei weiterem Vorrücken des Rohres wiederholt sich dieser Vorgang für jede Substanz bei der für sie charakteristischen Temperatur fortlaufend. Man erhält auf diese Art das Substanzgemisch in verschiedene Zonen aufgeteilt. Die Lage jeder Zone ist wie der R_f-Wert eines Papierchromatogramms für den jeweiligen Stoff charakteristisch.

Eine andere, apparativ einfachere Methode mit gleichem Trenneffekt besteht darin, daß das Rohr mit dem Substanzgemisch von vornherein in das Gradientenrohr eingeführt wird und der Gradient durch langsames Verändern eines vorgeschalteten Widerstandes oder Schiebetransformators zur Ausbildung gebracht wird.

Die „Sublimations-Methode“ wurde von LARSEN (1944) und YAMAKI und NAKAMURA (1952) zur Bestimmung saurer und nichtsaurer Wuchsstoffe in Ätherextrakten aus Erbsenkeimlingen und Maisendosperm herangezogen. BEHRENS und FISCHER (1954) fanden mit Hilfe dieser Methode bei dem Zersetzungsprodukt einer photolytisch abgebauten Indol-3-essigsäure zwei Farbstoffzonen und vier Sublimationzonen. Diese wurden als Indol-3-essigsäure, Indolaldehyd, Skatol und Indol identifiziert.

IV. Chemische Methoden zur Bestimmung von Wuchsstoffen

Chemische Methoden zur Bestimmung von Wuchsstoffen wird man vorwiegend dann heranziehen, wenn bereits genügend Kenntnis über die chemische Natur der in Pflanzen vorhandenen Wuchsstoffe vorliegt und wenn eine saubere Trennung der verschiedenen nebeneinander vorkommenden Wuchs- und Hemmstoffe gelungen ist. Solange diese Vorbedingungen nicht erfüllt sind, wird man physiologische Testmethoden vorziehen. Bei Anwendung chemischer Methoden besteht die Möglichkeit, daß auch Stoffe erfaßt werden, welche im physiologischen Test keine oder nur sehr geringe Wuchsstoffwirksamkeit zeigen. Es ist daher notwendig, bei der Untersuchung eines noch nicht genau studierten Ausgangsmaterials neben den chemischen Methoden auch noch physiologische Teste heranzuziehen.

A. Colorimetrische Methoden

1. Salkowski-Reaktion (Urorosein-Reaktion)

Die Reaktion beruht darauf, daß Indolkörper, wenn sie mit Eisenchlorid versetzt werden, in Gegenwart stärker konzentrierter mineralischer Säuren eine Farbreaktion geben. ALBAUM, KAISER und NESTLER (1937), MITCHELL und BRUNSTETTER (1939) und LINSER und MASCHEK (1953) entwickelten diese Reaktion zu einer empfindlichen quantitativen Bestimmungsmethode für Indol-3-essigsäure, so daß sie heute die wichtigste und meist verwendete Methode zur colorimetrischen Bestimmung von Wuchsstoffen darstellt. Die Handhabung der Methode kann auf folgende Arten geschehen:

Methode von Gordon und Weber (*1951*): Das Reagens besteht aus 1,0 ccm 0,5-mol. $FeCl_3$ und 50 ccm 35%iger $HClO_4$. Zu 1,0 ccm einer wässerigen Indol-3-essigsäure-Lösung, die etwa 0,2 bis 45 γ Indol-3-essigsäure enthält, werden 2 ccm des obigen Reagens gegeben. Nach 20 bis 25 Minuten erreicht die Farbintensität ihr Optimum und bleibt etwa 3 Stunden konstant erhalten. Die Untersuchung im Colorimeter wird bei 530 mμ durchgeführt.

Methode von Tang und Bonner (*1947*): Das Reagens besteht aus 15 ccm 0,5-mol. $FeCl_3$, 500 ccm H_2O und 300 ccm H_2SO_4 (d=1,84). 2 ccm einer wässerigen Wuchsstofflösung (5—100 γ Indol-3-essigsäure) werden zu 8 ccm des Reagens gegeben. Nach 30 Minuten wird die Extinktion in einem KLETT-SUMMERSON-Colorimeter mit einem Grünfilter (KS 52) gemessen. HOLLEY et al. (1951) konnten die Empfindlichkeit der Methode auf 0,1 γ Indol-3-essigsäure erhöhen, indem sie nur 0,2 ccm der Reagens-Mischung verwendeten.

Methode von Huber (*1951*): Das Reagens besteht aus 0,5 ccm einer gesättigten $FeCl_3$-Lösung, 50 ccm H_2O und 100 ccm konz. HCl (d=1,19). Zu 15 ccm einer wässerigen Wuchsstofflösung (wenigstens 15 γ Indol-3-

essigsäure) wird 1,5 ccm des Reagens gegeben. Nach gutem Durchrühren kommt die Mischung für 2 Stunden in einen Thermostat mit einer Temperatur von 35 bis 40° C. Danach soll das Gemisch bei Zimmertemperatur auskühlen und im Dunkeln $^1/_2$ bis 1 Stunde stehen bleiben. Die Extinktionsmessung erfolgt mit einem Pulfrich-Stufenphotometer (Zeiß) mit einem Filter Nr. S. 53 (530 mμ). Die Schichtdicke beträgt 15 cm. Der unbekannte Wuchsstoffgehalt wird aus zwei bekannten Konzentrationen interpoliert. Die Extinktion stellt über einen weiten Konzentrationbereich eine lineare Funktion der Konzentration dar. Die Neigung der Kurve ist jedoch von einem Versuch zum anderen verschieden.

Methode von Linser und Maschek (*1953*): Es wird das gleiche Reagens wie bei GORDON und WEBER (s. oben) verwendet. Zu 1 Teil einer alkoholischen Wuchsstofflösung kommen 2 Teile des Reagens [1]. Nach einer Wartezeit von 30 Minuten wird die entstandene Rotfärbung im Stufenphotometer bei 530 mμ gemessen und an einer Indol-3-essigsäure-Eichkurve der Indol-3-essigsäure-Äquivalentwert der Farbreaktion abgelesen. Bei Verwendung von Küvetten von 10 mm Schichtdicke können dabei mit der Konzentration der Indol-3-essigsäure bis zu 60 γ/ccm linear ansteigende Extinktionswerte gefunden werden. Bei 50 γ/ccm ergibt sich eine Extinktion von 1,02. Der Meßbereich der Methode umfaßt (bei 10 mm Schichtdicke) etwa 1 bis 60 γ/ccm Indol-3-essigsäure. Die Genauigkeit bei der Bestimmung des Prozentgehaltes der Perchlorsäure ist für die erhaltene Farbintensität von ausschlaggebender Bedeutung. Während mit 35%iger Perchlorsäure (beim Arbeiten im Dunkeln) für 50 γ Indol-3-essigsäure eine Extinktion (530 mμ) von 0,998 erhalten wird, ergibt eine 30%ige Perchlorsäure eine solche von nur 0,745, eine 40%ige jedoch eine solche von 1,115. Von ebensolcher Wichtigkeit ist eine genaue Einhaltung des Eisenchloridgehaltes, welcher für alle mit einer bestimmten Eichkurve vergleichbar sein sollenden Bestimmungen konstant gehalten werden muß. Einige Vorsicht bei der Handhabung der Methode ist ferner geboten, weil die im Verlauf der Reaktion gebildete Rotfärbung nur im Dunkeln stabil ist bzw. farbkonstant erhalten bleibt. Im diffusen Tageslicht ist die Farbintensität schwächer als in der Dunkelheit, im Sonnenlicht verblaßt sie sehr schnell. Von der 30. bis 180. Minute nach dem Mischen bleibt die Farbintensität konstant erhalten.

Die SALKOWSKI-Reaktion ist für Indol-3-essigsäure nicht spezifisch. GORDON und WEBER (1951) geben für ihre Methode eine Übersicht über die Spezifität verschiedener Farbreaktionen für Indol und Indolderivate, der zu entnehmen ist, daß Tryptophan die Bestimmung nicht stört, ebensowenig Indol-3-propionsäure; dagegen gibt Indol selbst, ebenso wie Skatol und Indol-3-buttersäure, die Farbreaktion in starkem Ausmaß. HOLLEY et al. (1951) und LINSER und MASCHEK (1953) erhielten mit dem Reagens nach TANG und BONNER bei gewissen Pflanzenextrakten, die geringe Wuchsstoffaktivität zeigten, starke Farbreaktionen. HUBER

[1] Nicht, wie ursprünglich in der Originalarbeit angegeben, 2 Teile Wuchsstofflösung + 1 Teil Reagens.

(1951) fand, daß die rote Färbung durch reduzierende Substanzen wie Na-Sulfit oder Ascorbinsäure zerstört wird. Auch Tannin zerstört die Farbreaktion. Alkohole erhöhen die Intensität der Farbe und zerstören nicht die Reaktion. Am stärksten können Isopropylalkohol und Isobutylalkohol die Reaktion erhöhen, während Methyl- und Äthylalkohol schwächer wirksam sind. HUBER schlägt daher vor, dem Reagens 1 ccm Isobutylalkohol beizugeben, besonders wenn ganz geringe Wuchsstoffmengen nachgewiesen werden sollen.

Von den verschiedenen Modifikationen der SALKOWSKI-Reaktion scheint die Methode von GORDON und WEBER die mit der größten Empfindlichkeit und Spezifität zu sein.

2. Adamkiewicz-Reaktion (Hopkins-Cole-Reaktion)

Das Reagens besteht aus Glyoxylsäure und konzentrierter Schwefelsäure und gibt, zu Indolderivaten gebracht, eine rötlich violette Färbung. SUTTER (1944) versetzt dieses Reagens zur quantitativen Bestimmung von Indol-3-essigsäure noch mit einem Kupfersalz. Damit soll noch eine Menge von 1,5 bis 3 γ Indol-3-essigsäure in 3 ccm der Testlösung eine Färbung geben, eine eindeutige Bestimmung aber erst bei wenigstens 12 γ möglich sein. Für die Zugabe von Schwefelsäure ist eine eigene Ausrüstung erforderlich. Indolbuttersäure, Indolpropionsäure und Tryptophan geben eine stärkere Farbintensität als die äquivalenten Mengen Indol oder Indol-3-essigsäure. Zur Bestimmung von Indol-3-essigsäure aus Pflanzenextrakten ist daher die ADAMKIEWICZ-Reaktion nicht sehr geeignet. Nach WINKLER und PETERSEN (1935) lassen sich auch bei dieser Methode Tryptophan und Indol-3-essigsäure durch einen verschiedenen Farbton gut unterscheiden.

3. Nitrose-Reaktion

Das Reagens, das aus einem Gemisch von Na-Nitrit und Salpetersäure besteht, wurde von MITCHELL und BRUNSTETTER (1939) zur quantitativen Bestimmung von Indol-3-essigsäure verwendet. Das Reagens gibt mit Indolderivaten zusammengebracht eine rote Färbung (vgl. S. 32). Mit einer ähnlichen Methode arbeitete MÜLLNER (zitiert bei LINSER und MASCHEK 1953), der statt einem Gemisch von Na-Nitrit und Salpetersäure ein solches aus Na-Nitrit und Salzsäure verwendete. Folgende Arbeitsweise hat sich dabei besonders bewährt: 5 ccm konz. Salzsäure werden im Rührgefäß vorgelegt. Dann werden am Rührer entlangfließend tropfenweise während 7 Minuten 5 ccm einer Mischung von 10 ccm alkoholischer Untersuchungslösung (Indol-3-essigsäure) mit 1 ccm 0,5%iger wässeriger Lösung von Natriumnitrit zugesetzt. Die kleinste, im Photometer bei 10 mm Schichtdicke noch meßbare Menge beträgt 10 bis 25 γ.

4. Ehrlich's Indol-Skatol-Reaktion

Das Reagens besteht aus p-Dimethylaminobenzaldehyd und HCl und gibt mit Indol-3-essigsäure eine rot-violette Färbung. ALGÉUS (1946) erreichte durch Zugabe von Eisenchlorid zum obigen Reagens eine intensiv violette Farbreaktion. Er verwendete die Methode zum quantitativen Nachweis von Indol-3-essigsäure. Folgende Arbeitsweise hat sich besonders bewährt: 5 ccm des Reagens (2 g p-Dimethylaminobenzaldehyd+10 ccm konz. HCl+100 ccm H_2O) werden zu 5 ccm der Untersuchungslösung, die wenigstens 25 γ Indol-3-essigsäure enthalten soll, gegeben, und dieses Gemisch 10 Minuten am Wasserbad gekocht, wobei sich eine rote Färbung entwickelt. Nach dem Abkühlen wird dem Gemisch 1 ccm konz. HCl und 4 bis 5 Tropfen 0,5%ige $FeCl_3$-Lösung beigegeben und wieder 15 Minuten gekocht, wobei die rote Färbung nach violett umschlägt. Danach wird abgekühlt, das Volumen auf 11 ccm gebracht und der Extinktionswert im gelben Teil des Spektrums photometrisch bestimmt.

5. Zimtaldehyd-Reaktion

5 ccm Zimtaldehyd werden in 95 ccm 95%igem Äthylalkohol gelöst und 5 ccm HCl zugefügt. Mit diesem Reagens geben Indol-3-essigsäure eine gelblichbraune, Indol-3-acetonitril und Indol-3-aldehyd eine gelbe Färbung.

6. Van Eck's Reaktion

Mit dem Reagens, bei welchem 5 g Benzidin in 100 ccm Essigsäure gelöst werden, geben Indol-3-aldehyd eine gelbe, Indol-3-acetaldehyd eine rotviolette Färbung (Yamaki und Nakamura 1952).

7. Brom-Reaktion

0,5 ccm flüssiges Brom werden in 50 ccm Wasser und 50 ccm Eisessig gelöst. Indol-3-essigsäure gibt mit diesem Reagens eine gelbrote Färbung (Berry, Sutton, Cain und Berry 1951).

8. Sulfanilsäure-Reaktion

Es werden zwei Lösungen hergestellt. Lösung A: Unter Erwärmung werden 0,5 g Sulfanilsäure in 5 ccm 12-n HCl gelöst und mit 55 ccm Wasser verdünnt. Zu 50 ccm dieser im Eiswasser gekühlten Lösung werden 50 ccm 4,5%ige $NaNO_2$ Lösung zugegeben und weitere 15 Minuten unter Eiskühlung gehalten. Die Lösung B besteht aus 10% (g:v) Na_2CO_3. Die Lösungen A und B werden vor Gebrauch in Verhältnis 1:1 miteinander gemischt. Die Stammlösungen sind nur 3 Tage haltbar. Mit diesem Reagens gibt Tryptophan eine rotorange Färbung.

9. Dichlorchinon-Chlorimid-Reaktion

Das Reagens wird hergestellt durch Lösung von 1 g 2,6-Dichlorchinon-Chlorimid in 95%igem Äthylalkohol. Mit diesem Reagens gibt Indol eine rote, Indol-3-essigsäure eine braune, Tryptophan und Tryptamin eine rosa Färbung (Berry, Sutton, Cain und Berry 1951).

10. Ninhydrin-Reaktion

Zur Verwendung gelangt eine 0,1%ige Lösung von Triketohydrindenhydrat in n-Butylalkohol. Tryptophan gibt mit diesem Reagens eine braunpurpurne Färbung.

Neben den oben angegebenen Reaktionen kann Indol-3-essigsäure ferner mit Croconsäure auf Papierchromatogrammen nachgewiesen werden, und zwar gibt letztere mit dem Reagens (in Aceton) eine rotbraune Färbung.

Aromatische Säuren lassen sich ferner dadurch auf Papierchromatogrammen nachweisen, daß letztere mit einem pH-Indikator (z. B. 10^{-2} Bromkresolgrün in 100 ccm 90 %igem Äthylalkohol gelöst + 0,1 n NaOH bis zur Grünfärbung) besprüht werden, wobei sich gelbe Flecken auf grünem oder blauem Hintergrund bilden. Bei der Durchführung dieser Reaktion muß streng darauf geachtet werden, daß keinerlei Säuredämpfe das Chromatogrammpapier treffen.

Die Bestimmung von Indol-3-essigsäure kann auch durch eine Absorptionsmessung bei einer Wellenlänge von 280 mμ mit 95 %iger Genauigkeit mit Hilfe eines BECKMANN-Spektralphotometers erfolgen (JERCHEL und MÜLLER, 1951).

Ebenso können Phenoxyessigsäure-Derivate spektralphotometrisch bei 325 mμ bestimmt werden (BANDURSKI, 1946). 2,4-Dichlorphenoxyacetat kann aber auch colorimetrisch mit Hilfe von Chromotropsäure (1,8-Dihydroxynaphthalin-3,6-disulfonsäure) bestimmt werden, mit der es eine Purpurfärbung gibt (MARQUARDT und LUCE, 1951): Aus dem Chromatogramm werden mit CCl_4 die 2,4-Dichlorphenoxyacetat-Flecken eluiert, auf dem Wasserbad zu 0,1 ccm eingedampft und die Lösung nach Zugabe von 5 ccm einer 0,15 %igen Lösung von Chromotropsäure in Methylalkohol zur Trockne gebracht. Der Rückstand wird mit 0,5 ccm konz. Schwefelsäure aufgenommen und 20 Minuten lang bei 130 bis 135° C erhitzt. Die Lösung wird sodann nach dem Abkühlen auf Raumtemperatur auf 5 ccm aufgefüllt und die Transmission bei 565 mμ (Filter PC 4) bestimmt (SEN 1955).

B. Fluorometrische Methode

Ausgehend von der Reaktion, wonach Indol-3-essigsäure in Pulverform, mit konz. Schwefelsäure erhitzt, ein gelbgrüne Fluoreszenz aufweist (HAMENCE 1943), gibt EBERT (1955) eine Methode zur fluorometrischen quantitativen Bestimmung von Indol-3-essigsäure in wässeriger Lösung:

Zu 10 ccm wässeriger Indol-3-essigsäure-Lösung (0,2 bis 12,5 γ Indol-3-essigsäure/ccm) werden 2 ccm m/20 Kupfersulfatlösung gegeben. Aus einer Bürette läßt man 5 ccm konz. Schwefelsäure (*ad analysi*, d=1,83 bis 1,84) so einlaufen, daß eine gute Durchmischung stattfindet. Das Gemisch wird 5 Minuten lang im siedenden Wasserbad erhitzt, 5 Minuten im Fließwasser gekühlt und dann bis zur Erreichung der Zimmertemperatur im Dunkeln stehengelassen. Die Messung der Intensität der Fluoreszenz, die durch Belichtung mit UV-Licht entsteht, erfolgt photoelektrisch in einem geeigneten Fluoreszenzometer, wobei das emittierte Fluoreszenzlicht durch Sekundärfilter filtriert wird. Bei der Reaktion geben die Lösungen eine Rotfärbung, bei niedrigen Konzentrationen eine grüne, bei höheren eine gelbgrüne Fluoreszenz. Die besten Meßergebnisse liegen in einem Bereich von 0,8 und 3,8 γ/ccm, wobei die Streuung am geringsten ist und für den auch eine Eichkurve (Abb. 16) aufgestellt werden kann, die aber nur für eine bestimmte Säurequalität gilt. Die Empfindlichkeit der Methode soll nach EBERT (1955) sehr groß sein, so daß noch Konzentrationen von 0,05 bis 0,1 γ/ccm Indol-3-essigsäure nachgewiesen werden können.

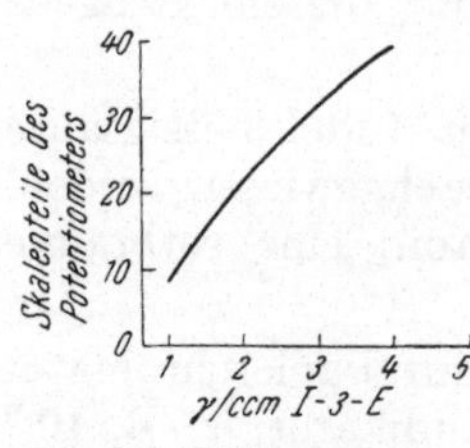

Abb. 16. Eichkurve zur fluorometrischen Methode von EBERT. (Nach EBERT 1955, S. 224)

LINSER und KIERMAYER (1956b) konnten zeigen, daß verschiedene Indolkörper, vor allem aber Indol-3-acetonitril, auf Papierchromatogrammen nach durchgeführter Eisenchlorid-Perchlorsäure-Reaktion eine intensive Fluoreszenz zeigen. Mit Hilfe dieser Reaktion können nach einer Wartezeit von 24 Stunden unter der UV-Lampe noch 0,1 γ Indol-3-acetonitril an der gelbgrünen Fluoreszenz identifiziert werden.

In Tab. 3 sind die Fluoreszenzfarben von Chromatogramm-Spots verschiedener Indolderivate 1 Stunde nach der Entwicklung mit verschiedenen Reagenzien wiedergeben. Die in Klammern gesetzten Farbangaben beziehen sich auf Chromatogramme, welche nach Durchführung der Reaktion mit NH_3-Dampf behandelt wurden.

C. Histochemische Methoden

Zum Nachweis von zugeführter Indol-3-essigsäure in Gewebeschnitten kann die SALKOWSKI-, die EHRLICH- bzw. die Kupfersulfat-Salzsäure-Methode angewendet werden. Nach EBERT (1955) wird dabei folgendermaßen vorgegangen:

1. Salkowski- und Ehrlich-Methode

Pflanzliche Gewebeschnitte werden leicht abgetrocknet am Objektträger mit dem Reagens versetzt. Wenn eine Reaktion nicht zustande kommt, kann leicht erwärmt werden. Werden die Reagenzien mit etwas Glyzerin versetzt, so ergibt sich bei leichtem Kochen eine deutlichere Reaktion. Die Intensität der Rotfärbung ist bei der SALKOWSKI-Reaktion größer und haltbarer als diejenige der EHRLICH-Reaktion. In verholzten Teilen geht das SALKOWSKI-Rot oft in einen olivgrünen Farbton über.

2. Kupfersulfat-Salzsäure-Methode

Die pflanzlichen Gewebeschnitte werden leicht abgetrocknet am Objektträger mit etwas m/20 Kupfersulfatlösung versetzt. Diese läßt man 10 Minuten einwirken und setzt dann, am besten unter einer Glasglocke,

Tabelle 3. *Fluoreszenzfarben verschiedener Indolderivate nach durchgeführter Reaktion auf Papierchromatogrammen (nach Linser und Kiermayer 1956b)*

Substanz	Reagens:		
	$FeCl_2+HClO_3$	$NaNO_2+HCl$	p-Dimethylamino-benzaldehyd
Indol	rosa (blau)	blau	intensiv rot
2-Methylindol	violettrot* (gelb)*	dunkelviolett (gelb)	blutrot
3-Methylindol	gelb (stark gelb)	orange (licht-grün)	dunkelviolett (blau)
Indol-3-essigsäure	rot* (bläulich)*	rot (gelbgrün)	rosa
Indol-3-essigsäure-methylester	schwach blau-violett (gelblich)	gelb	—
Indol-3-essigsäure-äthylester	schwach blau-violett (gelblich)	gelb	—
Indol-3-aldehyd	orange*	gelblich	—
Indol-3-acetaldehyd	braun	rotbraun	braun
Indol-3-acetonitril	grüngelb* (hellgrün)*		gelb
Indol-3-buttersäure	gelb	gelblich (blau-gelb)	violett
Indol-3-propionsäure	gelb	orange (blaugelb)	grau
Tryptophan	blaugelb*	gelbgrün*	—

* Farbton nach 24 Stunden

das Präparat einige Minuten den Dämpfen von konz. Salzsäure aus. Beim Auftreten einer Rotfärbung wird der Objektträger kurz über einer kleinen Flamme erwärmt, um die Färbung zu verstärken, und danach der Säureüberschuß mit Brunnenwasser abgespült. Die Rotfärbung des Gewebes ist nicht sehr stabil und bleicht an der Luft aus oder geht in blau über.

Die obigen histochemischen Methoden dienen vor allem dazu, die im Gewebe der Pflanzen aus Lösungen aufgenommene und gespeicherte Indol-3-essigsäure festzustellen. Autochthoner Wuchsstoff kann damit jedoch nicht nachgewiesen werden. Ebert (1955) konnte mit Hilfe dieser Methode zeigen, daß sich Wurzel und Sproß in bezug auf Indol-3-essigsäure-Speicherung stark unterscheiden: Und zwar speichert die Wurzel die Indol-3-essigsäure wesentlich intensiver als der Sproß. In der Wurzel konnte eine starke Anreicherung der aufgenommenen Indol-3-essigsäure vor allem in den wachsenden Geweben (Meristem, Streckungszone und Primordien der Seitenwurzeln) festgestellt werden, dagegen nicht in den Wurzelhaaren.

D. Photoprint-Verfahren

Die Methode wurde von Markham und Smith (1949) bei der Chromatographie von Nucleinsäuren angewendet und von Müller (1953) zum qualitativen Nachweis von Indol-3-essigsäure auf Papierchromatogrammstreifen verwendet. Als Lichtquelle diente dabei ein Zeiss-Doppelmonochromator. Das Chromatogramm wird mit monochromatischem Licht der Wellenlänge 280 mμ, die dem Absorptionsmaximum der Indol-3-essigsäure entspricht, durchstrahlt. Wird auf das Papierchromatogramm ein Streifen Photopapier (Agfa LUN 1) gelegt, so bildet sich die Indol-3-essigsäure-Zone als heller Fleck ab. Die Methode bietet gegenüber den colorimetrischen Nachweisverfahren den Vorteil, daß die Elution am selben, vorher durchleuchteten Chromatogrammstreifen vorgenommen werden kann. Es ist dabei allerdings zu berücksichtigen, daß Indol-3-essigsäure durch eine längere UV-Bestrahlung zerstört wird. Nach MÜLLER ist es beim Photoprint-Verfahren möglich, noch 1 γ/ccm nachzuweisen.

V. Physiologische Testmethoden zum qualitativen Nachweis bzw. zur quantitativen Bestimmung von Wuchsstoffen

Als physiologische Testmethoden sind allgemein solche Methoden zu bezeichnen, welche die physiologische Wirkung bestimmter Agenzien als zu messendes Kriterium benützten. Bei Zellstreckungswuchsstoffen wäre dieses Kriterium die Zellstreckung und es dürften danach nur solche Methoden als physiologische Testmethoden für Zellstreckungswuchsstoffe angesehen und benützt werden, welche die erfolgte Zellstreckung in irgend einer Weise meßbar machen. Da die Zellstreckungswuchsstoffe jedoch mehrere physiologische Wirkungen ausüben, deren Zusammenhang mit der Zellstreckungswirkung selbst nicht immer geklärt ist und teilweise überhaupt zu fehlen scheint, sind zahlreiche Testmethoden für „Wuchsstoffe“ bekannt geworden, welche andersartige Kriterien als jene der reinen Zellstreckung benützen. Eine scharfe begriffliche Trennung der jeweils benützten Kriterien voneinander läßt sich, da eine Analyse der Phänomene noch aussteht, in vielen Fällen noch nicht durchführen. Es konnte deshalb im folgenden keine Einteilung der Methoden nach ihren physiologischen Kriterien getroffen werden. Die meisten Testmethoden messen tatsächlich das Zellstreckungswachstum, teils in Form des Krümmungswinkels (A), teils als (geraden) Längenzuwachs (B) an oberirdischen Organen, teils an Wurzeln (C). Andere physiologische Kriterien (D) lassen das Ausmaß der Beteiligung von Zellstreckungsvorgängen nicht erkennen.

A. Methoden mit Krümmungsmessung

1. Standard-Avena-Test von F. W. Went (Went-Test[1], 1928)

Prinzip der Methode: Auf dekapitierte Koleoptilen von *Avena sativa* werden Argarblöckchen einseitig aufgesetzt, welche Krümmungen des Koleoptilstumpfes hervorrufen, die (als Krümmungswinkel) gemessen werden.

Handhabung der Methode: Es wird Saatgut einer genetisch „reinen Linie“ der Sorte „Siegeshafer“ (Sveriges Utsödesförening, Svalöf, Schwe-

[1] Alle Geräte und Spezialausrüstungen für den WENT-Test können durch H. Wilder Tomlin, 1502 Woodburg Rd., Pasadena 7, California, U.S.A., bezogen werden.

den), von manchen Autoren aber auch die dänische Sorte „Gul Naesgaard" verwendet. Die Samen werden von den Spelzen befreit und 2 bis 3 Stunden in Wasser gequollen. Anschließend werden sie (mit der Längsfurche nach unten) auf feuchtem Filtrierpapier in Petrischalen im Dunkelraum 30 Stunden lang keimen gelassen, wobei schwache Rotlichtbestrahlung zwecks Unterdrückung späterer, störender Mesocotylbildung angezeigt ist (LANGE 1927, DU BUY und NUERNBERGK 1929). Nach Ablauf dieser Vorkeimperiode werden die Keimlinge entweder in Erde, Sand oder gewaschene Sägespäne nicht mehr als 8 mm tief gepflanzt, so daß die Koleoptile unbehindert vertikal wachsen kann. Dies wird durch eine Neigung des Kornes von etwa 45° erreicht. Das Material, in welches ausgesetzt wird, soll so viel Feuchtigkeit enthalten, daß während der Versuchsdauer nicht nachgegossen werden muß. Besser als auf solche Weise arbeitet man jedoch mit Glashaltern und Wasserkultur, wie dies in Abb. 17 gezeigt ist. Die Glashalter sind zur Vermeidung des Kriechens von Wasser paraffiniert, wodurch auch das Haften des Kornes im Halter begünstigt wird. Das Material für den Trog ist gewöhnlich Zink, seine Füllung Leitungswasser. Die Keimlinge werden so eingesetzt, daß ihre Wurzelspitzen die Wasseroberfläche berühren. Es ist zweckmäßig, etwa 2 Stunden vor dem Aufsetzen der Agarblöckchen die Koleoptilen mit ihren Haltern genau lotrecht auszurichten und alle infolge irgend welcher Krümmungen unbrauchbaren Koleoptilen auszuschalten.

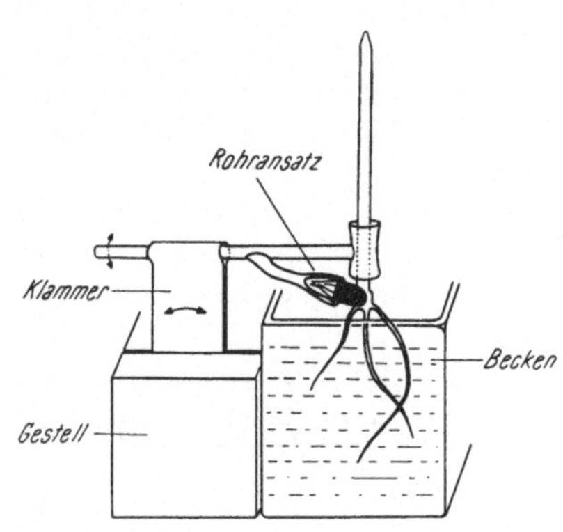

Abb. 17. Glashalter und Wasserbecken zur Anzucht der Versuchskeimlinge. (Nach WENT und THIMANN 1937, S. 29)

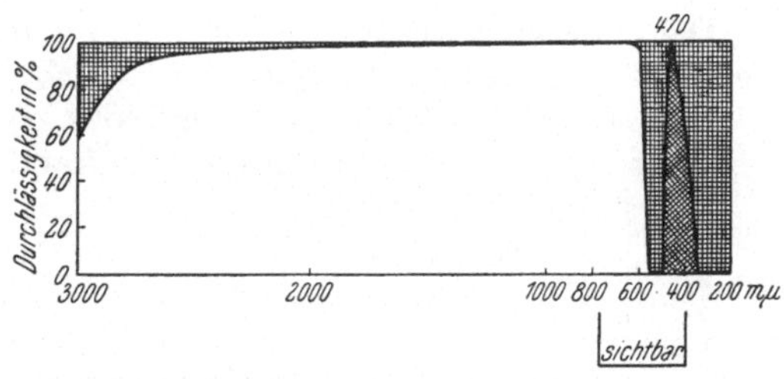

Abb. 18. Extinktion des Filters OG 2 (schraffiert) und phototropische Empfindlichkeit bei *Avena* (schräg schraffiert)

Die Temperatur des Arbeitsraumes soll, ebenso wie dessen Feuchtigkeit, möglichst konstant gehalten werden [1] und beträgt in den meisten

[1] Eine Einrichtung zur Aufrechterhaltung einer konstanten Feuchtigkeit wird von HENDERSON und HUNT (1951) beschrieben. Ebenso haben AVERY et al. (1939) für Fälle, wo keine feuchtigkeitskonstante Dunkelkammer zur Verfügung steht, eine „low-cost chamber" mit den Abmessungen 75 × 105 × 33 cm, in der 8 bis 9 Dutzend Testpflanzen in hoher Luftfeuchtigkeit aufwachsen können, entwickelt.

Fällen 25° C, obwohl das Optimum für quantitatives Arbeiten ein wenig niedriger zu liegen scheint. Hierbei wird ein gebrauchsfertiger Zustand der Koleoptilen, welche 20 bis 30 mm lang sein sollen, etwa 48 Stunden nach dem Einsetzen in die Halter erreicht.

Alle nach dem Vorquellen nötigen Manipulationen dürfen, um phototrope Reaktionen auszuschließen, nur bei orangerotem Licht von Wellenlängen oberhalb von 5500 Å durchgeführt werden. Bei Verwendung von 40-Watt-Glühbirnen kann dies durch Verwendung des Schott-Filters OG 2 (2 mm) (DU BUY 1933) oder der Corning-Filter 243 bzw. 348 erreicht werden, da die phototrope Empfindlichkeit der *Avena*-Koleoptile im Bereich der Wellenlängen von etwa 350 bis etwa 500 mμ bei etwa 470 mμ ihr Maximum besitzt (vgl. Abb. 18).

Tabelle 4. *Längenwachstum intakter und dekapitierter Koleoptilen*

Methode	Während der Versuchsdauer von Stunden	wächst eine Koleoptile	um (d = mm)	%	Bei 100% einseitiger Hemmung $\alpha =$
Pasten-Test (S. 79 ff.)	24	ohne Dekapitation	8,64	100	375,9°
WENT-Test (S. 50 ff.)	2	mit 1 Dekapitation	0,26	3	11,3
Avena-Test (VAN DER WEIJ 1931)	2	mit 2 Dekapitationen	0,12	1,4	5,2

Die Vorbereitung der nunmehr versuchsbereiten Koleoptilen zum Test erfolgt durch Dekapitation, welche entweder in ursprünglicher Weise einmalig, oder aber nach VAN DER WEIJ (1931) zweimalig erfolgen kann. Im erstgenannten Falle werden mit einer für diesen Zweck besonders konstruierten Schere die 5 obersten Millimeter der Koleoptile, also die Koleoptilspitze, abgetrennt und abgehoben, ohne das von ihr umschlossene Primärblatt zu beschädigen. Mit einiger Übung und Geschicklichkeit gelingt es jedoch, auch ohne Verwendung einer besonderen Schere die Dekapitation durchzuführen, indem man mit einer Rasierklinge sehr vorsichtig einen Einschnitt an der einen Schmalseite der Koleoptile so anbringt, daß das eine ihrer beiden Gefäßbündel durchtrennt wird. Man kann dann durch Auflegen des linken Zeigefingers auf die Spitze und eine gelinde drehende Bewegung die ganze Spitze abtrennen und mit einer Pinzette abheben.

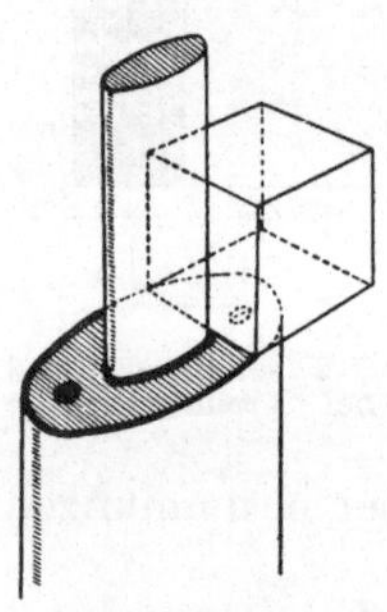

Abb. 19. Dekapitierte Koleoptile mit herausragendem Primärblatt und seitlich aufgesetztem Agarwürfel

Bei zweimaliger Dekapitation wird so vorgegangen, daß zunächst durch einen einfachen Schnitt mit einer Rasierklinge die oberste Koleoptilspitze (etwa 1 mm lang) abgetrennt wird, während die weiteren 4 mm des so verbliebenen Stumpfes nach 3 Stunden mit der Dekapitationsschere abgetragen werden. Hierdurch wird dem Koleoptilstumpf Gelegenheit gegeben, das in seinen oberen Teilen noch vorhandene Wuchshormon zu verbrauchen, während die inzwischen einsetzende physiologische Regeneration der Koleoptilspitze durch die zweite Dekapitation ausgeschaltet wird. Tab. 4 zeigt, daß die Zuwachswerte bei nicht dekapitierten Koleoptilen am größten, bei zweimalig dekapitierten Koleoptilen am geringsten sind. Infolgedessen ist bei dieser Methode erhöhte Empfindlichkeit gegenüber kleinen Wuchsstoffmengen zu erwarten.

Unmittelbar nach der letzten Dekapitation wird mit einer Pinzette, deren Backen zweckmäßig mit Kork versehen sind, vorsichtig das aus dem Koleoptilstumpf herausragende Primärblatt an seiner Basis abgerissen und etwa 10 mm weiter aus der Koleoptile herausgezogen, worauf es etwa 5 bis 10 mm oberhalb der Schnittfläche des Koleoptilstumpfes mit einer Schere abgeschnitten wird.

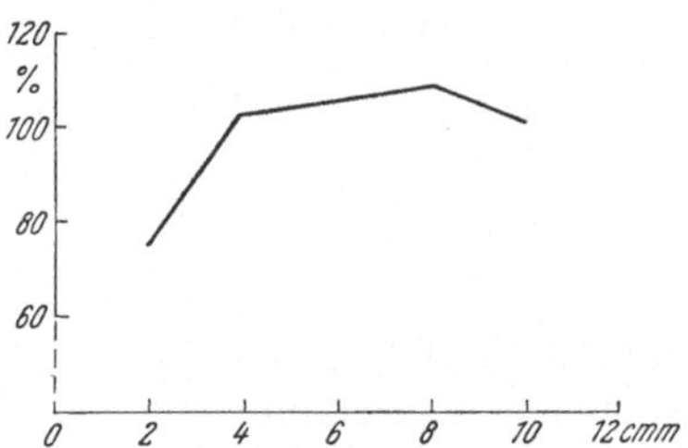

Abb. 20. Einfluß der Agarwürfelgröße auf den Krümmungswinkel bei einer gegebenen Wuchsstoffkonzentration, ausgedrückt in Prozenten des Krümmungswinkels, der durch den größten Agarwürfel hervorgerufen wurde. (Nach Versuchen von AVENY, CREIGHTON und SHALUCHA 1941, aus LARSEN 1955 a, S. 589)

Nun wird mit Hilfe eines durch wenig destilliertes Wasser angefeuchteten Spatels das zu testende Agarblöckchen (welches den Wuchsstoff enthält) dem Koleoptilstumpf einseitig so aufgesetzt, daß es der Schnittfläche des einen der beiden Gefäßbündel der Koleoptile aufsitzt und zugleich mit einer Seitenfläche dem Stumpf des Primärblattes anliegt (Abb. 19). Ein dünner Film von dest. Wasser zwischen Agarblöckchen und Schnittfläche sowie zwischen Agarblöckchen und Primärblatt sorgt für guten Kontakt und bessere Haftfestigkeit des Blöckchens. Er wird dadurch hergestellt, daß der Spatel vor dem Aufnehmen der Agarblöckchen in Wasser getaucht wird, wonach der ihm anhaftende Tropfen sich zwischen den geschnittenen, aneinanderliegenden Agarblöckchen verteilt.

Die Vorbereitung des Agars geschieht folgendermaßen:

Agar-Streifen werden mit dest. Wasser gut abgewaschen; dann wird mit frischem, dest. Wasser in der Hitze ein 3 %iges Gel hergestellt, wobei auf gute, gleichmäßige Verteilung des Agars (Zerteilung gequollener Aggregate) geachtet werden muß. Nach DU BUY (1931), THIMANN und SCHNEIDER (1938) und LARSEN (1940 a, b) hat die Konzentration des Agars im Agarwürfel einen großen Einfluß auf das Testergebnis. Im allgemeinen soll die geringste Agarkonzentration verwendet werden, bei welcher die Würfel noch eine genügende Festigkeit besitzen. Bei längerer Aufbewahrung des Agars soll dieser eine zwei- bis viermal so hohe Konzentration haben als der zum Test verwendete.

Tabelle 5. *Größen der von verschiedenen Autoren verwendeten Agarplatten und Agarwürfel (nach Larsen 1955 a, S. 590)*

Größe der Platte (mm)	cmm	Größe der Würfel (mm)	cmm	Autoren
6×8×0,5	24	2×2×0,5	2,0	Kögl und Haagen-Smit (1931)
6×8×0,9	43	2×2×0,9	3,6	Terpstra (1953 b)
Dicke 1 mm [1]	100	2×2×1	4,0	Boysen-Jensen (1935, 1936 a, b; 1941)
8×11×1,27	112	2,67×2,67×1,27	9,3	Kramer und Went (1949)
8×10,7×1,4	120	2,67×2,67×1,4	10,0	Avery, Creighton und Shalucha (1941)
8×10,7×1,5	128	2,67×2,67×1,5	10,7	Dolk und Thimann (1932)
14×14×1,4	274	3,5×3,5×1,4	17,5	van Overbeek (1950)

[1] Entweder runde Scheiben (Boysen-Jensen) oder 10×10 mm Quadrate (Larsen).

Soll die Untersuchung wuchsstoffhaltiger Lösungen erfolgen, so werden wässerige Lösungen dem Agar-Gel beim Erkalten und bei gleichzeitigem gutem Durchmischen im Verhältnis 1:1 zugefügt.

Das Agar-Lösungsgemisch wird vor dem Erkalten auf den Erstarrungspunkt in eine kreisförmige Vertiefung von 10,3 mm Radius und 1,5 mm Tiefe eingegossen, in welcher genau $^1/_2$ ccm Platz hat. Nach dem Erstarren der Agarplatte, welche auf diese Weise entsteht, wird aus dieser mit einer Stanze oder mit Hilfe einer Rasierklinge auf einer mit netzförmiger Millimeterteilung versehenen Unterlage (Glas) ein Plättchen von 8 × 11 mm Größe herausgeschnitten, welches nunmehr in 12 untereinander gleiche Blöckchen geteilt wird.

Größe und Form der wuchsstoffhaltigen Agarwürfel haben einen merklichen Einfluß auf das Testergebnis. Nach Thimann und Bonner (1932), Avery, Creighton und Shalucha (1941) steigen die Winkelwerte bei gegebener Konzentration mit zunehmendem Volumen des Agarwürfels an. Wie Abb. 20 zeigt, geben schon Würfel von 4 cmm bei einer bestimmten Konzentration 80 bis 100 % der maximalen Wirkung. Es ergibt sich also, daß Würfel von 4 bis 10 cmm bei gegebener Wuchsstoffkonzentration ungefähr gleiche Krümmungswinkel geben, so daß kleinere Änderungen in der Größe der Würfel innerhalb dieser Grenzen einen geringen Einfluß auf die Winkelwerte haben. In Tab. 5 sind die gebräuchlichsten Größen der Agarplatten und Agarwürfel, wie sie von verschiedenen Autoren verwendet wurden, wiedergegeben.

Eine Untersuchung von in wässeriger Lösung vorhandenen Wuchsstoffen kann natürlich auch so erfolgen, daß man zunächst auf die angegebene Weise 12 reine Agarblöckchen (ohne Wuchsstoffzusatz) herstellt und diese dann 1 Stunde lang in die wuchsstoffhaltige, wässerige Lösung einlegt, bis durch Diffusion Wuchsstoff in der gleichen Konzentration in den Agar eingedrungen ist, in welcher er in der Lösung vorlag. Dies ist freilich nur dann (annähernd) erreichbar, wenn das Volumen der Agarblöckchen im Verhältnis zum Volumen der zu testenden Lösung außerordentlich klein gehalten werden kann (dies ist vor allem bei der Testung synthetisch zugänglicher Stoffe der Fall). Besitzt man jedoch von der Testlösung nur kleinste Mengen, so ist das zuvor genannte Verfahren der Vermischung von Agar und Testlösung vorzuziehen. Eine weitere Methode zur Einbringung vor allem aus pflanzlichen Materialien unter Anwendung organischer Lösungsmittel extrahierter Wuchsstoffe in die Agarblöckchen wurde von BOYSEN-JENSEN (1937, 1941) verwendet. Er läßt 15 g Agar während einer Woche zuerst mit Leitungswasser und anschließend mit dest. Wasser sehr gründlich auswaschen, dann abpressen, wiegen und soviel dest. Wasser zufügen, daß die gesamte Wassermenge des Gemisches 500 ccm beträgt. Dann wird einmal im Autoklaven erhitzt und das flüssige, noch heiße Gemisch verteilt. 5 ccm davon werden mit 5 ccm einer Pufferlösung (SÖRENSEN: 58,7 ccm Citrat + 41,3 ccm NaOH; Verdünnung 1:5, pH 6,0) vermischt und noch heiß auf eine genau horizontal gestellte, 100 × 100 mm große und 5 mm dicke, vorher leicht erwärmte Glasplatte aufgegossen, wodurch eine Agarplatte von 1 mm Höhe erzielt wird, aus welcher runde Plättchen von 1 qcm Größe herausgestanzt werden.

Das Versetzen des Agars mit Pufferlösung geschieht, weil sich gezeigt hat, daß der Ausfall des Testversuches von der Wasserstoffionenkonzentration der wässerigen Phase des Agarwürfelchens abhängig ist (DOLK und THIMANN 1932 und AVERY, BERGER und SHALUCHA 1941). Die besten Resultate werden bei einem pH-Wert von etwa 6,0 erreicht. Die Pufferkapazität darf nicht zu tief sein, dagegen erniedrigt eine zu hohe Pufferkonzentration die Winkelwerte. BONDE (1954) verwendet eine Pufferkonzentration von 0,0167 mol. Wie Versuche von HEMBERG (1947) zeigten, kann reiner SÖRENSEN-Puffer (pH 6,0) eine Krümmung der Koleoptilen fast vollkommen unterdrücken, wogegen bei Zusatz von 0,01 bis 0,02 mol $CaCl_2$ die Krümmungswerte erhöht werden. LARSEN (1955a) berichtet, daß die optimale Calziumkonzentration bei 0,003 mol liegt. Da die verschiedenen Agar-Sorten einen verschieden hohen, nicht auswaschbaren Calziumgehalt haben, schwankt auch die optimale Ca-Konzentration des Puffers. Bei Verwendung des USP-Agars werden nach LARSEN (1955) die Agarwürfel aus 1,25%igem Agar, der 0,005-mol. Citratpuffer (pH 6,0) und 0,001-mol. $CaCl_2$ enthält, hergestellt.

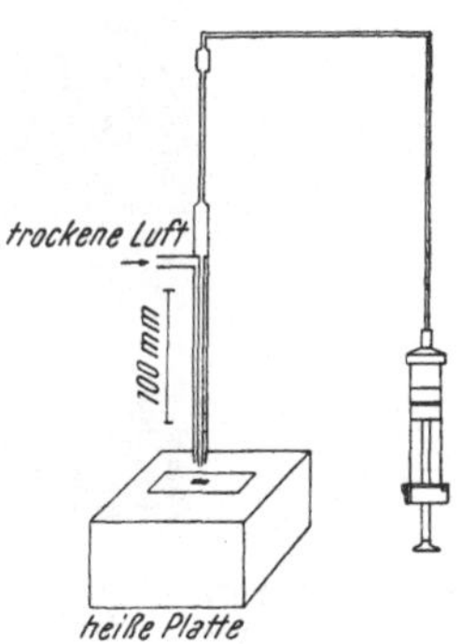

Abb. 21. Auftropfvorrichtung zum Überführen von Wuchsstofflösungen auf Agarplatten nach BOYSEN-JENSEN (1941). (Nach P. LARSEN 1955a, S. 587)

Eine gemessene Menge des in peroxydfreien Äther überführten Wuchsstoffes bzw. Pflanzenextraktes wird nun mit Hilfe einer Pipette

(Abb. 21), welche mit einer Injektionsspritze verbunden ist und durch deren Kolben betätigt wird, auf das Agarplättchen aufgetropft und der Äther bei 35 bis 40° C abgedampft. Gleichzeitig wird trockene Luft seitlich über das Plättchen geblasen. Zur Verteilung des Wuchsstoffes im Agarplättchen wird dieses im feuchten Raum etwa 2 Stunden stehen gelassen.

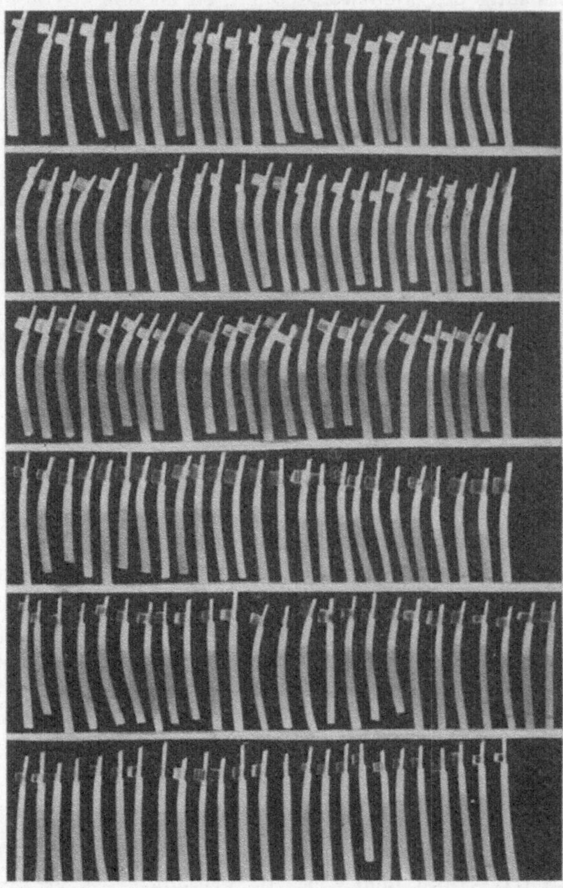

Abb. 22. Schattenbildaufnahmen von *Avena*-Keimlingen beim Standard-*Avena*-Test, die mit Agarwürfeln (mit verschiedenem Wuchsstoffgehalt) behandelt wurden

Da der verwendete Äther (Lösung oder Extrakt) möglichst wasserfrei sein soll, weil sonst auf dem Agarplättchen ein Tropfen zurückbleibt, empfiehlt Boysen-Jensen (1941), ihn vorher im Kühlschrank anzufrieren.

Nachdem der Wuchsstoff auf die eben geschilderte Weise in Agarplättchen überführt wurde, wird das Plättchen 1 bis 2 Stunden in feuchter

Atmosphäre liegen gelassen, damit sich der Wuchsstoff durch Diffusion gleichmäßig verteilen kann, worauf Würfelchen von $2 \times 2 \times 1$ mm Größe ausgeschnitten und zum Test verwendet werden.

Die Versuchsdauer wird von Went und Thimann (1937) mit 90 Minuten angegeben. Es kann jedoch auch eine Versuchsdauer von 120 Minuten gewählt werden. Letzteres erwies sich (in eigenen Versuchen) als zweckmäßiger, weil die 90 Minuten währende Versuchsdauer nicht ausreicht, um größere Versuchsserien von einer einzigen Person bewältigen zu lassen.

Nach Ablauf der Versuchsdauer werden die Testpflänzchen mit den aufgesetzten Agarwürfeln photographiert, und zwar so, daß die optische Achse des Aufnahmegerätes zur Krümmungsebene der Koleoptilen senkrecht steht.

Anstelle einer photographischen Aufnahme kann auch eine Schattenbildaufnahme erfolgen (Abb. 22). Diese kann in der Weise durchgeführt werden, daß man die Koleoptilen vorsichtig mit einer Rasierklinge an der Basis abschneidet und auf eine Glasplatte legt, unter welcher lichtempfindliches Papier liegt, das von oben kurzzeitig belichtet wird. Durch das Auflegen der gekrümmten Koleoptile auf die ebene Glasfläche kommt die Krümmungsebene zwangsläufig parallel zur Ebene des lichtempfindlichen Papiers zu liegen, so daß eine getreue Kopie der Krümmung erfolgt. Bei kleinen Krümmungswinkeln hat es sich, um eine Steigerung der Meßgenauigkeit zu erreichen, als zweckmäßig erwiesen, nicht einfache, sondern vergrößerte Photokopien herzustellen. Dies gelingt in einfacher Weise durch Verwendung eines Vergrößerungsaufsatzes zu einer 9×12 cm Plattenkamera, wobei man die auf eine 9×12 cm-Glasplatte aufgelegten Koleoptilen mitsamt der Platte anstelle der zu vergrößernden photographischen Platte in den Apparat einführt. Man erhält so unmittelbar ein vergrößertes Schattenbild. Es muß darauf geachtet werden, daß schnell gearbeitet wird und die Koleoptilen nur der zur Schattenbildaufnahme unbedingt erforderlichen Belichtungsdauer unterworfen werden.

Um die Versuchsdauer genau einzuhalten, ist es zweckmäßig, das Arbeitstempo beim Aufsetzen der Agarblöckchen und jenes beim Herstellen der Photokopien annähernd synchron zu halten, was nach einiger Übung leicht gelingt. Es ist ferner zweckmäßig, die für jeden einzelnen Ansatz verwendeten 15 bis 30 Koleoptilen sofort, getrennt von jenen anderer Ansätze, zu photokopieren, da sonst Gelegenheit für geotrope Reaktionen der Koleoptilen und Ungenauigkeit bei der Einhaltung der Versuchsdauer entstehen würde.

Die *Messung* des Krümmungswinkels jeder einzelnen Koleoptile erfolgt an der Photokopie mit Hilfe eines Winkelmeßgerätes, dessen Beschaffenheit aus Abb. 23 ersichtlich ist. Die im Abstand von 1,5 mm angebrachten parallelen Linien, welche in das durchsichtige Kunststoffmaterial des Gerätes eingeritzt sind, erleichtern die Winkelmessung. Sie erfolgt, indem man das Schattenbild (*b*) unter das Gerät legt und den basalen Teil der Koleoptile mit den Linien des unbeweglichen Teiles des Gerätes parallel einstellt. Dann wird das aus der Koleoptile herausragende Stück des

Primärblattes durch Drehen des beweglichen Armes (*a*) mit den auf diesem eingeritzten Linien parallel eingestellt und der Krümmungswinkel abgelesen.

Dieser Krümmungswinkel wird mit „α" bezeichnet und erhält je nach der Richtung (in bezug auf das aufgesetzte Agarblöckchen) ein bestimmtes Vorzeichen. Tritt (unter Wuchsstoffeinwirkung) eine Krümmung auf, welche verstärktes Wachstum der direkt unterhalb des Agarwürfels

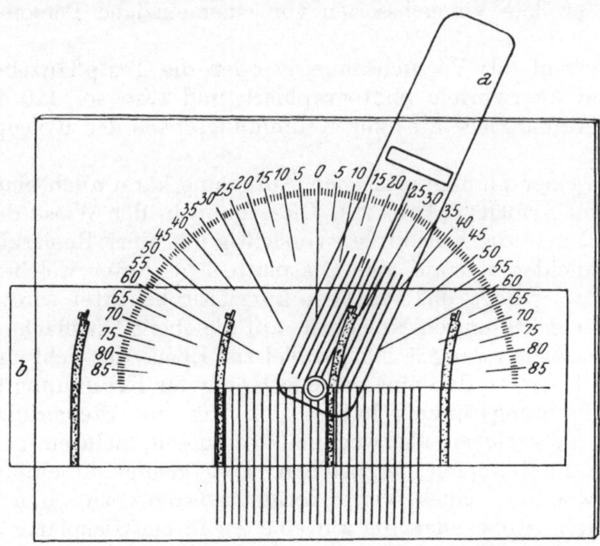

Abb. 23. Winkelmeßgerät zur Bestimmung des Krümmungswinkels der Koleoptilen. *a* Beweglicher Arm, *b* Schattenbildaufnahme. (Aus Went und Thimann 1937, S. 33)

liegenden Koleoptilseite erkennen läßt, also eine Krümmung, welche von Agarblöckchen wegweist, so wird der Krümmungswinkel als *negativ* bezeichnet. Tritt jedoch umgekehrt eine Krümmung ein, welche zur Seite des Agarblöckchens hin gerichtet ist, so spricht man von einer *positiven* Krümmung.

Während bereits der Krümmungswinkel (α) ein Maß für die Wuchsstoffwirksamkeit der im Agarblöckchen vorhandenen zu testenden Substanz bilden kann, geben sich manche Autoren mit seiner Bestimmung nicht zufrieden, sondern wünschen an seiner Stelle einen Wert für das Streckungswachstum in Längeneinheiten zu erhalten. Die Krümmungswinkelwerte (α) lassen sich nach H. Purdy (1921) bei Kenntnis des in der Krümmungsebene gemessenen Koleoptildurchmessers D (durchschnittlich etwa 1,5 mm) in Längenwachstumswerte („d") nach der Formel:

$$d = 0{,}017 \, . \, \alpha \, . \, D$$

(vgl. dazu S. 87) umrechnen. Der Krümmungswinkel α ist danach dem einseitigen Längenzuwachs „d" direkt proportional.

Konzentrations-Wirkungskurve: Wird auf der Ordinate der Krümmungswinkel, auf der Abszisse der Logarithmus der Wuchsstoffkonzentration aufgetragen, so ergibt sich eine flache Kurve, die bei einer Wuchsstoffkonzentration von 10^{-5}% Indol-3-essigsäure mit einem Winkelwert von etwa 10° beginnt, mit 10^{-4}% das Maximum bei etwa 20° erreicht und dann schwach bis auf 10° abfällt (Abb. 24,*2*). Bei eigenen Versuchen ergab sich eine etwas steiler ansteigende Kurve, die ihr Maximum bei 10^{-4}% Indol-3-essigsäure und einem Winkelwert von etwa 40° erreicht, bei höherer Konzentration steiler bis auf 5° bei 10^{-2}% Indol-3-essigsäure abfällt (Abb. 24,*1*). Wie aus den beiden Kurven der Abb. 24 ersichtlich, wird bei dieser Methode lediglich die fördernde Wirkung des Wuchsstoffes erfaßt, die hemmende Komponente, wie sie z. B. durch den Pastentest (vgl. S. 79) erfaßt werden kann, jedoch vernachlässigt. Die Fehlerberechnung beim vorliegenden Test erfolgt nach WENT nach der Formel $m = \sqrt{\frac{\Sigma\, a^2}{n\,.\,(n-1)}}$ wobei m die mittlere Abweichung des Mittels, a die Abweichung des Einzelwertes vom Mittelwert und n die Anzahl der Versuchsglieder ist.

Nach Angaben von KÖGL (1933) und KÖGL et al. (1935, 1936), sowie von TERPSTRA (1953 b) zeigt der Test, wenn Wasserkulturen verwendet werden, sehr große tägliche und tageszeitlich bestimmte Schwankungen. WENT und THIMANN, die in Pasadena arbeiteten, berichten, daß die Testpflanzen am Morgen empfindlicher waren als nachmittags oder abends. Auch bei Ausführung des Testes bei Tageslicht (SÖDING, S. 63) zeigt der Test große täglich und jahreszeitlich bedingte Schwankungen (SÖDING und FUNKE 1942). Besonders die im Rauch vorhandenen Stoffe zeigen einen starken Einfluß auf den Test und sollen nach HULL et al. (1954) mittels Filter abgefangen werden, wodurch der Test gleichmäßigere und quantitativ reproduzierbare Resultate liefern soll. Nach den genannten Autoren soll auch durch starken Straßenverkehr eine Empfindlichkeitserniedrigung der Testpflanzen erfolgen. Auch die Anzuchtmethode scheint einen Einfluß auf die Empfindlichkeit des Testes zu haben, und zwar zeigten Pflanzen, die in Sand oder Erde aufgezogen wurden, bedeutend weniger Empfindlichkeitsschwankungen als solche, die in Wasserkultur gehalten wurden.

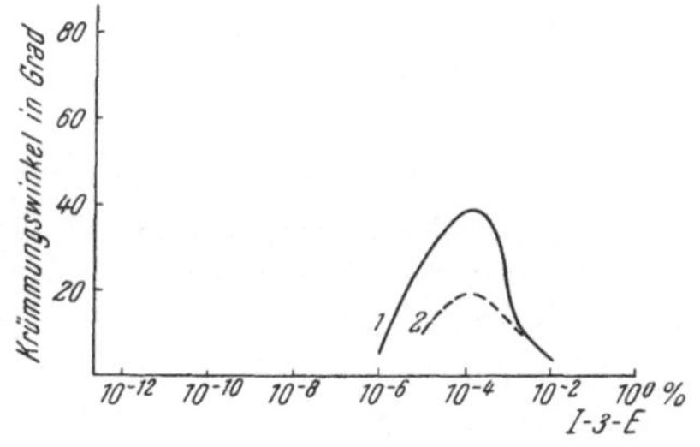

Abb. 24. Konzentrations-Wirkungskurven zum Standard-*Avena*-Test von WENT; *1* eigene Versuche, *2* nach WENT und THIMANN 1937, S. 41

Kritik der Methode: Beim WENT-Test kommt der Winkel dadurch zustande, daß die linke und rechte, d. h. die behandelte und die unbehandelte Seite verschieden schnell wächst. Wird auf der einen Seite der Koleoptile der Agarwürfel aufgesetzt, so gelangt der Wuchsstoff aus diesem in die eine Koleoptilflanke und wird von dort nach abwärts geleitet. Es ist aber außerdem die Möglichkeit gegeben, daß der Wuchsstoff quer durch den Koleoptilquerschnitt auf die andere Koleoptilflanke hinüber diffundiert. Wir nennen diese auf die andere Seite hinüber diffundierende Größe die „Quertransportgröße". Der Quertransport bewirkt, daß auch die gegenüberliegende, unbehandelte Koleoptilflanke ein Längenwachstum aufweist. Der Krümmungswinkel, proportional dem „*d*" von Purdy, also der Längendifferenz zwischen der behandelten und der unbehandelten Seite, ist daher abhängig von der Quertransportgröße und diese muß ihrerseits wieder abhängig sein von der Menge und der Art des Wuchsstoffes, der auf der behandelten Seite zugeführt worden ist. Der Krümmungswinkel α ist daher ein aus verschiedenen Komponenten erwachsendes Phänomen, eine Größe, die nicht unmittelbar von der Konzentration oder von der Menge des zugeführten Wuchsstoffes abhängig ist. Die Quertransportgröße ist eine physiologische Größe, die zusätzlich zu der eigentlichen Längenzuwachsgröße den Wert α beeinflußt. Wenn man nun ein direktes Maß der Wirkung eines Wuchsstoffes haben wollte, so wäre es sinnvoller, das Längenwachstum *allein* zu messen, ohne daß der gemessene Wert durch den Quertransport irgendwie beeinflußt wird. Das würde aber die Längenmessung der behandelten Koleoptilflanke allein und unabhängig von der Länge der gegenüberliegenden unbehandelten Koleoptilflanke bedingen. Bei der Went-Methode ist dies nicht möglich, da der Krümmungswinkel den Quertransport mit einschließt.

Die Abhängigkeit der Wirkung von der Konzentration des Wuchsstoffes ergibt bei der Went-Methode eine Optimumskurve. Diese besagt, daß ein Krümmungswinkel von beispielsweise 15° sowohl durch eine niedrige Wuchsstoffkonzentration erzielt werden kann als auch durch eine vielfach höhere. Wenn ein Krümmungswinkel von 15° gemessen wird, so kann demnach nicht ohne weiteres gesagt werden, ob dieser Wert für eine niedrige oder eine hohe Wuchsstoffkonzentration gilt. Die Went-Methode gibt keine Möglichkeit, unmittelbar an dem einen gemessenen Wert zu erkennen, ob man es mit einer niedrigen oder höheren Konzentration zu tun hat. Es wäre in diesem Falle notwendig, eine Verdünnungsreihe anzulegen, um zu sehen, ob bei weiterer Verdünnung der Krümmungswert noch weiter ansteigt oder abfällt. Danach erst ist die Beurteilung des Wertes an einer Eichkurve möglich und die Bestimmung der Wuchsstoffkonzentration im Agarwürfel denkbar. Bei allen Werten, die mit der Went-Methode gewonnen werden, muß dieser Umstand unbedingt mit berücksichtigt werden.

Vielfach sind in der Literatur Werte zu finden, welche nur ganz wenige Winkelgrade (Schwankungsbreite für den Winkel α) umfassen, d. h. man zieht bereits Schlüsse aus Ergebnissen von Krümmungswerten, die zwischen 2 und 10° Krümmungswinkel liegen. Die Methode arbeitet bei exakter Durchführung zwar sehr genau, doch ist eine Abweichung in der Größenordnung von Graden bei der Messung nicht unwahrscheinlich [1].

[1] Kramer und Went (1949) erreichten bei der Winkelmessung dadurch eine größere Genauigkeit, daß sie die Schattenbilder auf eine drehbare Wand projizierten und dort die Winkelmessung durchführten.

Die WENT-Methode ist infolge ihrer relativ hohen Empfindlichkeit dann gut einsetzbar, wenn es sich darum handelt, geringe Mengen von Wuchsstoffen vor allem qualitativ nachzuweisen. Sie ist die Methode der Wahl bei allen Versuchen, bei welchen aus Pflanzenmaterial direkt abgefangener Wuchsstoff (vgl. S. 10 f.) getestet werden soll, sowie bei der Molekulargewichtsbestimmung mittels der Diffusions-Methode (vgl. S. 160 ff.).

Ein weiterer besonderer Vorteil der WENT-Methode liegt darin, daß sie die positive Wirkung eines Wuchsstoffes erkennen läßt, also tatsächlich Zellstreckungswachstum mißt.

Wenn durch die Dekapitation der Koleoptile der pflanzeneigene Wuchsstoff so ziemlich, durch eine zweimalige Dekapitation der pflanzeneigene Wuchsstoff sogar fast völlig ausgeschaltet ist, so stellt tatsächlich das durch den zugefügten Wuchsstoff induzierte Längenwachstum einen Ausdruck der Wuchsstoffwirkung des zugeführten Stoffes dar. Bei Abfangversuchen ist in dieser Hinsicht jedoch zu berücksichtigen, daß in der Substanz, die durch Abfangung gewonnen wird, neben Wuchsstoffen auch Hemmstoffe vorkommen. Diese Hemmstoffe können sich natürlich neben den Wuchsstoffen so auswirken, daß sie das durch den zugefügten Wuchsstoff induzierte Längenwachstum in der Koleoptile hemmen. Bei der Deutung und der theoretischen Benutzung von Werten, die mit der WENT-Methode gewonnen werden, muß dieser Umstand berücksichtigt werden. Andererseits ist die Methode von WENT nicht geeignet, Hemmstoffe direkt erkennen zu lassen, da die Koleoptilen praktisch keinen Zuwachs zeigen, wenn nicht Wuchsstoff zugefügt wird. Liegen in einem abgefangenen Material nur Hemmstoffe vor, so können diese im WENT-Test nicht unmittelbar nachgewiesen werden.

2. Avena-Test von P. Boysen-Jensen (1937)

Prinzip der Methode: Auf dekapitierte *Avena*-Keimlinge werden wie beim WENT-Test einseitig Agarwürfel aufgesetzt, die Wuchsstoffe in bestimmter Konzentration enthalten. Krümmungsradius und Länge werden gemessen.

Handhabung der Methode: Zur Verwendung kommen Haferkeimlinge der Sorte „Gul Naesgaard“. Diese werden im Dunkelraum bei 21 bis 22° C aufgezogen. Um hochempfindliche Pflanzen zu erhalten, sollen sich die Koleoptilen in ziemlich trockener Luft (Feuchtigkeitsgehalt von 30 bis 40%) entwickeln und der Wassergehalt der Erde etwa 25% betragen (vgl. LARSEN 1944, 1955).

18 bis 20 mm lange Koleoptilen werden einmal dekapitiert und das Primärblatt herausgezogen. Danach werden auf der breiten Seite der Koleoptilen die Agarwürfel aufgesetzt und die so präparierten Pflanzen $2^1/_2$ bis 3 Stunden unter Glasstürzen bei 21 bis 22° C und dampfgesättigter Luft stehen gelassen.

Messung: Nach der angegebenen Reaktionszeit werden die Pflanzen aus der Erde genommen und durch Anlegen derselben an eine Schablone der Krümmungsradius (r) und die Länge des gekrümmten Teiles (l) bestimmt (Abb. 25). Nach der Gleichung $d = \frac{t \cdot l}{r}$ kann der „d-Wert", der als Maß der Krümmung dient, berechnet werden; t wird als konstant genommen. Die zu den verschiedenen l- und r-Werten gehörigen d-Werte werden in einer Tabelle übersichtlich zusammengestellt. Für jeden Versuch werden 7 bis 12 Pflanzen verwendet, aus denen der Mittelwert der Krümmungsgrößen berechnet wird.

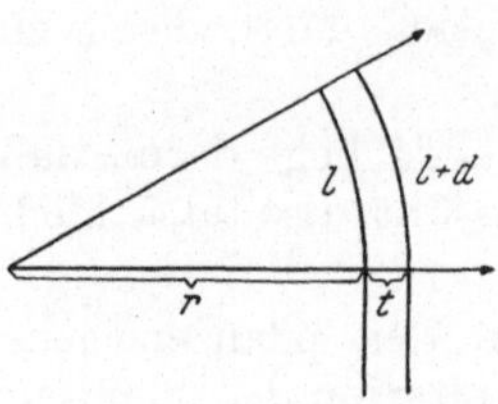

Abb. 25. Berechnung des Wertes d beim *Avena*-Test von Boysen-Jensen (1937)

Als Wuchsstoffeinheit (WAE) gilt bei Boysen-Jensen jene Menge Wuchsstoff, die, in 50 ccm Wasser und 50 ccm 3%igem Agar gelöst, bei genauer Einhaltung der obigen Testmethode mit der Hafersorte Gul Naesgaard als Testobjekt einen d-Wert von 1 gibt.

Kritik der Methode: Es gilt die gleiche Kritik wie beim Went-Test. Die Umrechnung des α-Wertes in den d-Wert stellt eine Komplikation dar, die keine prinzipielle Verbesserung des Versuchsergebnisses bewirkt.

3. „Ohne-Wurzel"-Test von J. van Overbeek (1937)

Prinzip der Methode: Den Haferkeimlingen werden alle Wurzeln abgenommen, die Koleoptilen zweimal dekapitiert und letzteren entsprechend der Went-Methode seitlich Agarwürfel, die den zu testenden Wuchsstoff in bestimmter Konzentration enthalten, aufgesetzt. Nach einer bestimmten Zeit werden die Krümmungswinkel gemessen.

Handhabung der Methode: Haferkeimlingen der Sorte „Viktory", welche in der physiologischen Dunkelkammer unter konstanten Bedingungen aufgezogen werden, entfernt man mit einer scharfen Rasierklinge sämtliche Wurzeln. Gleich darauf werden die Koleoptilen 2 mm unterhalb der Spitze dekapitiert. Um die Wasseraufnahme weiterhin zu gewährleisten, wird der Wasserspiegel der Zinkwannen, aus denen die Pflanzen normalerweise ihr Wasser aufnehmen, so weit gehoben, daß das Endosperm etwa bis zur Hälfte eintaucht. Auch der Wasserspiegel in den Wannen mit den Kontrollen wird bis zum Eintauchen der Samen gehoben.

Drei Stunden nach der ersten Dekapitation wird nochmals dekapitiert, das Primärblatt teilweise herausgezogen und Agarblöckchen, die Wuchsstoffe in bestimmter Konzentration enthalten, wie beim Went-Test seitlich den Koleoptilen aufgesetzt. Die gekrümmten Koleoptilen werden 110 Minuten nach dem Aufsetzen der Agarwürfel photographiert und die Krümmungswinkel als Maß für die Wuchsstoffwirkung ausgewertet. Werden die Wurzeln 3 Stunden vor dem Aufsetzen der Agarwürfel abgetrennt, so zeigt dies keine wesentliche Wirkung auf die Koleoptilkrümmung. Beträgt dagegen die Zeit zwischen der Entfernung der Wurzeln und dem Aufsetzen der Agarwürfel 15 bis 20 Stunden, so steigt die Empfindlichkeit im Gegensatz zu den Pflanzen mit Wurzeln ganz wesentlich, in einigen Fällen über 100% an.

Kritik der Methode: Es wird wie beim WENT-Test das Zellstreckungswachstum gemessen. Durch das Entfernen der Wurzeln sind die Koleoptilen vermutlich weniger gut mit pflanzeneigenem Wuchsstoff versorgt, was zur Folge hat, daß der Zuwachs der Kontrollkoleoptilen während der Versuchsdauer kleiner ist als beim WENT-Test, die Empfindlichkeit gegenüber von außen her zugeführten Wuchsstoffen höher liegt.

4. „Ohne-Korn"-Test von F. Skoog (1937)

Prinzip der Methode: *Avena*-Keimlingen wird am zweiten Tag nach der Keimung das Korn abgenommen. Der Test wird sonst wie der WENT-Test gehandhabt.

Handhabung der Methode: Die Anzucht der *Avena*-Keimlinge erfolgt wie beim WENT-Test. Am zweiten Tag der Keimung, wenn die Koleoptilen etwa 1,5 cm lang sind, werden die Pflanzen von ihren Haltern genommen und das ganze Korn, mit Ausnahme der unteren Hälfte des Skutellums, entfernt. Um den unteren Teil des Keimlings wird Baumwolle gewunden, welche dazu dient, den Keimling im Halter festzuhalten und die Wasserversorgung zu fördern (Abb. 26). Nach dem Umwickeln des Stoffes werden die Keimlinge in die Halter gesteckt und sind 12 bis 18 Stunden nachher für den Test fertig. Die weitere Handhabung sowie Auswertung des Testes ist die gleiche wie beim WENT-Test (S. 50 ff.).

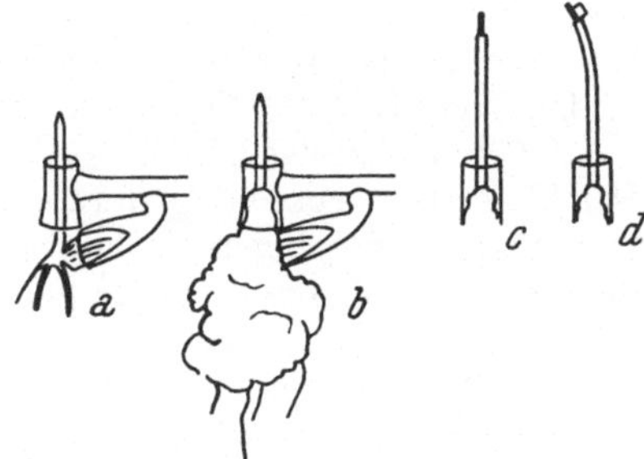

Abb. 26. „Ohne-Korn"-Test von SKOOG. *a* Normaler Keimling im Glashalter, *b* gleicher Keimling mit entferntem Korn, die Koleoptile ist mit Baumwolle umwunden, *c* dekapitierte Koleoptile, *d* Keimling nach der Wuchsstoffbehandlung. (Nach SKOOG 1937, aus WENT und THIMANN 1937, S. 37)

Kritik der Methode: Durch das Entfernen des Kornes tritt wieder eine Verarmung an pflanzeneigenem Wuchsstoff, somit eine Empfindlichkeitssteigerung ein. Nach Angaben von SKOOG (1937) können daher mit dem „Ohne-Korn"-Test zehnmal schwächere Wuchsstoffkonzentrationen bestimmt werden als beim WENT-Test.

5. Tageslicht-Test von H. Söding (1935, 1952)

Prinzip der Methode: Die Durchführung des Testes erfolgt wie beim WENT-Test, jedoch werden die Agarblöckchen bei Tageslicht aufgesetzt.

Handhabung der Methode: Samen von *Avena sativa* werden am Licht gequollen und möglichst dicht im Kreise in kleine Töpfchen von höchstens 9 cm Durchmesser in Sägemehl gepflanzt. Wenn die Koleoptilspitzen im Sägemehl sichtbar werden, bringt man die Töpfe in umgekehrte Dunkelstürze von 30 cm Höhe und 15 cm lichter Weite, so daß sie nur von oben her Licht erhalten. Acht Stunden vor Versuchsbeginn werden die Dunkelstürze normal über die Töpfe gestülpt, so daß die Keimlinge während dieser Zeit im Dunkeln stehen. Die weitere Handhabung, das einmalige Dekapitieren und Aufsetzen der Agarblöckchen erfolgt wie beim WENT-Test, jedoch bei Tageslicht innerhalb von 10 Minuten. Während dieser Zeit werden die Pflanzen zusammen mit einem Becherglas, welches auf 60° C erwärmtes Wasser enthält, unter einem Dunkelsturz (oder verdunkeltem Becherglas) aufbewahrt.

Die *Messung* erfolgt wie beim WENT-Test durch Bestimmung des Krümmungswinkels.

Konzentrations-Wirkungskurve: Werden auf der Abszisse der Logarithmus der Wuchsstoffkonzentration, auf der Ordinate die Krümmungswinkel aufgetragen, so ergibt sich bei Verwendung von Indol-3-essigsäure eine eingipfelige Kurve, deren Wendepunkt bei $6 \times 10^{-5}\%$ Indol-3-essigsäure und einem Krümmungswinkel von etwa 45° liegt (vgl. Abb. 27).

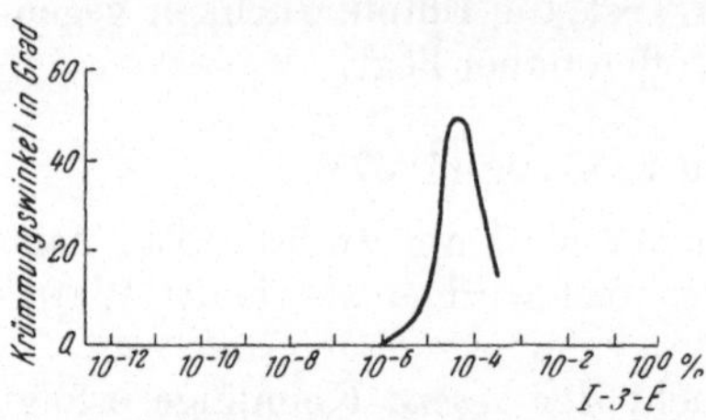

Abb. 27. Konzentrations-Wirkungskurve zum Tageslicht-Test von SÖDING. (Aus SÖDING 1952, S. 8 und 9)

Kritik der Methode: Es wird das Zellstreckungswachstum gemessen. Der Test ist zweckmäßig dort einzusetzen, wo man mit kleinen Mitteln zu arbeiten gezwungen ist, wo also eine Dunkelkammer nicht zur Verfügung steht. Er bietet außer den einfacheren Arbeitsbedingungen keinen besonderen Vorteil gegenüber den in Dunkelkammern durchzuführenden Testen. Im allgemeinen wird man es vorziehen, nicht im Licht, sondern im Dunkeln zu arbeiten, da die physiologischen Verhältnisse bei Wuchs- und Hemmstoffen im Licht komplizierter sind als bei Dunkelheit.

6. Koleoptil-Test von H. Funke (1939)

Prinzip der Methode: Von der Testkoleoptile wird nicht nur die Spitze, sondern auch die Basis mit Wurzeln und Korn entfernt. Nach dem einseitigen Aufsetzen von Agarwürfeln wird der Krümmungswinkel gemessen.

Handhabung der Methode: Die zum Test verwendeten Haferpflanzen werden in gleicher Weise wie für den Tageslicht-Test von H. SÖDING (vgl. S. 63 f.) unter oben offenen Dunkelstürzen herangezogen [1], bis die Pflänzchen eine Länge von etwa 20 mm aufweisen. Die Pflanzen werden nun in üblicher Weise (vgl. S. 52) dekapitiert und das Primärblatt ein Stück weit herausgezogen, aber in der Koleoptile belassen. Nun wird von der Schnittfläche nach abwärts — am besten mit Hilfe eines mit Millimeterteilung versehenen Fingerschützers aus Celluloid oder Cellon — ein 12 mm langes Koleoptilstück abgemessen und dieser Koleoptilzylinder mit einer Rasierklinge abgeschnitten. Der Koleoptilzylinder wird sofort

[1] Bei 24stündiger „Vorverdunkelung" der Versuchspflanzen vor dem Schneiden der Koleoptilzylinder soll nach H. FUNKE eine fast doppelte Empfindlichkeit des Testes erreicht werden.

mit der basalen Schnittfläche in einen Tropfen noch warmer, ziemlich zähflüssiger Gelatinelösung eingestellt und in lotrechter Lage so lange festgehalten, bis die Gelatine erstarrt ist. Der Gelatinetropfen wird zu diesem Zweck auf einem mit feuchtem Filtrierpapier belegten Objektträger so angebracht, daß etwa 10 bis 12 Koleoptilzylinder nebeneinander aufgestellt werden können.

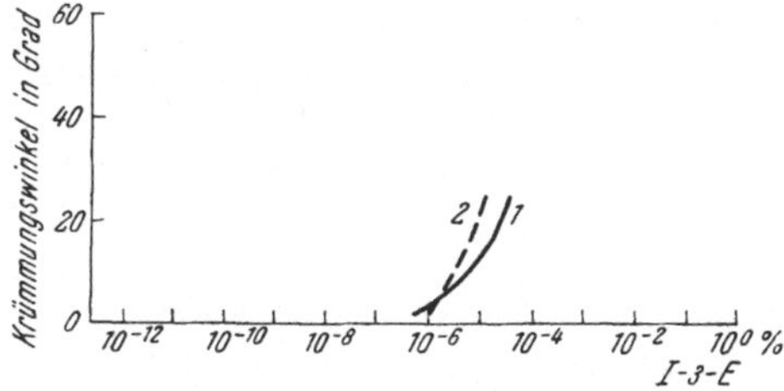

Abb. 28. Konzentrations-Wirkungskurve zum Koleoptil-Test von FUNKE (*1*) und zum *Raphanus*-Test von OVERBEEK und SÖDING (*2*). (*1* Aus FUNKE 1939, S. 286, *2* aus SÖDING 1937, S. 779)

Die so vorbereiteten Zylinder mit dem Objektträger werden nun unter einen Dunkelsturz gebracht. Nach 24 Stunden werden die Agarwürfel in gleicher Weise wie beim WENT-Test (vgl. S. 52), jedoch bei Tageslicht aufgesetzt, wobei nur gerade gebliebene Koleoptilzylinder verwendet werden dürfen. Sofort danach werden die Objektträger mit den Testpflanzen in eine feuchte Kammer gebracht. Die Versuchsdauer beträgt 18 oder 20 Stunden.

Die *Messung*: Nach dieser Zeit werden die Krümmungswinkel entweder direkt an den Pflanzen, oder aber an einer Schattenbildaufnahme in gleicher Weise wie beim WENT-Test gemessen. Die erreichten Krümmungswinkel liegen zwischen 0 und 25°.

Konzentrations-Wirkungskurve: Die von H. FUNKE gefundene Beziehung zwischen dem Krümmungswinkel und der Wuchsstoffkonzentration ist nur bei Krümmungswinkeln von 0° bis etwa 13° annähernd proportional und zwar innerhalb des Bereiches von 1×10^{-6} bis 8×10^{-6}% Indol-3-essigsäure (Abb. 28).

Kritik der Methode: Es wird das Zellstreckungswachstum gemessen. Für den Test gilt das gleiche, das für alle Teste gesagt wurde, welche mit dem Krümmungswinkel als Kriterium arbeiten.

7. Cephalaria-Test von H. Söding (1937)

Prinzip der Methode: Dekapitierten Hypocotylen von *Cephalaria*-Keimlingen werden Agarwürfel, die Wuchsstoff in bestimmter Konzentration enthalten, einseitig aufgesetzt. Der Krümmungswinkel wird gemessen.

Handhabung der Methode: In der Zeit von September bis in den Winter verwendet man Saatgut von *Cephalaria tatarica*, im Frühjahr und Sommer dagegen besser *C. alpina*, weil diese leichter im Frühjahr, *C. tatarica* dagegen leichter im Herbst keimt. Im Hochsommer ist *C. alpina* wegen mangelnder Keimung kaum brauchbar.

Die Früchte werden über Nacht in Wasser gequollen. Etwa 30 Körner werden in einen Topf mit feuchtem Sägemehl dicht gepflanzt. Nach etwa 2 Wochen stehen die ersten Keimlinge für den Versuch bereit, in einigen

Tagen folgen dann eine zweite und eine dritte Serie. Die Pflanzen werden in oben offenen Dunkelstürzen (bei Tageslicht) herangezogen und in einer Größe von 3 bis 4 cm für den Test verwendet (auch 2 bis 5 cm große Pflanzen sind brauchbar). Vor dem Versuchsbeginn kommen die Keimlinge mindestens 8 Stunden („über Nacht") in Dunkelheit.

Die Keimlinge werden unmittelbar unterhalb der Cotyledonen geköpft und der Stumpf am oberen Ende schräg zugeschnitten. Das wuchsstoffhaltige Agarblöckchen, das in gleicher Weise wie zum WENT-Test (vgl. S. 54) vorbereitet wird, wird mit einem kleinen Tropfen erwärmter Gelatinelösung seitlich an die Schnittfläche angeklebt (Würfelgröße nach SÖDING 2,5×2,5×1,3 mm). Das Maximum der Krümmung ist nach 4 bis 5 Stunden erreicht.

Messung: Nach der angegebenen Versuchszeit wird der Krümmungswinkel wie beim WENT-Test mit Hilfe eines Winkelmessers bestimmt.

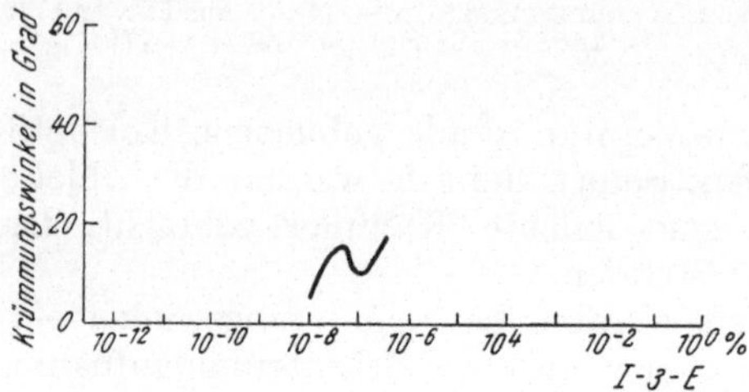

Abb. 29. Konzentrations-Wirkungskurve zum *Cephalaria*-Test von SÖDING. (Aus SÖDING 1937, S. 775)

Konzentrations-Wirkungskurve: vgl. Abb. 29.

Kritik der Methode: Es wird das Zellstreckungswachstum gemessen. Beim *Cephalaria*-Test kann eingewendet werden, daß die Beschaffung des Samenmaterials, vor allem in genügender Menge, nicht so einfach und zuverlässig geschehen wird wie bei den Testen, bei denen Hafer als Versuchspflanze verwendet wird. Beim Hafer steht stets physiologisch homogenes Material zur Verfügung, während dies bei *Cephalaria*-Samen nicht ohne weiteres erzielbar sein wird. Die von SÖDING veröffentlichten Konzentrations-Wirkungskurven zeigen noch große Schwankungen, was ein Zeichen dafür ist, daß die Methode noch einer intensiveren Bearbeitung bedarf. Im übrigen gilt für den *Cephalaria*-Test die Kritik wie für alle anderen Krümmungsteste.

8. Raphanus-Test von J. van Overbeek (1933) und H. Söding (1937)

Prinzip der Methode: Dekapitierten Keimlingen von *Raphanus sativus* werden wuchsstoffhaltige Agarwürfel einseitig aufgesetzt und der Krümmungswinkel bestimmt.

Handhabung der Methode: Nach SÖDING (1937) kann der *Raphanus*-Test in der gleichen Weise wie der *Cephalaria*-Test durchgeführt werden. VAN OVERBEEK (1933) setzt den Wuchsstoffagar abweichend von SÖDINGS Methode auf die Schnittfläche eines der Stümpfe der abgeschnittenen Cotyledonen. Ebenso wie *Cephalaria* gibt auch *Raphanus* bei einer Versuchszeit von 5 Stunden die stärksten Krümmungen.

Konzentrations-Wirkungskurve: Ihr Verlauf ist ähnlich der beim *Avena*-Tageslichttest (vgl. S. 64).

Kritik der Methode: So wie der *Cephalaria*-Test stellt auch der *Raphanus*-Test noch keine endgültig ausgearbeitete Methode dar, so daß auch hier die Wirkungskurve noch starke Schwankungen zeigt. Ansonsten gilt wieder die gleiche Kritik wie bei den übrigen Krümmungstesten.

9. Phaseolus-Test von R. L. Weintraub, J. W. Brown, J. A. Throne und J. N. Yeatman (1951)

Prinzip der Methode: Auf dekapitierte Hypocotyle von *Phaseolus vulgaris* wird mittels einer Injektionsspritze seitlich ein Tropfen einer Wuchsstofflösung appliziert. Der Krümmungswinkel wird gemessen.

Handhabung der Methode: Für den Test wird der „Asgow“-Stamm der Sorte „Black Valentine“ von *Phaseolus vulgaris* verwendet. Die Samen werden etwa 1,20 cm tief in eine 5 cm dicke Lage von „Vermiculite“ [1] gepflanzt. „Vermiculite Nr. 3“ wird auf einem perforierten falschen Boden in einen 50×65 cm großen Blechbehälter mit Auslauf gelegt, aus der einen Ecke des Behälters etwas entfernt und so lange Wasser zugesetzt, bis die freie Wasseroberfläche etwa 1,20 cm unter der Oberfläche des Kulturmediums steht. Nach etwa 15 Minuten wird der Auslauf geöffnet und das überschüssige Wasser abgelassen. Für die Dauer der weiteren Experimente ist keine Wässerung mehr notwendig.

Die Pflanzen werden in einer Dunkelkammer bei etwa 30° C und einer relativen Luftfeuchtigkeit von 60±10%, 1,20 bis 2,40 m weit von einer 40 Watt roten Fluoreszenzlampe aufgestellt. Am vierten Tag nach der Anzucht haben die Keimlinge eine Länge von 8 bis 13 cm erreicht und sind für die Versuche verwendbar.

Die Keimlinge werden vorsichtig, ohne die Wurzeln zu verletzen, aus dem Kulturmedium genommen, an der Basis der Hypocotylabbiegung mit einer scharfen Rasierklinge dekapitiert und vertikal aufgestellt. Als Haltevorrichtung kommt eine Holzleiste (2 × 2 × 42 cm), die auf einer Seite eine Reihe von 20 V-förmigen Kerben hat, zur Verwendung. Die Enden der Leiste liegen auf einer mit Wasser gefüllten Wanne, in welche die Wurzeln der Keimlinge hineinreichen. Die Hypocotylen werden mit einem Klebemittel oberhalb des Wurzelansatzes an der Leiste befestigt.

Zwei Stunden nach der Dekapitation wird ein kleiner Tropfen (etwa 0,0015 ccm) der Testlösung, die in 95 %igem Äthylalkohol gelöst wird, mittels einer Injektionsspritze auf eine Schmalseite des Hypocotyls, 5 mm unterhalb der Schnittfläche appliziert. Der Tropfen rinnt noch 5 bis 10 mm tief am Hypocotyl nach abwärts und wird dabei absorbiert. Fünf Stunden nach der Applikation wird von den Hypocotylabschnitten oberhalb der Holzleiste eine Kontaktkopie hergestellt. Nach dieser werden mit Hilfe eines Winkelmessers mit durchsichtigem beweglichem Arm die Krümmungswinkel gemessen.

Die Injektionsspritze für die Wuchsstoffapplikation ist eine 0,25 ccm Tuberkulin-Glasspritze mit einer rostfreien Nadel, deren Spitze im rechten

[1] Eine Gruppe von Hydrosilikaten.

Winkel abgeschnitten wird. Die Spritze kann auch in Verbindung mit einem Mikrometer zur Verwendung kommen.

Das Applizieren der Wuchsstofflösung auf die Versuchspflanzen geschieht in der Art, daß das Holzgestell mit den angehefteten Keimlingen vor der Spritze, die in die richtige Höhe und etwas schräg eingerichtet wurde, aufgestellt wird. Auf diese Art können 20 Hypocotylen in etwa 3 Minuten behandelt werden.

Das Dekapitieren, Befestigen der Keimlinge an der Haltevorrichtung und das Applizieren der Versuchslösung soll bei Beleuchtung mit einer 60-W-Mazda-Lampe mit einem „Wratten OA"-Filter geschehen. Bei diesem Licht, welches phototropisch inaktiv ist, ist das Arbeiten gegenüber rotem Licht wesentlich erleichtert. Die Kontaktkopien sollen in einem anderen Raum oder in einem lichtdichten Kasten gemacht werden, so daß keine Pflanzen vom weißen Licht getroffen werden.

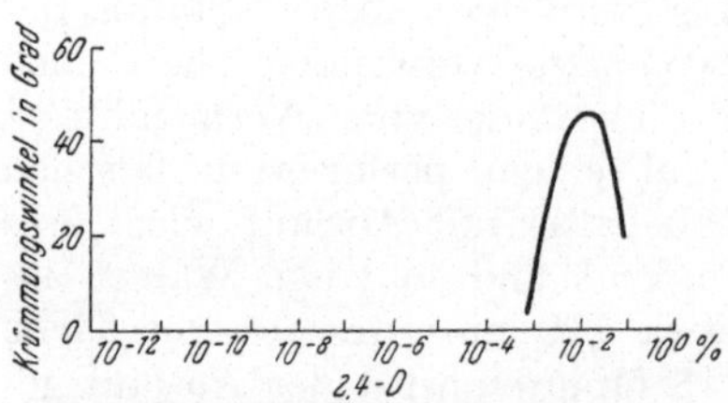

Abb. 30. Konzentrations-Wirkungskurve zum *Phaseolus*-Test von WEINTRAUB. Bei der Umrechnung der veröffentlichten Werte wurde das Tropfenvolumen zugrunde gelegt. (Aus WEINTRAUB et al. 1951, S. 439)

Die durchschnittliche Abweichung des Mittelwertes aus einer Gruppe von 20 mit 2,4-Dichlorphenoxyessigsäure behandelten Pflanzen beträgt etwa 7 %, bei einer Gruppe von 40 Pflanzen etwa 5 %. Die prozentuelle Standardabweichung ist natürlich bei kleinen Krümmungen größer als bei stark gebogenen Hypocotylen.

Konzentrations-Wirkungskurve: Wird auf der Abszisse der Logarithmus der Wuchsstoffkonzentration, auf der Ordinate der Krümmungswinkel aufgetragen, so ergibt sich eine eingipfelige Kurve, deren Maximum bei einer Konzentration von 10^{-2} % 2,4-Dichlorphenoxyessigsäure und einem Winkel von 45° liegt (vgl. Abb. 30).

Kritik der Methode: Es wird das Zellstreckungswachstum gemessen. Beim *Phaseolus*-Test gilt hinsichtlich der Konzentrations-Wirkungskurve dieselbe Kritik wie beim WENT-Test.

10. Erbsen-Test von F. W. Went (1934a)

Prinzip der Methode: Stengelstücke von Erbsenpflanzen werden durch einen Längsschnitt teilweise gespalten und in wuchsstoffhaltige Lösung eingelegt. Der Krümmungswinkel zwischen aus- und einkrümmendem Teil jeder Spalthälfte wird gemessen.

Handhabung der Methode: Erbsensamen, möglichst von einer reinen Linie (WENT verwendete die Sorte „Alaska"), werden 6 Stunden lang in Wasser vorgequollen und dann im Dunkeln in feuchten Sand ausgepflanzt. Im Alter von 7 Tagen sollen die Pflanzen eine Länge von etwa 10 bis 12 cm erreicht und 2 Knoten ausgebildet haben. Es werden nur solche Pflanzen zum Testversuch verwendet, bei welchen der Abstand zwischen dem oberen, ein Blatt tragenden Knoten und der Endknospe weniger als 5 mm beträgt. Die Spitze der Pflanze wird nun 5 mm unterhalb der Endknospe mit einer Rasierklinge abgeschnitten und der Stengel (Internodium) 3 cm tief median gespalten. Der gespaltene Teil des Internodiums wird einige (5 bis 10) mm unterhalb des tiefsten Punktes des Einschnittes abgeschnitten und 1 Stunde lang in Wasser ausgewaschen.

Inzwischen werden 20 ccm der zu testenden, wässerigen Lösung in einer Petrischale vorbereitet. Die Lösung darf nicht saurer als pH 4 sein, da sonst unerwünschte Säure-Krümmungen das Ergebnis verfälschen können. Am günstigsten erwies sich ein pH-Wert von 7,0, der mit Hilfe eines Phosphatpuffers (Endkonzentration 0,003 m) eingestellt wird. In die Petrischale werden 5 bis 8 Stengelteile eingelegt und im Dunkeln

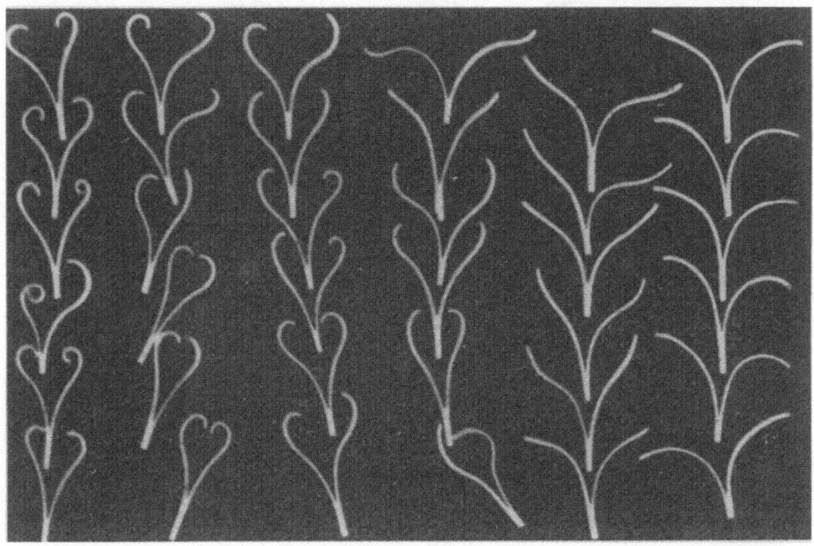

Abb. 31. Schattenbild der gespaltenen Erbsenkeimlinge beim Erbsen-Test von WENT. Von links nach rechts: 6,45, 2,15, 0,645, 0,215, 0,0645 und 0 mg Indol-3-essigsäure pro Liter. (Nach WENT und THIMANN 1937, S. 54)

für 6 bis 24 Stunden darin belassen, wobei man für vergleichbare Serien die gewählte Versuchsdauer natürlich konstant hält. Nach sechsstündiger Versuchsdauer hat die Krümmung der beiden Stengelhälften ihren größten Wert erreicht und bleibt dann konstant. Die Stengelteile werden mit einer Pinzette an ihrer Basis erfaßt, kurzzeitig mit Filtrierpapier abgetrocknet, auf eine Glasplatte aufgelegt und als Schattenbild auf lichtempfindliches Papier photokopiert.

Messung: Die Bestimmung des Krümmungswinkels erfolgt direkt an der Pflanze, zweckmäßiger aber an der Photokopie (Abb. 31) in der durch Abb. 32 gekennzeichneten Weise, indem durch den Krümmungs-„Wendepunkt“ bzw. an dem extrem nach außen gekrümmten Punkt jeder Spalthälfte eine Tangente gelegt wird, ebenso an jeden der oberen Teile der Spalthälften. Der von diesen Tangenten eingeschlossene Winkel wird mit einem Winkelmesser gemessen. Der Mittelwert aus den α- und β-Werten der 5 bis 8 verwendeten Stengelteile wird als Krümmungswert bzw. als Ergebnis verwendet.

Da bei dieser Meßmethode die Auswärtsdrehung der Spalthälften unbeachtet bleibt, diese aber nach THIMANN und SCHNEIDER (1938 b) bei tieferen Konzentrationen die einzige Wirkung ist, scheint es zweckmäßig, auch einen Winkelwert β nach der in Abb. 32 b aufgezeigten Weise zu bestimmen.

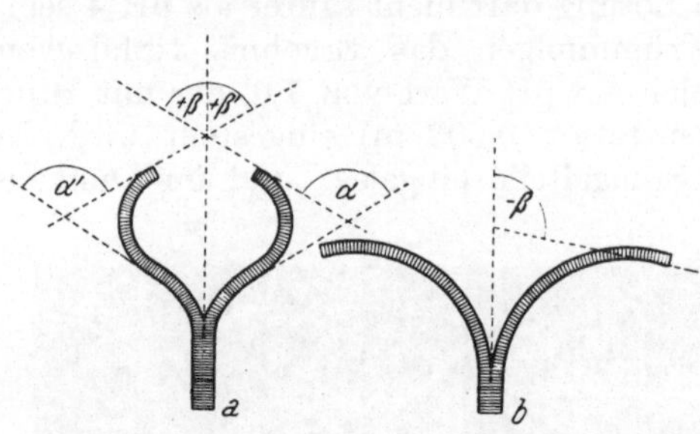

Abb. 32. Bestimmung des Krümmungswinkels beim Erbsen-Test von WENT. *a* Bestimmung der Winkel α, α', + β und + β'; *b* Bestimmung des Winkels − β

Neben WENT haben sich vor allem JOST und REISS (1936), VAN OVERBEEK und WENT (1937) und THIMANN und SCHNEIDER (1938 b) eingehend mit dem Test beschäftigt. KENT und GORTNER (1951) berichten, daß die Lichtverhältnisse während der Kultur der Testpflanzen von ausschlaggebender Bedeutung für das Testergebnis sind und geben daher folgende Arbeitsweise für den Erbsen-Test an:

Samen der Sorte „Alaska“ werden 4 bis 6 Stunden in Wasser vorgequollen und zwischen Papiertücher oder Filtrierpapier bei 27° C eingelegt. Die Lichtverhältnisse spielen in den ersten drei Tagen keine wesentliche Rolle. Am vierten Tag werden die Samen auf eine perforierte Porzellan-Platte über einer Wasserschale aufgelegt, so daß die sich entwickelnden Wurzeln durch die Löcher der Platte das Wasser erreichen können. Die Gefäße werden sodann in totale Dunkelheit gestellt. Um ein Abfaulen der Wurzeln zu verhindern, muß das Wasser der Gefäße jeden Tag gewechselt werden. Beim Kontrollieren der Pflanzen darf nur blaugrünes Licht verwendet werden, und zwar soll das Licht mit einem Lichtfilter Nr. 50 eines „Klett-Summerson-Colorimeters“ mit 470 bis 530 mμ gefiltert sein. Am achten Tag werden die Pflanzen mit Hilfe einer Schaltuhr von 2 bis 6 Uhr früh (das ist 32 Stunden vor der Ernte) mit dem roten Licht einer 60-Watt-Mazda-Lampe mit Reflektor, 60 cm von der Basis der Keimlinge entfernt, beleuchtet.

Am neunten Tag werden die Pflanzen bei rotem Licht geerntet und solche Keimlinge ausgewählt, bei denen das vierte Internodium 5 mm oder weniger lang ist. Von solchen wird der untere Teil des Internodiums, knapp unterhalb der ersten Knospe, die ein normales Blatt trägt, herausgeschnitten. Mit Hilfe einer Rasierklinge oder eines speziellen „Spalters“ (VAN OVERBEEK und WENT 1937) wird ein 3 cm langer medianer Einschnitt in jedes Internodiumstück gemacht und die so präparierten Erbsenstengel 6 bis 10 mm unterhalb dem Ende abgeschnitten. Die gespaltenen Schnitte werden mit glasdestilliertem Wasser 1 Stunde (nicht länger) gewaschen und dann in die Testlösungen eingelegt.

Abänderungen dieser Methode bestehen darin, daß die Samen für 10 bis 15 Minuten in eine 1 %ige Lösung von Ca-Hypochlorid eingelegt werden. Danach werden sie 1 Stunde lang in fließendem Leitungswasser gewaschen, für 3 bis 5 Stunden eingequollen und dann in feuchten Sand gepflanzt. Die Pflanzen entwickeln sich meist in 7 bis 12 Tagen (bei 25 bis 26° C) zur gewünschten Größe. Anstatt einer 4 Stunden langen Belichtung der Pflanzen mit rotem Licht können diese nach KENT und GORTNER (1951) auch täglich 20 bis 40 Minuten belichtet werden. Internodien, die einer solchen Behandlung ausgesetzt werden, geben leichter meßbare Krümmungen, da sich die Teilstücke auch bei stärkeren Krümmungen nicht überlappen. Pflanzen, die einer unterbrochenen Belichtung ausgesetzt werden, sollen schon am achten Tag, wenn das dritte Internodium in einem geeigneten Stadium ist, geerntet werden. Wenn Teste am neunten Tag ausgeführt werden, soll das vierte Internodium zur Verwendung kommen.

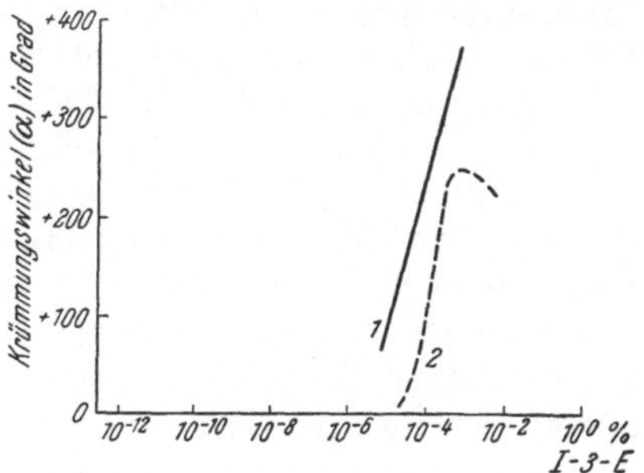

Abb. 33. Konzentrations-Wirkungskurve zum Erbsen-Test von WENT. (*1* Nach WENT und THIMANN 1937, *2* nach THIMANN und SCHNEIDER 1938 b)

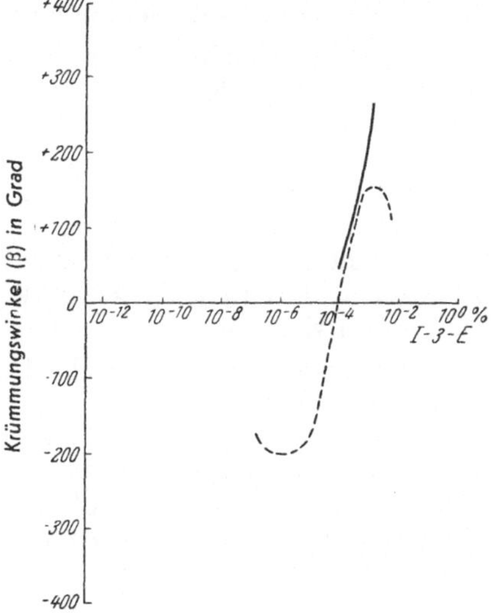

Abb. 34. Konzentrations-Wirkungskurve zum Erbsen-Test von WENT. Bestimmung des Winkels β. (Ausgezogene Kurve nach THIMANN 1952, gestrichelte Kurve nach THIMANN und SCHNEIDER 1938 b)

Ein ähnlicher Test, jedoch bei Verwendung von Hanf-Pflanzen, wird von MINORU und TOKUNAGA (1955) beschrieben, und zwar sollen Längsschnitte von jungen Hanf-Keimlingen (*Cannabis sativa* L.), die in ähnlicher Weise wie beim Erbsen-Test präpariert werden, auf Wuchsstoffe (Indol-3-essigsäure, α-Naphthylessigsäure) stark ansprechen und deutlichere Krümmungswinkel als im Erbsen-Test geben. Die erhaltenen Krümmungswinkel waren der Wuchsstoffkonzentration proportional.

Konzentrations-Wirkungskurve: WENT und THIMANN (1937) geben an, daß zwischen Wuchsstoffkonzentration und Krümmungswinkel die Beziehung $\alpha = K \cdot \log C_0$ gilt, wenn C die Konzentration des Wuchsstoffes in Mol/Liter, C_0 aber jene Konzentration bedeutet, bei welcher

$\alpha = 0$ gefunden wird, und K einen Wert bedeutet, der je nach der Empfindlichkeit der Pflanzen von Tag zu Tag Schwankungen unterworfen sein kann.

Wie auf Abb. 33 ersichtlich, steigt der Winkelwert bei der Ausführung des Testes in der von WENT und THIMANN (1937) angegebenen Weise zwischen einer Konzentration von etwa $10^{-4}\%$ bis $10^{-2}\%$ Indol-3-essigsäure geradlinig an. Bei THIMANN und SCHNEIDER (1938 b) ist die Konzentrations-Wirkungskurve um etwa eine Zehnerpotenz nach rechts verschoben (vgl. Abb. 34). In Abb. 34 sind ferner zwei Kurven wiedergegeben, bei denen der Winkel β nach der auf Abb. 32 angegebenen Art bestimmt wurde. Eigene Versuche ergaben eine S-förmige Wirkungskurve, deren Maximum ungefähr bei $10^{-3}\%$ Indol-3-essigsäure und einem Winkelwert von 160° gelegen ist.

Kritik der Methode: Beim Erbsen-Test handelt es sich nicht um einen reinen Zellstreckungstest, sondern der diesem Test zugrunde liegende Effekt scheint vielmehr ein auf Veränderungen der Gewebespannung zurückführbares physiologisches Phänomen, dessen einzelne Komponenten noch nicht völlig bekannt sind, zu sein. Möglicherweise tritt zu dem Gewebespannungs-Phänomen, das eine Krümmung der gespaltenen Erbsen-Hypocotyle herbeiführt, noch ein Zellstreckungs-Phänomen. Die mit dieser Methode erhaltenen Winkelwerte stellen jedoch keinen Ausdruck allein der Veränderung des Streckungszustandes dar.

Was im allgemeinen über die mit Krümmungswinkel als Kriterium arbeitenden Methoden gesagt wurde, gilt *mutatis mutandis* auch für den Erbsen-Test. Quertransporteffekte scheinen keine wesentliche Rolle zu spielen.

Der Erbsen-Test wurde bisher hauptsächlich zur Testung synthetischer Wuchsstoffe herangezogen, dagegen noch verhältnismäßig wenig bei der Untersuchung von Pflanzenextrakten. Der Grund dafür liegt in der großen absoluten Menge an Wuchsstofflösung, die für den Erbsen-Test erforderlich ist.

Die Methode ist, wie verschiedene Autoren berichten, bei einer gegebenen Wuchsstoffkonzentration beachtlichen täglichen Schwankungen unterworfen. Außerdem zeigt sie eine außerordentliche Empfindlichkeit für Spuren von Metallsalzen. Nach WENT (1937, S. 55) können 0,004-mol. Lösungen von Kupfersalzen, 0,001-mol. Lösungen von Nickelsalzen oder 0,01-mol. Lösungen von Mangan- oder Zinksalzen die Krümmungen total unterdrücken, obwohl die Epicotylen an sich unbeschädigt bleiben. Die Methode bedarf daher in dieser Hinsicht besonderer Vorsicht.

11. Test mit „viergeteilten" Koleoptilen von K. V. Thimann und C. L. Schneider (1939)

Prinzip der Methode: Avena-Koleoptilen werden dekapitiert und der Länge nach eine gewisse Strecke viergeteilt. Die Krümmungswinkel der vier Teile, die sich ergeben, wenn so behandelte Koleoptilen in Wuchsstofflösungen bestimmter Konzentration eingelegt werden, werden gemessen und als Maß für die Wuchsstoffwirksamkeit ausgewertet.

Handhabung der Methode: *Avena*-Koleoptilen von 3 cm langen Pflanzen, die in einer Dunkelkammer auf feuchtem Filtrierpapier mit den Wurzeln in Leitungswasser herangezogen werden, werden von der Spitze her 3 mm weit dekapitiert und der Länge nach 2 cm tief median gespalten. Diese geteilten Koleoptilen werden um 90° gedreht und vorsichtig nochmals median geteilt. Das Primärblatt wird daraufhin entfernt.

Zum Schneiden wird eine eigens konstruierte Schneidevorrichtung verwendet. Diese besteht aus zwei Teilen: Einem „Halter" mit einer 1,5 mm tiefen Kerbe und einem „Schneider" mit Handgriff. An diesem Griff befindet sich eine 1 cm lange Führung, die genau in die Kerbe paßt und an der ein Stück einer Rasierklinge befestigt ist. Am Grunde in der Kerbe des „Halters" ist ein 0,2 mm breiter Schlitz, in den die Rasierklinge beim Schneiden eingeführt wird, die dadurch eine Führung erhält.

Die viergeteilten Koleoptilen werden in eine Petrischale gegeben, in der sich die zu testende Lösung befindet. Nach 24 Stunden, bei einer Dunkelkammer - Temperatur von 25° C, werden die Krümmungswinkel entweder mit einem 360°-Winkelmesser gemessen oder (nach einiger Übung) nach Augenmaß geschätzt und der Mittelwert bestimmt.

Im destillierten Wasser biegen sich die Koleoptil-Viertel in einem großen Winkel (bis zu 250°) nach auswärts. In schwachen Wuchsstofflösungen wird diese Auswärtskrümmung reduziert und bei höherer Konzentration biegen sich die Teile nach innen.

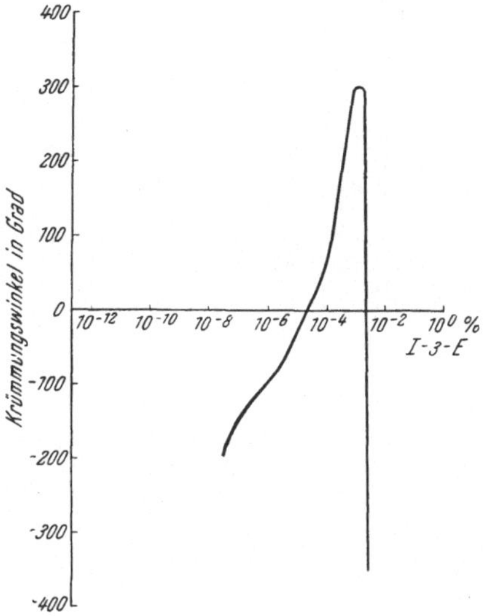

Abb. 35. Konzentrations-Wirkungskurve zum Test mit „viergeteilten" Koleoptilen nach THIMANN und SCHNEIDER. (Nach THIMANN und SCHNEIDER 1939, S.793)

Konzentrations-Wirkungskurve: Die Kurve beginnt bei einer Indol-3-essigsäure-Konzentration von 10^{-3}% bei etwa −200°, steigt dann bei höheren Konzentrationen steil an, erreicht bei 10^{-8}% ihr Maximum (+300°) und fällt von da an steil auf −350° ab (Abb. 35).

Kritik der Methode: Auf diesen Test treffen im allgemeinen die gleichen Überlegungen zu, die hinsichtlich des Erbsen-Testes von WENT (vgl. S. 72) angestellt wurden.

Ein ähnlicher Test mit „viergeteilten Koleoptilen", bei denen jedoch die Hälften mit den Gefäßbündeln entfernt werden, wurde von SANTEN (1940) gegeben.

12. Helianthus-Test von L. Brauner (1953)

Prinzip der Methode: Auf die Spitzen beider Keimblattstümpfe von *Helianthus annuus* werden konische Kapillarröhrchen aufgesetzt, welche die Versuchslösung bzw. reines Wasser enthalten. Der Krümmungswinkel wird gemessen.

Handhabung der Methode: Zur Verwendung kommen 5 bis 6 Tage alte Keimlinge von *Helianthus annuus*, die in Gläschen mit sandgemischter Humuserde aufgezogen werden. Die Gläser werden im Glashaus auf eine langsam rotierende Drehscheibe gestellt. Die für den Test nötige Anzahl von Pflanzen wird am Morgen des Versuchstages in die Dunkelkammer gebracht und 1 Stunde zur Kontrolle bei schwachem Orange-Licht auf eventuell auftretende phototropische Reaktionen hin beobachtet. Völlig gerade Keimlinge werden danach für den Test präpariert: Mittels einer gekrümmten Schere werden die beiden Cotyledonen zu schmalen, keilförmigen Zungen zugeschnitten und auf die Spitzen der beiden Keimblattstümpfe konische, etwa 35 mm lange Kapillarröhrchen aufgesetzt (Abb. 36 a). Eines dieser beiden Röhrchen enthält die zu testende Versuchslösung, das andere reines Wasser. Die Röhrchen werden in Chrom-Schwefelsäure vorrätig gehalten und müssen vor ihrer Verwendung mehrmals mit dest. Wasser ausgekocht werden. Zur Abdichtung der Glasröhrchen an den Keimblattstümpfen werden erstere mit 10 %iger geschmolzener Gelatine überpinselt.

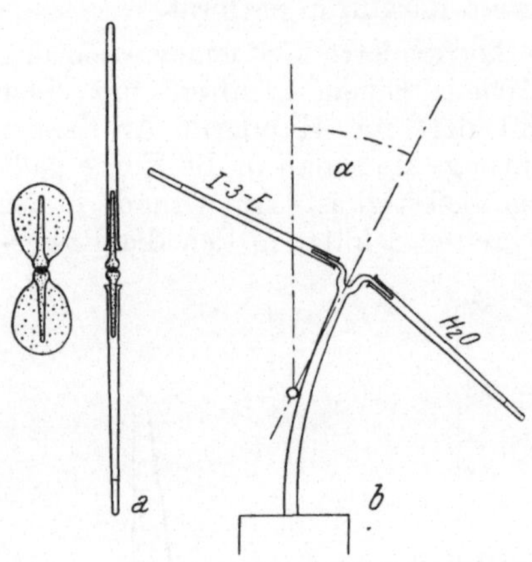

Abb. 36. *a* Die beiden Cotyledonen werden zungenförmig zugeschnitten, darauf wird je ein Kapillarröhrchen aufgezogen. *b* Bestimmung des Krümmungswinkels. (Nach BRAUNER 1953, S. 301)

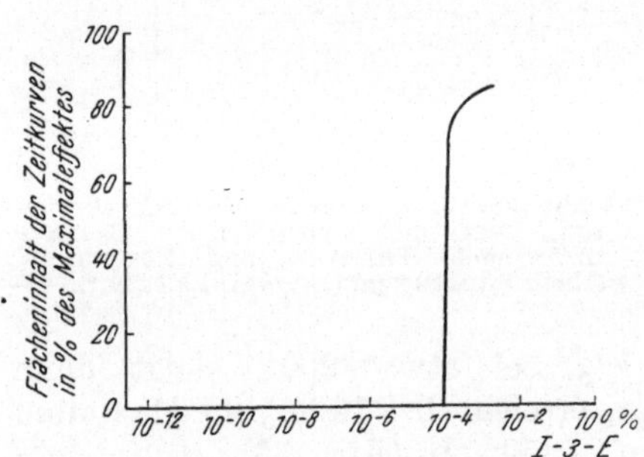

Abb. 37. Konzentrations-Wirkungskurve zum *Helianthus*-Test von BRAUNER. (Nach BRAUNER 1953, S. 305)

Messung: Zur Bestimmung der Krümmungswinkel wird mittels einer 1 m von den Pflanzen entfernt aufgestellten Orange-Dunkelkammerlampe ein scharfes Schattenbild auf einem hinter den Pflanzen befestigten und mit Pauspapier bespannten Glasschirm hergestellt. In Stundenintervallen werden diese Schattenbilder genau nachgezeichnet und der Winkel zwischen der Ausgangsstellung des Keimlings und der Tangente des oberen Hypocotylendes auf halbe Grade genau bestimmt (Abb. 36 b).

Konzentrations-Wirkungskurve: Es wird der Krümmungswinkel in seinem zeitigen Verlauf für verschieden hohe Konzentrationen der Versuchslösung graphisch in Zeitkurven dargestellt. Für jede Reaktion wird hierauf der Inhalt der Kurvenflächen planimetrisch ermittelt, und die erhaltenen Werte werden auf der Ordinate, die Wuchsstoffkonzentration auf der Abszisse aufgetragen. Es ergibt sich die in Abb. 37 wiedergegebene Wirkungskurve.

Kritik der Methode: Es wird das Zellstreckungswachstum gemessen. Da das Meßkriterium der Krümmungswinkel ist, gelten bezüglich des „Quertransportes" die gleichen Einwände wie beim Went-Test (S. 59 ff.). Die Ermittlung des Flächeninhaltes der Zeitkurven stellt eine Komplikation bei der eventuellen mathematischen Auswertung der Versuchsergebnisse dar.

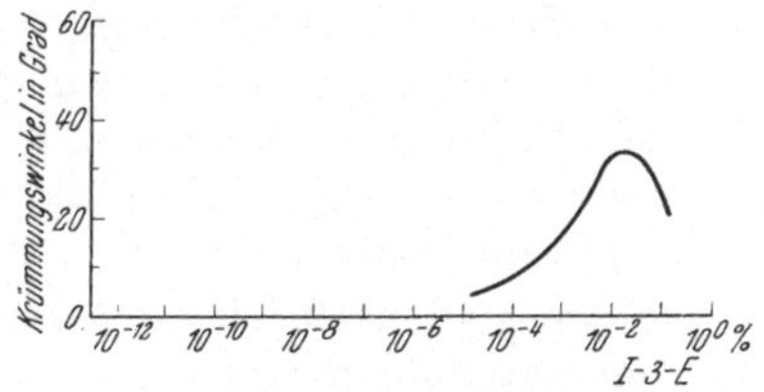

Abb. 38. Konzentrations-Wirkungskurve zum *Helianthus*-Test von Amlong. (Nach Amlong 1939, S. 438)

Zur Untersuchung der Frage des polaren Wuchsstofftransportes hat Amlong (1939) ebenfalls einen Test mit *Helianthus annuus* beschrieben: Auf dekapitierte 5 cm lange *Helianthus*-Hypocotyle werden Agarblöckchen, die den zu testenden Wuchsstoff enthalten, einseitig aufgesetzt. Der Krümmungswinkel wird gemessen. Mit diesem Test soll noch eine Menge von 10^{-5} bis 10^{-6}% Indol-3-essigsäure nachweisbar sein. Die Konzentrations-Wirkungskurve zu diesem Test ist auf Abb. 38 wiedergegeben.

13. Injektions-Methode von J. F. Kribben (1940)

Prinzip der Methode: Die wuchsstoffhaltige Lösung wird einem Keimblatt von *Cucumis sativus* injiziert und die auftretende Hypocotylkrümmung gemessen.

Handhabung der Methode: Als Versuchspflanze dient *Cucumis sativus* (Sorte „Sachsenhäuser Halblang"). Die Keimlinge werden einzeln in kleinen Töpfen herangezogen, wobei sie zwecks Verhinderung phototropischer Krümmungen auf eine waagrechte, sich mit gleichmäßiger Geschwindigkeit langsam drehende Scheibe (im Glashaus) gestellt werden. Im Alter von 6 bis 8 Tagen werden sie zum Testversuch herangezogen. Der zwischen den Cotyledonen befindliche Sproß hat zu diesem Zeitpunkt sein Streckungswachstum noch nicht begonnen.

Zur Injektion der wuchsstoffhaltigen, wässerigen Lösung dient eine Tuberkulin-Spritze von 1 ccm Inhalt mit einer Einteilung in 1/100 ccm, sowie eine Injektionsnadel mit einer lichten Weite von 0,25 mm. Die Injektion wird durch Einstechen der Nadel in das Mesophyll des einen Keimblattes vollzogen. Die Nadel soll 1 bis 2 mm tief eindringen; die abgeschrägte Fläche der Nadel muß völlig im Mesophyll versenkt sein. Während die rechte Hand die Spritze bedient, unterstützt man mit dem linken Zeigefinger das Keimblatt. Das Hypocotyl darf dabei keiner Beanspruchung durch Druck oder Zug ausgesetzt werden. Es wird eine Menge von etwa 0,1 ccm injiziert, welche genügt, um das gesamte Interzellularsystem des Blattes mit der Lösung zu infiltrieren. Wenn dies geschehen ist, nimmt das Blatt eine dunklere Färbung an. Für jede zu untersuchende Lösung werden je 20 Einzelpflanzen injiziert, doch dürfen nur untereinander gleiche Pflanzen mit gleich großen Cotyledonen zu einer Serie eines Versuches herangezogen werden.

Die Messung: Nach einer Versuchsdauer von 2 Stunden, während welcher die Pflanzen wieder auf der rotierenden Scheibe stehen, wird der Krümmungswinkel gemessen. Es empfiehlt sich auch hierbei, nach Abschneiden der Cotyledonen die Hypocotyle zu photokopieren und die Messung am Schattenbild vorzunehmen.

Konzentrations-Wirkungskurve: Als Krümmungswerte für verschiedene Konzentrationen von Indol-3-essigsäure (injiziert in Form des Kaliumsalzes) gibt KRIBBEN folgende Zahlen:

% Indol-3-essigsaures Kalium:	Krümmungswinkel:
5×10^{-6}	—43,8°
$2,5 \times 10^{-6}$	—43,5°
$1,2 \times 10^{-6}$	—24,6°
$6,2 \times 10^{-7}$	—16,6°
$3,1 \times 10^{-7}$	— 9,5°
$1,6 \times 10^{-7}$	— 8,5°

Die Werte zeigen, daß keine Proportionalität zwischen Konzentration und Krümmungswinkel besteht, sondern daß ebenfalls eine mit linear steigender Konzentration immer flacher werdende Kurve der Krümmungswinkel vorliegt. Als maximalen mittleren Krümmungswert findet man bei KRIBBEN $\alpha = 43,8°$ angegeben.

Kritik der Methode: Es wird das Zellstreckungswachstum gemessen. Die Methode ist nicht ganz einfach zu handhaben, da die Injektion, insbesondere aber die Dosierung schwierig ist. Da es sich um eine Krümmungsmethode handelt, sind hier ebenso wie beim WENT-Test die verschiedenen Quertransport-Geschwindigkeiten für den Ausfall des Krümmungswinkels mitbestimmend.

14. Bohnen-Test von M. G. Ferri und L. S. V. Camargo (1950)

Prinzip der Methode: Der von den Stielen des ersten Blattpaares von Bohnenpflanzen eingeschlossene Winkel wird nach Einlegen des betreffenden Pflanzenteiles in die Untersuchungslösung in Gegenwart von Wuchsstoffen verkleinert.

Handhabung der Methode: Zwei bis drei Wochen alte Bohnenpflanzen, welche am Licht herangezogen werden und gerade so weit entwickelt sind, daß die beiden Primärblätter ausgebildet sind, der zwischen ihnen befindliche Hauptsproß jedoch noch unentfaltet und nicht in sein Streckungswachstum eingetreten ist, werden zum Versuch verwendet. Die

Blätter werden knapp unterhalb der Ansatzstelle der Lamina am Blattstiel abgeschnitten und das von den Blattstielen und der Hauptachse gebildete Y-förmige Stück der Pflanze durch einen Schnitt knapp unterhalb des ersten Knotens abgetrennt (FERRI 1951, vgl. Abb. 39). Solche Stücke werden nun in Petrischalen in die Untersuchungslösung eingelegt, wo sie 1 Stunde lang belassen werden. Es ist dabei (qualitativ) gleichgültig, ob im Licht oder im Dunkeln gearbeitet wird. Als Kontrolle dienen Pflanzenteile beschriebener Art, welche in dest. Wasser eingelegt werden.

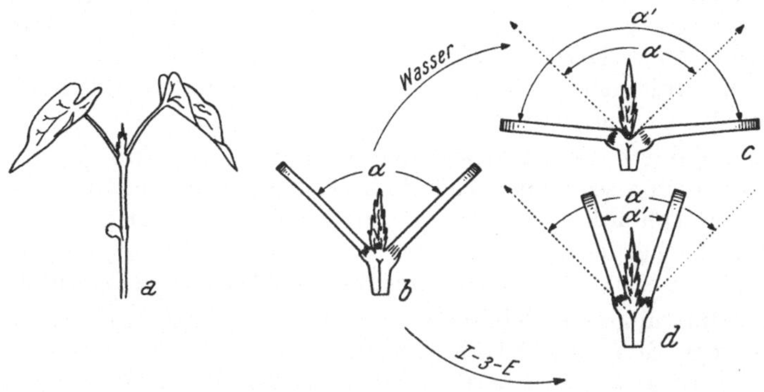

Abb. 39. Bestimmung des Krümmungswinkels beim Bohnen-Test von FERRI et al. (Nach FERRI und CAMARGO 1950, S. 161)

Messung: Zunächst wird der vor dem Einlegen der Pflanzen in die Lösung vorliegende Winkel α gemessen (vgl. Abb. 39 b). In dest. Wasser vergrößert sich der gemessene Winkelwert. Der Winkel α° wird auch nach Ablauf der Versuchsdauer gemessen und ist um so kleiner, je höher die Wuchsstoffkonzentration gewählt wird.

Kritik der Methode: Es handelt sich um einen Zellstreckungstest mit Einfluß der Quertransport-Geschwindigkeit. Die Verfasser geben an, daß der Effekt für Wuchsstoffe spezifisch ist und weder durch Veränderungen des osmotischen Druckes noch der Wasserstoffionenkonzentration der Untersuchungslösung beeinflußt wird. Eosin soll (auch in Gegenwart von Indol-3-essigsäure im Dunkeln) ohne Einfluß auf den Winkelwert sein. Umfangreichere Erfahrungen mit diesem Test liegen bisher nicht vor.

15. Pinsel-Test von G. Schlenker und G. Mittmann (1936, 1937)

Prinzip der Methode: Mittels eines Pinsels werden dem Vegetationspunkt junger Keimlinge von *Epilobium hirsutum* durch Betupfen der Sproßgipfel Wuchsstofflösungen verschiedener Konzentration zugeführt. Die Änderungen des Frischgewichtes, der Fläche der Blattspreiten, sowie der Zellgröße der Stengelepidermis der behandelten Pflanzen gegenüber den Kontrollen werden bestimmt.

Handhabung der Methode: Zur Verwendung kommen $3^1/_2$ Wochen alte Pflanzen von *Epilobium hirsutum*, die in großen Töpfen, von denen jeder 18 bis 20 Sämlinge enthält, aufgezogen werden. Die Hälfte der Pflanzen in jedem Topf dient als Kontrolle, während die übrigen Keimlinge durch mehr als 30 Tage einmal täglich mit Wuchsstofflösungen bestimmter Konzentration behandelt werden. Bei Versuchen mit geringerer Konzentration (1:5.000.000) wird vom 17. Versuchstag ab zweimal täglich behandelt. Die Behandlung wird jeweils dann unterbrochen, wenn durch den Einfluß der Wuchsstoffe die Förderung des Stengelwachstums ein krankhaftes Ausmaß annimmt.

Messung: 1. Bestimmung des Frischgewichtes: Der Stengel wird dicht unter dem Knoten des ersten, den Keimblättern folgenden Blattpaares durchgeschnitten. Darüber entspringende Wurzeln werden entfernt und das durchschnittliche Frischgewicht der behandelten Pflanzen gegenüber den Kontrollen bestimmt.

2. Bestimmung der Flächen der Blattspreiten: Von jeder Pflanze werden die ersten sechs, den Keimblättern folgenden Blattpaare im Kontaktverfahren photokopiert. Mit Hilfe eines Planimeters wird für jede Pflanze die Gesamtfläche der Spreiten dieser 12 Blätter bestimmt. Eine Umrechnung auf die tatsächlichen Größen der Blattflächen wird nicht durchgeführt.

3. Bestimmung der Zellgröße: Von jeder Pflanze wird ein Wasserpräparat der Stengelepidermis des mittleren Internodiums hergestellt und die Umrisse der in das Blickfeld fallenden 10 bis 20 Zellen mittels eines Zeichenapparates (bei Okular 5× und Objektiv 60×) gezeichnet. Mit einem Planimeter wird die Gesamtfläche dieser Zellen bestimmt und daraus für jede Pflanze der Durchschnitt errechnet. Eine Umrechnung auf die tatsächlichen Zellgrößen wird nicht durchgeführt.

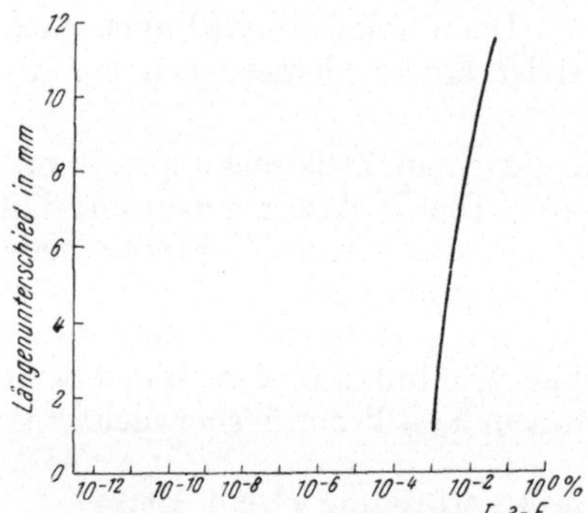

Abb. 40. Konzentrations-Wirkungskurve zum Pinsel-Test von G. Schlenker et al. *Ordinate*: Längenunterschied (in mm) der obersten Internodien von wuchsstoffbehandelten Pflanzen gegenüber den Kontrollen, 9 Tage nach der Behandlung. (Nach Pfahler 1938, S. 695)

Die obige Methode wurde von den Autoren bei Versuchen über reziproke Verschiedenheiten von *Epilobium*-Bastarden verwendet. Eine Konzentrations-Wirkungskurve wurde nicht gegeben.

Mit ähnlicher Methode arbeitete auch F. Pfahler (1938), aus dessen Arbeit die in Abb. 40 wiedergegebene Konzentrations-Wirkungskurve entnommen ist. Diese zeigt ab einer Indol-3-essigsäure-Konzentration von 10^{-3} % einen steilen, annähernd linearen Anstieg.

Kritik der Methode: Nur die aus der Bestimmung der Zellgrößen erhaltenen Werte gestatten einen Rückschluß auf die Zellstreckungswirkung eines betreffenden Stoffes. Die für Blattfläche und Gewicht erhaltenen Werte sind aus der Beeinflussung eines oder mehrerer physiologischer Systeme gewonnen und müssen mit dem Zellstreckungswachstum nicht unmittelbar in Zusammenhang stehen.

16. Pasten-Test von F. Laibach (1933, et al. 1933, 1934)

Prinzip der Methode: Auf dekapitierte bzw. intakte Haferkoleoptilen wird einseitig Lanolinpaste, die den zu testenden Wuchsstoff enthält, aufgetragen und die Wuchsstoffwirkung beobachtet.

Handhabung der Methode: 1 ccm angesäuertes Wasser, das einen bestimmten Wuchsstoff (z. B. aus Orchideen-Pollinien gewonnen) enthält, wird mit 1 g wasserfreiem Wollfett gut verrieben. Die gewonnene Paste kann bei 40 bis 45° C verflüssigt werden, um sie besser in Aufbewahrungsgefäße abfüllen zu können. Die so hergestellte Paste wird nun auf junge Haferkeimlinge einseitig aufgetragen und die Wuchsstoffwirkung nach einer bestimmten Zeit beobachtet.

Eine quantitative Auswertung des Testes wurde von LAIBACH nicht gegeben. Die Methode wurde von LINSER (1938) zu einem quantitativen Test ausgearbeitet.

Nach WITSCH (1938) können anstelle von Haferkoleoptilen auch Keimlinge von *Tinantia fugax* als Testpflanzen für die Pastenmethode verwendet werden. Die Pasten, welche den Wuchsstoff enthalten, werden auf unverletzte Hypocotyle einseitig aufgetragen und der Krümmungswinkel nach 24 Stunden bestimmt.

17. Pasten-Test von H. Linser (1938, 1939, 1940)

Prinzip der Methode: Die Koleoptilen intakter *Avena*-Keimlinge werden einseitig von der Spitze abwärts mit einem 1 cm langen Streifen von Lanolinpaste, welche den zu testenden Stoff in bestimmter Konzentration enthält, versehen. Nach 24 Stunden erfolgt an Photokopien der Keimlinge die Messung des Längenzuwachses der behandelten Koleoptilflanke und (wenn gewünscht) außerdem eine Messung des Krümmungswinkels.

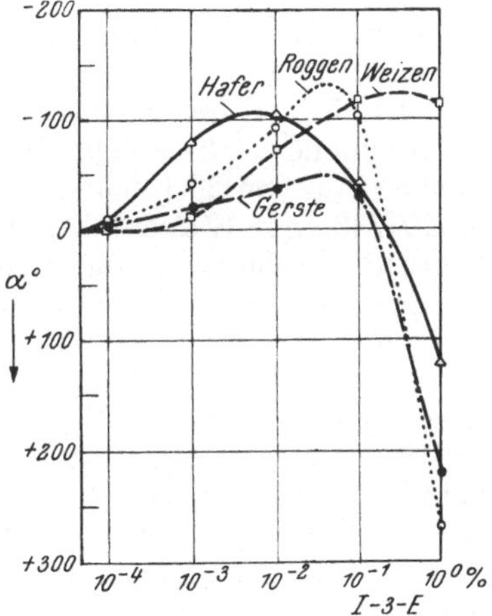

Abb. 41. Abhängigkeit des Krümmungswinkels α verschiedener Getreidekoleoptilen im Pasten-Test von der Wuchsstoffkonzentration

Handhabung der Methode: Als Material dient Hochzuchtsaatgut der Hafersorte „Flämingsgold“ oder „Flämingstreue“, von welchem man sich eine so große Menge auf Lager legt, daß man etwa für 2 Jahre damit Versuche anstellen kann. Andere Gramineen - Arten, wie Gerste, Roggen oder Weizen, zeigten gegenüber Wuchsstoffen eine bedeutend geringere Empfindlichkeit als Hafer (vgl. Abb. 41 und 42). Von dem Material werden entweder durch Ausklauben oder durch Windsichtung Körner von möglichst einheitlichem Korngewicht ausgewählt, wobei ein kräftiges Normalkorn als Standard dienen soll (1000-Korngewicht etwa 32,4 g). Das Alter des zur Verwendung kommenden Samenmaterials hat, wie entsprechende Versuche zeigten, merklichen Einfluß auf das Wachstum und die Wuchsstoffempfindlichkeit der Koleoptilen. Und zwar zeigt sich, daß im Verlauf der Zeit die Wachstumsfreudigkeit des Keimlingsmaterials abnimmt, bzw. ziemlich große Veränderungen aufweist (Abb. 43). Das Keimlingswachstum ist, wie die Versuche von LINSER (1950) zeigten, großen jahreszeitlichen Schwankungen unterworfen. Die relativ störungsfreieste Zeit zur Durchführung von Wuchsstoffversuchen mit *Avena*-Koleoptilen liegt zwischen Oktober und April.

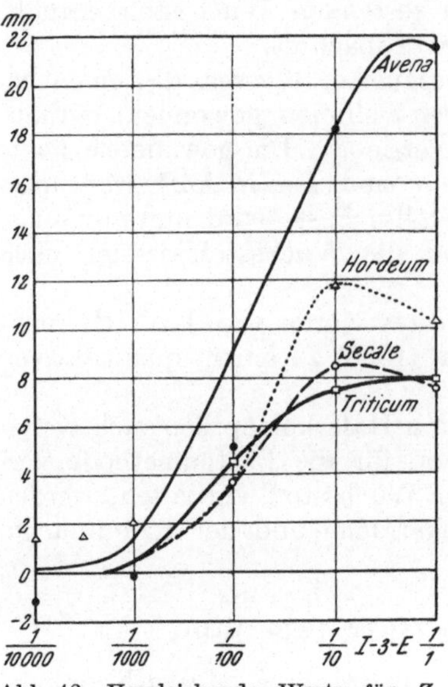

Abb. 42. Vergleichende Werte für Z (mm) bei verschiedenen Gramineen-Koleoptilen

Zur Anzucht der Versuchspflanzen wird zweckmäßig nach dem in Tab. 6 gegebenen Arbeitskalender vorgegangen, nach welchem zweimal wöchentlich Pflanzenmaterial zur Durchführung von Testversuchen zur Verfügung steht. Die *Quellung* der nicht entspelzten Samen erfolgt, indem sie in flachen Glasschalen (von 18 cm Durchmesser), welche 1 cm hoch mit dest. Wasser gefüllt sind, auf der Wasseroberfläche so schwimmen gelassen werden, daß die ganze Oberfläche mit Körnern bedeckt ist, ohne daß sich jedoch die Körner gegenseitig von der Wasseroberfläche fernhalten können. Diese Schalen werden in einem temperaturkonstanten Dunkelraum von 23 ± 0,5° C in 40 cm Abstand von einer Philips-Leuchte (TL40W33/L) 48 Stunden lang belassen, wobei die Belichtung dem Zwecke dient, die Ausbildung von Mesocotylen zu verhindern, welche zu Krümmungen der später sich entwickelnden Koleoptilen führen würden. Anschließend werden die Samen nach gutem Abspülen mit dest. Wasser in flachen Schalen (25×30 cm), wie sie für photographische Zwecke dienen, auf zwei Lagen Filtrierpapier (Schleicher und Schüll Nr. 0904), welches mit einer Nährlösung getränkt ist, im Dunkeln ausgelegt. Die Nährlösung wird durch Vermischen gleicher Volumsteile einer Lösung A (5,6 g $Ca(NO_3)_2$ + Spuren $FeCl_3$ in 5000 ccm dest. Wasser) und einer Lösung B (1,4 g KH_2PO_4, 1,4 g KNO_3, 1,4 g $MgSO_4 \cdot 7\,H_2O$ in 5000 ccm dest. Wasser) jeweils frisch hergestellt. Nach 24 Stunden werden jene Keimlinge ausgewählt, bei welchen bereits 3 Würzelchen sichtbar geworden sind und die längste davon etwa eine Länge von 5 mm erreicht hat. Diese Keimlinge werden nun in Abständen von etwa 12 mm auf vorbereitete Glasplatten (210×50×2 mm), welche mit einem Stück Filtrierpapier (200×230 mm) umwickelt und am oberen Rande mit drei Gummibändchen versehen sind (vgl. Abb. 45 a), so aufgesteckt, daß die Körner mit der Wurzel und Koleoptilanlage dem Filtrierpapier direkt anliegen, während die Endosperm-Seite des Kornes den Gummibändern anliegt. Auf einer Platte finden 15 bis 16 Keimlinge Platz. Das Aufstecken muß so erfolgen, daß das obere Ende der bespelzten Körner genau mit

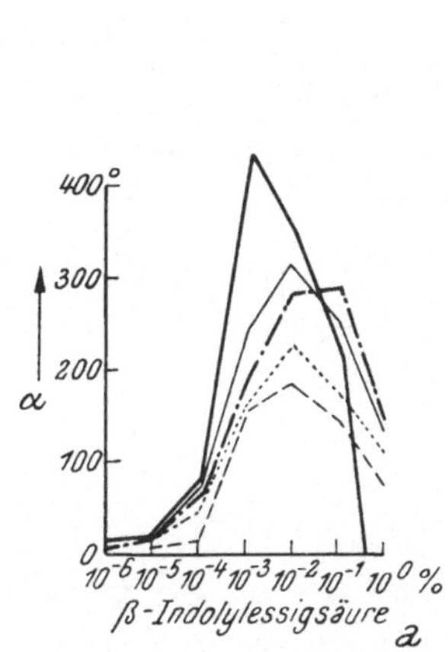

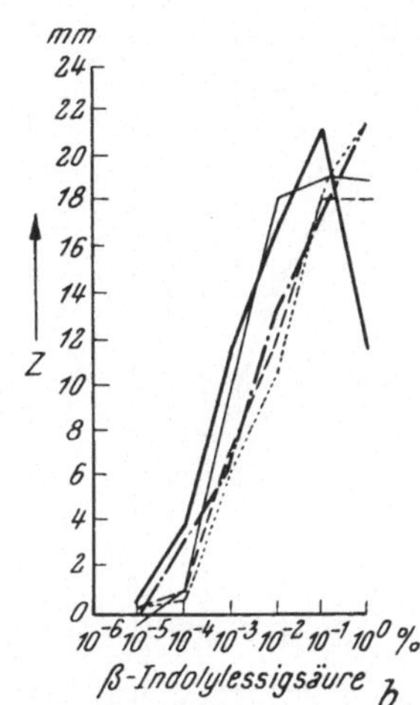

Abb. 43. Veränderung der Wuchsstoffempfindlichkeit der Keimlinge aus gleichem Saatgut mit zunehmendem Alter dieses Saatgutes. *a* Winkelmessung, *b* Zuwachsmessung.
—— Oktober—November 1937 —— Januar—Februar 1938 —·— März—April 1938
— — — Mai—Juni 1938 - - - - - August—September 1938

dem oberen Rand der Platte übereinstimmt. Um die seitlichen Keimlinge vor zu großem Druck zu bewahren, sind an den beiden seitlichen Rändern der Glasplatte Glasstückchen von 5×10×2 mm Größe so aufgekittet, daß die Gummibänder in 2 mm Abstand von der Glasplatte gespannt liegen. Vor dem Aufstecken bereits wurden die Platten mit Nährlösung (gleicher Art wie oben angegeben) befeuchtet. Wenn eine Platte mit Keimlingen besetzt ist, empfiehlt es sich, einen ebenfalls mit Nährlösung befeuchteten Filtrierpapierstreifen (200×30 mm) so über ihre Wurzeln zu legen, daß diese nicht von der Platte weg wachsen können, sondern sich ihren Weg zwischen beiden Papierwänden suchen müssen. Die fertig

Tabelle 6. *Arbeitskalender zur Pastenmethode*

Quellen	Auf Filtrierpapier legen	Auf Platten stecken	Versuch beginnen	Ende des Pastenversuches
1. Tag Samstag Mittwoch	3. Tag Montag Freitag	4. Tag Dienstag Samstag	6. Tag Donnerstag Montag	7. Tag Freitag Dienstag
Alter der Keimlinge				
0	2	3	5	6 Tage

besetzten Platten werden in Abständen von 15 mm in Kunststoffschalen (230×170×40 mm) eingestellt, welche 1 cm hoch mit der bereits oben angegebenen Nährlösung gefüllt sind und am Rande Einkerbungen besitzen, welche eine lotrechte Lage der Glasplatten garantieren. Je zwei

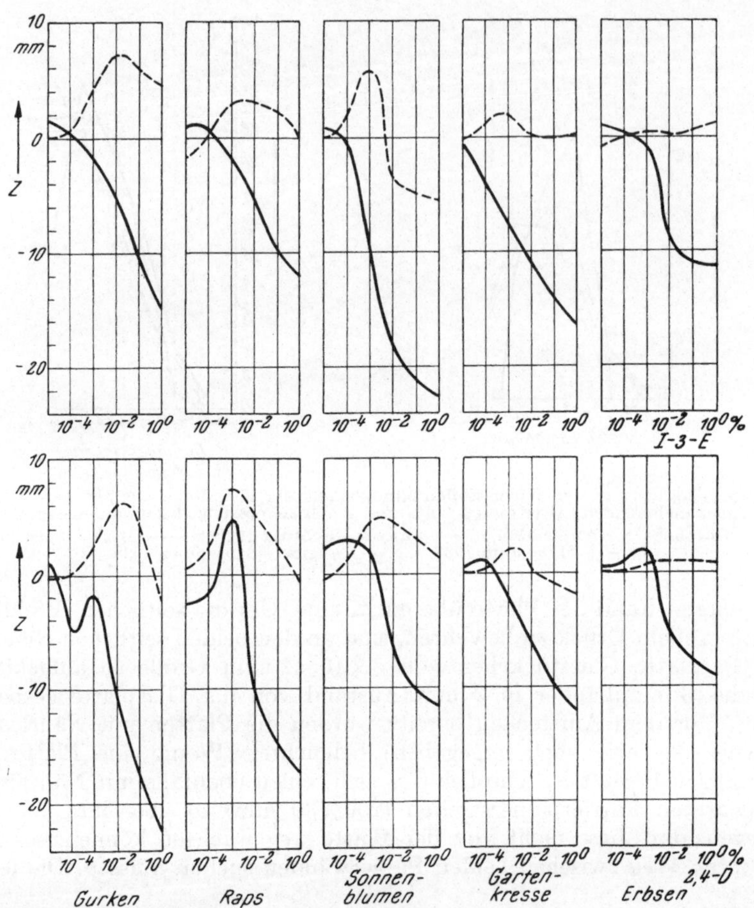

Abb. 44. Zuwachswerte nach der Pastenmethode (Z in mm) bei verschiedenen Pflanzen für verschiedene Konzentrationen von Indol-3-essigsäure (obere Reihe) und 2,4-Dichlorphenoxyessigsäure (untere Reihe). Die ausgezogenen Kurven beziehen sich auf intakte Keimpflänzchen, die gestrichelten Kurven auf dekapitierte Pflänzchen (Hypocotyle, bei Erbsen Epicotyle)

solcher vollbesetzten Schalen finden nun unter einem Dunkelsturz (Innenmaße 350×300×150 mm) aus Preßspan oder Sperrholz Platz, welcher an der Oberseite mit einem Handgriff versehen und an der Innenseite schwarz gestrichen ist (Vorsicht vor Lösungsmitteldämpfen). Die Dunkelstürze werden auf einem Regal im Dunkelraum (23 ± 0,5° C) aufgestellt, auf welchem sie lichtdicht aufruhen. Im Alter von 5 Tagen sind unter den beschriebenen Verhältnissen die Koleoptilen zu Längen von 10 bis 25 mm herangewachsen. Nun werden durch Aufsetzen einer mit zwei parallelen eingeritzten Strichen versehenen Glasplatte auf den oberen

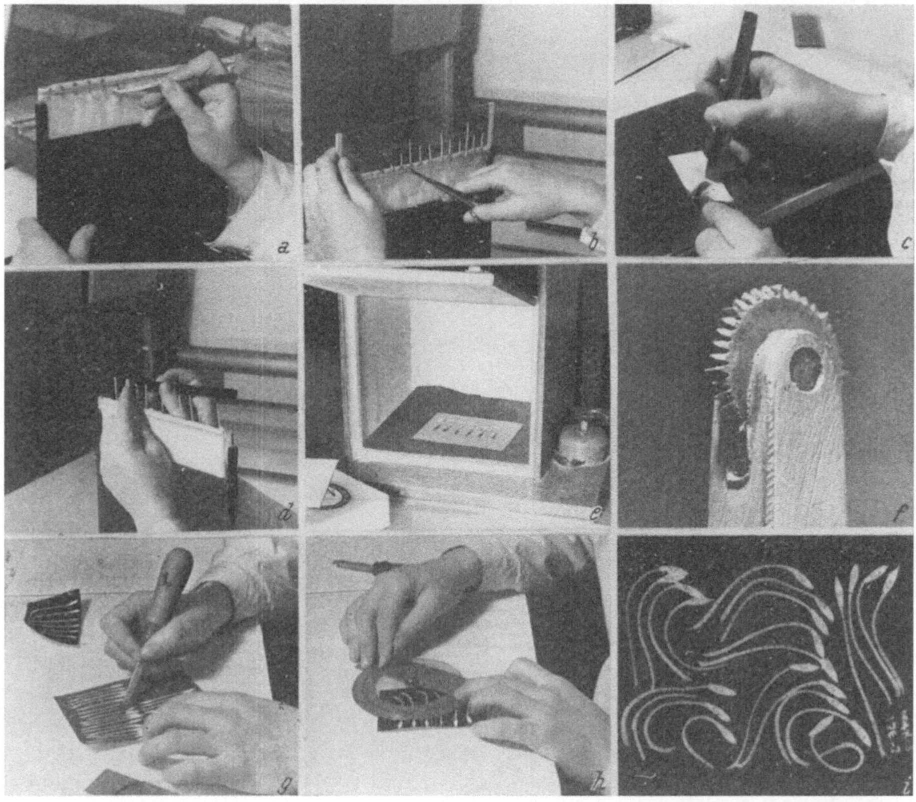

Abb. 45. Handhabung des Pasten-Tests von LINSER. *a* Auf eine mit Filtrierpapier bespannte Glasplatte werden die Haferkörner mit Hilfe einer Pinzette aufgesteckt. *b* Haferkeimlinge, die länger oder kürzer als 18 ± 2 mm sind, werden abgeschnitten. *c* Mit Hilfe eines Spatels wird von einem mit Paste bestrichenen Objektträger eine 10 mm lange Pastenwurst abgenommen. *d* Die Pastenwurst wird auf die intakte Koleoptile aufgetragen. *e* Von den behandelten Keimlingen wird in einem Belichtungskasten eine Schattenbildaufnahme hergestellt. *f* Prägerädchen. *g* Mit Hilfe des Prägerädchens werden entlang der Flanke jeder Koleoptile Striche eingeprägt. *h* Bestimmung des Krümmungswinkels. *i* Schattenbild eines Versuches (eine Konzentration), bei welchem die Längenmessung bereits durchgeführt wurde

Rand der Keimlingsplatten alle jene Koleoptilen ermittelt, welche größer oder kleiner als 20 bzw. 16 mm sind, und durch Abschneiden entfernt, so daß nur Koleoptilen von 18 ± 2 mm Länge (gemessen von der Stelle ihres Austreibens aus den Spelzen an) zum Versuch verwendet werden. (Abb. 45b). Keimlinge, die länger oder kürzer als 18 ± 2 mm zur Verwendung kommen, sind gegenüber Wuchsstoffpasten bedeutend weniger empfindlich.

Nunmehr wird durch Anlegen eines Maßstabes aus Glas mit Millimeterteilung die Länge jeder einzelnen Koleoptile gemessen und notiert. Damit sind die Pflänzchen zum Versuch fertig vorbereitet und können mit der entsprechenden wuchsstoffhaltigen Lanolinpaste bestrichen werden. Von nun an erfolgt die Bearbeitung der Versuchspflänzchen bis zum Ende des Aberntungsvorganges bei einem Licht, welches keine phototropisch wirksamen Strahlen enthält. Dieses wird von einer Dunkelkammer-Lampe geliefert, welche als Farbfilter einen Schott-Filter OG 2 enthält, der nur für Strahlen von mehr als 560 mμ durchlässig ist. Sofort nach der Durchführung der unbedingt notwendigen Manipulationen werden die Pflanzen wieder unter ihre Dunkelstürze gebracht.

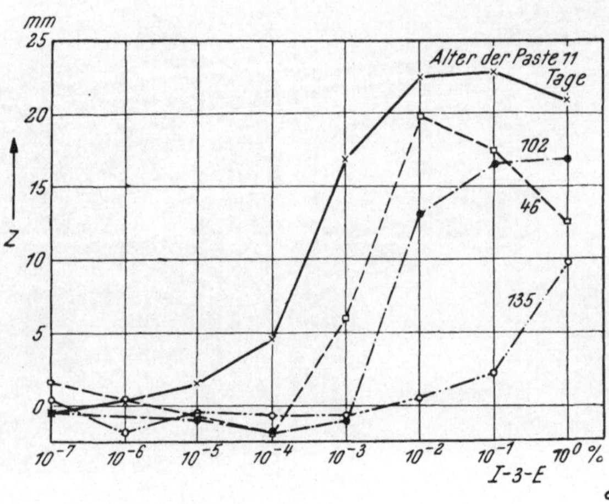

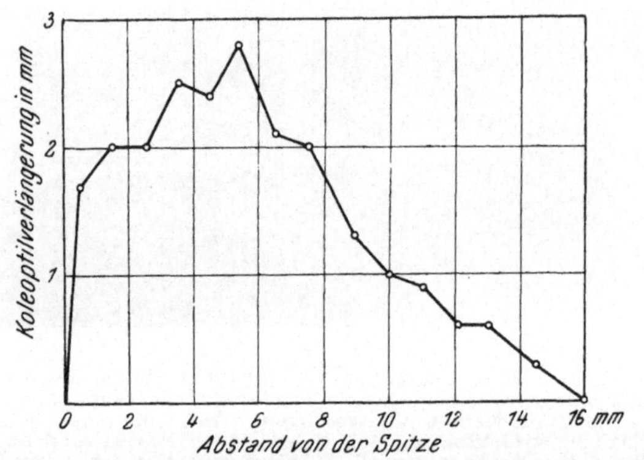

Abb. 46. *a* Koleoptilzuwachs *Z* bei verschieden alten Pasten. *b* Wachstum einer 16 mm langen Koleoptile in verschiedenen Abständen von der Koleoptilspitze

Die Herstellung der Paste erfolgt in einer Menge von beispielsweise 2 g durch inniges Verrühren von gleichen Gewichtsteilen dest. Wasser und reinem Wollfett, *Adeps lanae* (Merck), welch letzteres vor allgemeinem Gebrauch selbst auf Wuchsstoffreinheit zu prüfen ist. Protegin, das von LAIBACH und LOTZ (1936) neben Lanolin als Pastengrundlage verwendet wurde, brachte geringere Werte als Lanolin und erwies sich daher als weniger geeignet.

Die Wasserstoffionenkonzentration der wässerigen Phase der Lanolinpasten hat bei verschiedenen Wuchs- und Hemmstoffen einen großen Einfluß auf das Testergebnis (LINSER 1954 b). So zeigte beispielsweise β-naphthoxyessigsaures Kalium (10°%) bei einem pH der Paste von 3,65 eine nahezu 60 %ige Hemmung, während bei einem pH-Wert von

8,03 die Hemmwirkung nahezu aufgehoben war. Auch bei Indol-3-essigsäure war eine Verminderung der Wirksamkeit bei alkalisch gepufferten Pasten zu beobachten. Es empfiehlt sich daher, bei quantitativen Vergleichsversuchen die Pasten mit gepufferten Lösungen (m/15 Phosphatpuffer) anzusetzen.

Die zu untersuchende Substanz wird, wenn sie wasserlöslich ist, zunächst in Wasser oder Pufferlösung gelöst und diese Lösung dann mit dem Wollfett verrührt, bis eine weiße homogene Paste entstanden ist; bei lipoidlöslichen Stoffen löst man zunächst in peroxydfreiem Äther, vermischt diese Lösung mit dem Wollfett, dampft auf dem Wasserbad bei mäßiger Hitze den Äther ab und verrührt dann das Wollfett mit Wasser. Pasten kleinerer Konzentrationen werden mit solchen höherer Konzentrationen durch „Verdünnen“ mit reiner Lanolinpaste gewonnen. Da die Wuchsstoffpasten einen ziemlich starken Wirksamkeitsverlust während des Alterns erleiden (vgl. Abb. 46a), ist es zweckmäßig, möglichst frisch zubereitete Pasten für den Test zu verwenden.

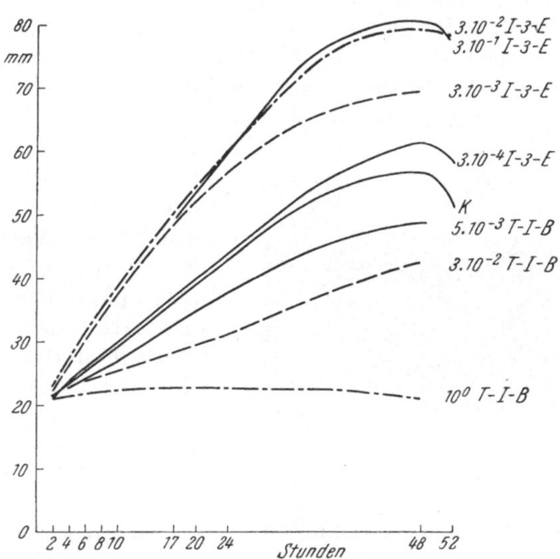

Abb. 47. Der zeitliche Verlauf des Koleoptilwachstums im *Avena*-Pasten-Test (LINSER 1938) unter Einfluß von Wuchs- und Hemmstoff

Das Auftragen der Paste auf die Versuchspflänzchen geschieht am besten so, daß man auf einem sauberen Objektträger mit Hilfe eines zweiten Objektträgers einen dünnen Pastenfilm ausstreicht und von diesem mit einem genau 10 mm breiten Kunststoffspatel eine genau 10 mm lange Pastenwurst von etwa 1 qmm Querschnitt zusammenschiebend abnimmt (Abb. 45c), die nun möglichst unverändert an der Koleoptile der Versuchspflanze so abgestrichen wird, daß der Pastenstreifen unmittelbar von der Koleoptilspitze 10 mm nach abwärts reicht (Abb. 45d). Das Anbringen des Pastenstreifens tiefer unterhalb der Spitze bringt, wie Abb. 46b zeigt, geringere Koleoptilzuwachswerte. Der Pastenstreifen wird so aufgetragen, daß er einer *Schmalseite* der (im Querschnitt ovalen) Koleoptile so aufsitzt, daß er sich unmittelbar nur über dem einen der beiden den inneren Hohlraum der Koleoptile flankierenden Gefäßbündel befindet. Von jeder einzelnen, zur Untersuchung gelangenden Paste werden 30 Koleoptilen bestrichen. Sie werden unter Dunkelstürzen 24 Stunden lang bei 23 ± 0,5° C belassen und dann abgeerntet. Eine kürzere Versuchszeit als 24 Stunden führt, wie aus Abb. 47 ersichtlich ist, erwartungsgemäß zu geringeren Zuwachswerten, während eine längere, z. B. doppelt so lange Versuchszeit bei einer Konzentration von 3×10^{-1} und 3×10^{-2}% Indol-3-essigsäure zu einem Mehrzuwachs von nur etwa 5 mm führt. Bei 2,3,5-Trijodbenzoesäure bewirkt eine Verlängerung der Versuchszeit nur bei einer Konzentration von 10^{0}% eine deutlich stärkere Hemmung als nach 24 Stunden.

Bei der Aberntung werden zunächst von jedem Keimling einzeln die Wurzeln abgeschnitten. Nun werden die Koleoptilen samt dem Korn von der Platte entfernt und so auf Glasplatten (120×90×1 mm) aufgelegt, daß die Ebene, in welcher die durch etwaige Wuchsstoffwirkung hervorgerufene Krümmung parallel zur Plattenebene zu liegen kommt. (Abb. 45e) Bei sehr stark und etwas dreidimensional verkrümmten Koleoptilen wird dies durch Auflegen einer zweiten Glasscheibe erreicht. Die je 30 zusammengehörigen Keimlinge kommen so auf eine Platte, welche nun mit Fettstift noch eine entsprechende Markierung oder Beschriftung erhält. Nun wird in einem Belichtungsturm, welcher in 40 cm Abstand eine mattierte 40-Watt-Lampe enthält, die Glasplatte mit den Koleoptilen mit einem Blatt lichtempfindlichen Papiers (beispielsweise Agfa BH 113, Karton, weiß, matt, hart) unterlegt und durch entsprechende (einige Sekunden lange) Belichtung eine unmittelbare Kopie der Keimlinge hergestellt. Während die Keimlinge selbst nun verworfen werden, erfolgt auf der Kopie, welche dem Versuchsprotokoll beigefügt wird, die gesamte weitere Auswertung des Versuches.

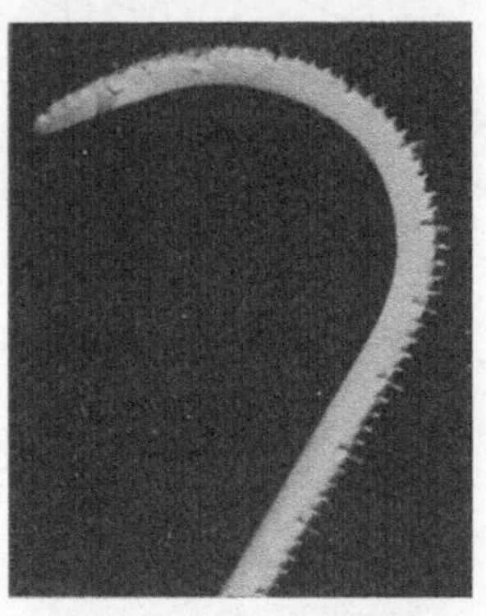

Abb. 48. Stark vergrößertes Schattenbild eines Haferkeimlings mit eingeprägten Meßstrichen

Messung: Die Auswertung erfolgt prinzipiell durch Messung des während der Versuchsdauer erfolgten Längenzuwachses, doch kann diese durch Messung des Krümmungswinkels nötigenfalls ergänzt werden (Abb. 45h). Letzteres geschieht mit einem Transporteur, auf welchem zentrisch eine drehbare, durchsichtige Cellonscheibe angebracht ist, auf welcher parallele Linien die Messung des von der Tangente an die Koleoptilbasis und der Tangente an die Koleoptilspitze eingeschlossenen Winkels α° ermöglichen (vgl. Abb. 49).

Die Messung des Längenzuwachses erfolgt auf der Photokopie dadurch, daß mit einem an einem Handgriff befestigten Meßrädchen (von 6,36 mm Durchmesser und 40 in Abständen von je 0,5 mm angebrachten Zähnen) (Abb. 45f) entlang der einen Flanke der Koleoptile (zweckmäßigerweise wird die mit der Paste bestrichene Koleoptilflanke gewählt) Striche eingeprägt werden, deren Zahl durch Multiplikation mit dem Zähnchenabstand (der für jedes betreffende Prägerädchen gesondert bestimmt bzw. kontrolliert werden muß) die Koleoptillänge (in mm) zu ermitteln gestattet. Um die Abzählung der eingeprägten Teilstriche zu erleichtern, ist jedes fünfte Zähnchen breiter gestaltet als die dazwischenliegenden. Ein Beispiel für einen solchen Meßvorgang an einer gekrümmten Koleoptile mag die in Abb. 48 dargestellte Kopie eines Keimlings sein. Abb. 45i zeigt, daß der Punkt des Austritts der Koleoptile aus der Spelze, von welchem die Längenmessung ausgeht, deutlich erkennbar ist.

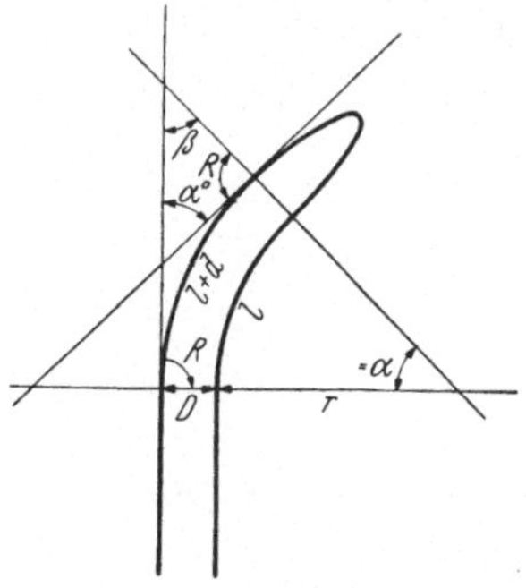

Abb. 49. Ableitung von d auf Grund ähnlicher Dreiecke nach PURDY (1921):

$$l+d=\frac{2\,(r+D)\,\alpha\,\pi}{360}$$

$$l=\frac{2\,r\,\alpha\,\pi}{360}$$

$$d=\alpha\frac{\pi\,D}{180}=0{,}0174\,\alpha\,D$$

Zur Auswertung eines Testversuches ist es erforderlich, neben dem Versuchsergebnis mit wuchsstoffhaltigen Pasten auch das Ergebnis eines Kontrollversuches mit einer wirkstoffleeren Paste zu besitzen. Die Länge der Koleoptilen zu Versuchsbeginn (K_0) wird von der Länge der Kontrollkoleoptilen nach Beendigung der Versuchsdauer (K_{24}) subtrahiert, wodurch der Zuwachs der Kontrollkoleoptile (Z_K) ermittelt wird. Die Gesamtlänge der mit Paste bestrichenen Seite der Versuchskoleoptile ergibt nach Abzug von K_{24} den Mehrzuwachs (im negativen Fall den Minderzuwachs) der Versuchskoleoptile gegenüber der Kontrollkoleoptile mit der Größe Z (in mm). Dieser für eine Probe im Mittel aus etwa 30 Einzelpflanzen erhobene Zuwachswert Z wird nun in Prozenten zu Z_K ausgedrückt und als „Z %“ auf der Ordinate eines Koordinatensystems eingesetzt, dessen Abszisse die Konzentration darstellt, in welcher die betreffende Substanz geprüft wurde (Konzentrations-Wirkungskurve).

Nach einer von PURDY (1921) aufgefundenen Beziehung $d=0{,}0174.\alpha.D$ (Ableitung vgl. Abb. 49) läßt sich aus dem maximalen Koleoptildurchmesser D (etwa 1,3 bis 1,4 mm) und dem Krümmungswinkel α jene Längendifferenz d berechnen, welche zwischen der mit Paste behandelten und der unbehandelten Seite der gleichen Koleoptile auftritt. Aus $Z-d=q$ läßt sich nun jede Größe q ermitteln, welche den Wachstumseffekt derjenigen Wuchsstoffmenge darstellt, die durch den Querschnitt der Koleoptile während der Versuchsdauer auf die gegenüberliegende (unbehandelte) Koleoptilflanke hinüber diffundiert ist („Quertransport“). Die Kurve in Abb. 50 zeigt die Abhängigkeit der

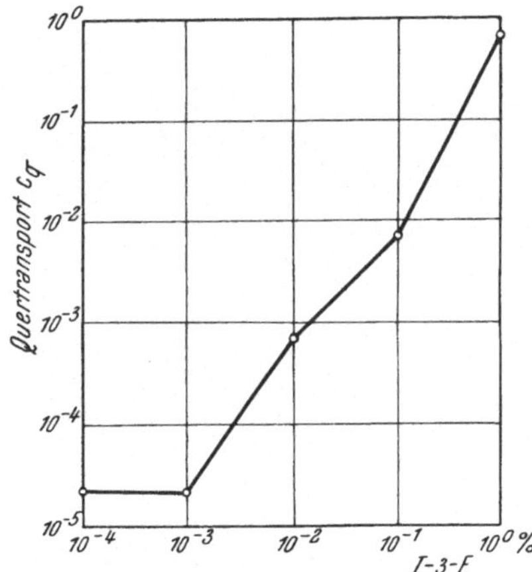

Abb. 50. Abhängigkeit der Quertransportgröße (c_q) von der Wuchsstoffkonzentration

Quertransportgröße von der Pastenkonzentration für Indol-3-essigsäure.

Die Empfindlichkeit der Testpflanzen gegenüber Wuchs- und Hemmstoffen ist ebenso wie die erzielbare Genauigkeit beträchtlichen täglichen (KÖGL et al. 1936) und jahreszeitlichen Schwankungen unterworfen. Die günstigste Zeit zur Durchführung von Wuchsstoffversuchen an Koleoptilen von *Avena sativa* scheint im Herbst und Winter zu liegen (LINSER 1950); das ist jene Periode, während der die Keimfreudigkeit ihr Maximum erreicht und durchläuft, andererseits das Wachstum des Primärblattes und die Mesocotylbildung, durch die es zu Koleoptilverkrümmungen kommen kann, gehemmt ist. Es dürfen nur gleichzeitig erhobene Werte unmittelbar miteinander verglichen werden. Sollen ungleichzeitige Versuche vergleichbare Werte ergeben, so empfiehlt es sich, sie zu verschiedenen Jahreszeiten zu wiederholen und die gewonnenen Mittelwerte zum Vergleich heranzuziehen. Bei vier- bis achtfacher Wiederholung ist in diesem Falle mit einer wahrscheinlichen Fehlerbreite von $\pm$ 5 bis 10 Einheiten in Z % zu rechnen.

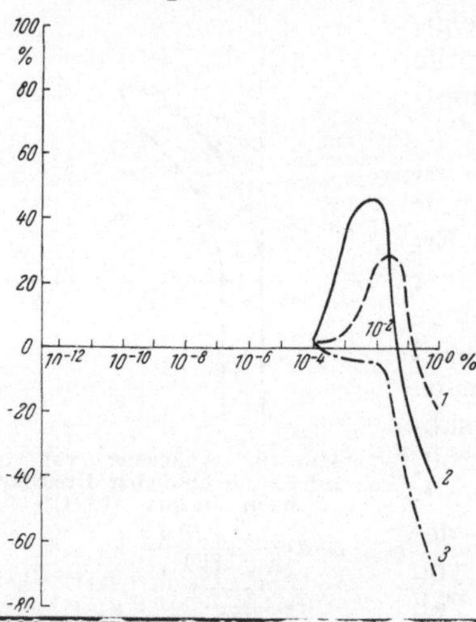

Abb. 51. Konzentrations-Wirkungskurven zum Pasten-Test von LINSER (1938). *1* 2,4-Dichlorphenoxyessigsäure, *2* 2,4,5-Trichlorphenoxyessigsäure, *3* 2,4,6- Trichlorphenoxyessigsäure

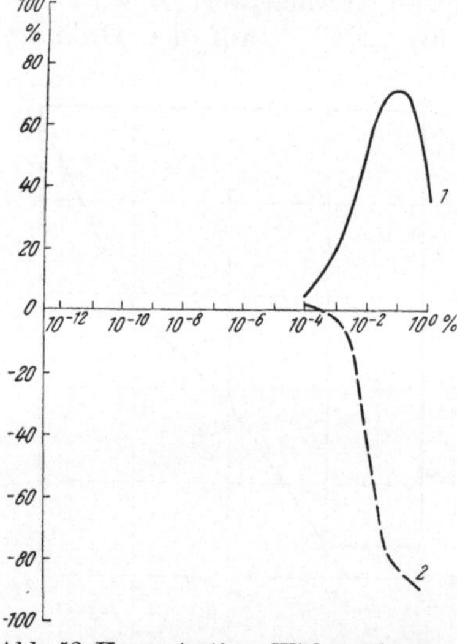

Abb. 52. Konzentrations-Wirkungskurven zum Pasten-Test von LINSER (1938). *1* Indol-3-essigsäure, *2* 2,3,5-Trijodbenzoesäure

Die Berechnung der mittleren Abweichung der gleichzeitigen Bestimmungen an verschiedenen Keimlingen erfolgt nach der Formel $M = \frac{m}{\sqrt{n}}$, wobei m die Wurzel aus dem Durchschnittswert der Quadrate der Abweichungen der Einzelwerte von ihren Mittelwert und n die Zahl der Einzelwerte ist, aus denen jeweils der Mittelwert gewonnen wird. Tab. 7 stellt vergleichsweise die mittleren Abweichungen bei der Bestimmung von α einerseits und Z andererseits an den selben Versuchspflanzen dar und zeigt, daß das Verhältnis zwischen der Größe des zu messenden Effektes und der Abweichung bis zu 10^{-3}% zu Gunsten der Winkelmessung, darüber aber zu Gunsten der Zuwachsmessung ausfällt.

Konzentrations-Wirkungskurve: Es werden bei verschiedenen Wirkstoffen zweierlei verschiedene Typen von Konzentrations-Wirkungskurven gefunden (Abb. 51 und 52). Der eine Typus entspricht jenem der Indol-3-essigsäure (Abb. 52, obere Kurve) und zeigt bei geringen Konzentrationen (10^{-4} bis 10^{-1}%igen Pasten) Förderungen des Längenwachstums der Koleoptile (also positive Werte von Z%), bei höheren Konzentrationen jedoch wieder abnehmende Förderungs- und bei weiterer Steigerung der Konzentration Hemmungswirksamkeit auf das Längenwachstum. Es handelt sich um ausgeprägte Optimumskurven, welche sich durch die Lage des *Optimums*, sowie des Umschlagspunktes zwischen Förderungs- und Hemmungsbereich, aber auch hinsichtlich der Höhe der Konzentration, bei welcher eine *50%ige Hemmung* (Halbwertshemmung) erfolgt, sowie durch die absolute Höhe des *optimalen Förderungswertes* charakterisieren lassen und sich bei verschiedenen Stoffen voneinander unterscheiden (LINSER 1954 b, c). Dieser Kurventypus wird — provisorisch — „Wuchsstofftypus" genannt. Der andere Typus ist durch das Fehlen von Förderungswerten sowie eines Optimums gekennzeichnet, hat die Gestalt einer einfachen S-förmigen Kurve (Abb. 52, Kurve *2*) und kann als „Hemmstofftypus" bezeich-

Tabelle 7. *Fehler von α und Z bei gleichzeitigen Bestimmungen*

Indol-3-essigsäure-Konzentration der Paste:	10^{-5}%	10^{-4}%	10^{-3}%	10^{-2}%	10^{-1}%	10^{0}%
Z in mm	0,5±0,66	−0,4±1,04	4,4±1,20	16,1±1,43	19,8±2,12	12,4±2,23
Mittlere Abweichung m bei einer einzelnen Versuchspflanze	± 1,74	± 3,30	± 3,60	± 5,18	± 7,94	± 7,40
Mittlere Abweichung M_{15} des Mittels von 15 Pflanzen $\left(= \frac{m}{\sqrt{15}}\right)$	± *0,45*	± *0,85*	± *0,93*	± *1,34*	± *2,05*	± *1,91*
M_{15} in %	± *90*	± *21,2*	± *21,1*	± *8,3*	± *10,3*	± *15,4*
Winkel α in °	13,4±1,44	17,4±2,37	265±400	233±48,8	130±22,7	+24±44,6
m_α in °	± 3,81	± 7,50	± 120	± 176	± 85,1	± 148
M_{15} in °	± 0,98	± 1,93	± 30,9	± 45,4	± 22,0	± 38,2
M_{15} in %	± *7,3*	± *11,1*	± *11,7*	± *19,5*	± *16,9*	± *15,9*

net werden. Die Konzentrations-Wirkungskurve vom Wuchsstofftypus entspricht dem Verlauf zahlreicher Kurven verschiedenartiger physiologischer Vorgänge, welche von verschiedenartigen Wirkstoffen fördernd beeinflußt werden. Sie kann so entstanden gedacht werden, daß sie aus zwei verschiedenen Wirkungskomponenten zusammengesetzt ist: Einerseits aus einer fördernden Komponente von S-förmiger Gestalt, welche bereits bei sehr kleinen Konzentrationen ihre Wirkung erkennen läßt (Abb. 53), und andererseits aus einer hemmenden Komponente, welche der gleiche Stoff erst bei höheren Konzentrationen wirksam werden läßt.

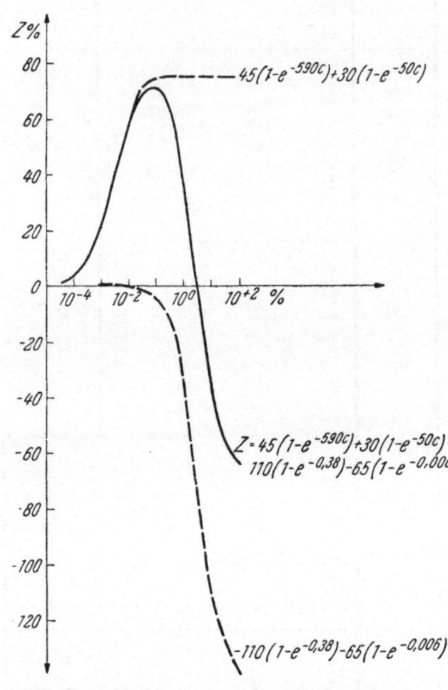

Abb. 53. Zerlegung der Konzentrations-Wirkungskurve von Indol-3-essigsäure (ausgezogene Linie) in eine Förderungs- und eine Hemmungskomponente (gestrichelte Linien)

Danach kann man zwischen *Wuchsstoffen* (Stoffe, welche eine Konzentrations-Wirkungskurve vom Förderungs-Optimumstyp geben) und *Hemmstoffen* (solche Stoffe, welche reine Hemmungskurven liefern) unterscheiden und entweder die Hemmstoffe als Wuchsstoffe ohne Förderungskomponente oder aber die Wuchsstoffe als Hemmstoffe mit Förderungskomponente bezeichnen.

Die Konzentrations-Wirkungskurven verschiedener Zellstreckungswirkstoffe wurden einer biophysikalischen bzw. mathematischen Analyse unterworfen (Kaindl 1954), wobei ein allgemeines Modellbild für die Wirkung von Wirkstoffmolekülen an ihren Wirkungsstellen von Linser (1954c) zugrunde gelegt wurde.

Die Konzentrations-Wirkungskurven folgen danach mit ihren Werten für $Z\%$ der Formel:

$$Z = A_1 (1 - e^{-k_w c}) + A_2 (1 - e^{-k'_w c}) - B_1 (1 - e^{-k_h c}) - B_2 (1 - e^{-k'_h c})$$

wobei den einzelnen Parametern folgende Bedeutung zukommt:

A_1 ist ein Maß für das Produkt aus der im System vorliegenden Anzahl von Lücken, in die sich die fördernde Komponente des Fremdwirkstoffes einlagern kann, und der durch die einzelne Anlagerung hervorgerufenen Zellstreckungswirkung. A_1 ist daher ein Maß für den fördernden integralen Effekt, welcher eintritt, wenn sämtliche Lücken durch die fördernde Komponente des Wirkstoffmoleküls besetzt sind. Analoges gilt für B_1 hinsichtlich der hemmenden Wirkstoffkomponente. Der Klammerausdruck neben A_1 bzw. B_1 gibt die Wahrscheinlichkeit an, mit der bei vorgegebener Konzentration c eine entsprechende Lücke besetzt wird, während die Parameter k_w bzw. k_h ein Maß für die Wahrscheinlichkeit sind, mit der ein Wirkstoffmolekül mit seiner fördernden bzw. hemmenden Komponente in eine entsprechende Lücke eintritt, d. h. diese Werte stellen ein Affinitätsmaß dar.

Die beiden anderen Terme beschreiben laut Modellvorstellung die Verdrängung des pflanzeneigenen Wirkstoffmoleküls durch das Fremdmolekül. A_2 ist somit ein Maß für das Produkt aus der Anzahl der im System vom pflanzeneigenen Wirkstoff durch die fördernde Komponente besetzten Lücken und der Differenz der molekularen Wirksamkeiten von pflanzeneigener und fremder fördernder Komponente und stellt somit das Maß für den integralen Effekt dar, der eintreten würde, wenn alle pflanzeneigenen Wirkstoffe durch den Fremdwirkstoff verdrängt werden. Analoges gilt für B_2 für die hemmende Komponente. Die zu A_2 bzw. B_2 gehörenden Klammerausdrücke stellen wieder die Wahrscheinlichkeiten dar, mit der eine solche Verdrängung bei den entsprechenden Lücken bei der Konzentration C stattfindet, während k'_w bzw. k'_h wieder Maßzahlen für die Wahrscheinlichkeit sind, mit der ein Fremdmolekül eine solche Verdrängung durchführt.

Auf Grund experimenteller Erfahrung sowie der eben gegebenen Beschreibung der Parameter sind diese den folgenden Einschränkungen (Regeln) unterworfen:

1. $A_1 \geq 0$, $B_1 > 0$
2. $A_2 \leq 0$, $B_2 \leq 0$ für Fremdwirkstoffe
   $A_2 \geq 0$, $B_2 \geq 0$ für pflanzeneigene Wirkstoffe
3. $|A_1| \geq |A_2|$, $|B_1| \geq |B_2|$
4. $100 \geq |A_1 + A_2 - B_1 - B_2|$
5. $k'_w \leq k_w$, $k'_h \leq k_h$
6. $k'_w < k'_h$ für Fremdwirkstoffe
   $k'_w > k_h > k'_h$ für pflanzeneigene Wirkstoffe.

Daraus läßt sich folgende Einteilung von Wirkstoffen deduzieren:

Wuchsstoffe allgemein: $A_1 > B_1$ oder $A_1 \leq B_1$, $k_w > k_h$

Pflanzeneigene Wuchsstoffe: $A_2 \geq 0$, $B_2 \geq 0$, $k'_w > k_h \geq k'_h$

Fremd-Wuchsstoffe: $A_2 < 0$, $B_2 < 0$, $k'_w < k'_h$

Hemmstoffe: $A_1 = 0$ bzw. $k_w = 0$ oder $A_1 \leq B_1$, $k_w < k_h$

Die Durchführung der Berechnung einer Konzentrations-Wirkungskurve ist im folgenden an dem Beispiel von Eosin erläutert:

Die allgemeine Funktion eines Hemmstoffes lautet:

$$Z = A_2(1 - e^{-k'_w c}) - B_1(1 - e^{-k_h c}) - B_2(1 - e^{-k'_h c})$$

Die Parameter müssen folgende Nebenbedingungen erfüllen:

1. $B_1 > 0$
2. $A_2 \leq 0$, $B_2 \leq 0$
3. $|B_1| \geq |B_2|$
4. $100 \geq |A_2 - B_1 - B_2|$
5. $k'_h \leq k_h$
6. $k'_w < k'_h$

Das Rechnungsprinzip ist folgendes:

1. Die Kurve soll die experimentellen Mittelwerte so gut als möglich annähern.

2. Wenn sich der Hemmstoff in sämtliche offenen Lücken einlagert, so tritt 100%ige Hemmung ein, d. h. $B_1 \sim 100$.

3. Der erste und der dritte Term sind Verdrängungsterme, daher treten sie erst bei höheren Konzentrationen in Wirksamkeit. Bei den niedrigen Konzentrationen ist der zweite Term vorherrschend.

Die experimentellen Daten sind:

10^{-5}	0
10^{-4}	−5
10^{-3}	−35
10^{-2}	−61
10^{-1}	−79
10^{0}	83

und daher gilt:

$$\frac{5}{35} = \frac{1-e^{-k_h \cdot 10^{-4}}}{1-e^{-k_h \cdot 10^{-3}}}$$

oder für

$$x = e^{k_h \cdot 10^{4}}$$

$$7 = \frac{1-x^{10}}{1-x}$$

Die reelle Lösung liegt bei $x=0{,}92$ und daraus folgt:

$$k \sim 800-900$$

Wenn $B_1 \sim 100$ ist, so liegt, wegen dem experimentellen Wert −61, der Wert von B_2 bei $|B_2| > 39$. Ansatz: $B_2 \sim -44$.

Bei 10^0 werden $|A_2 - B_1 - B_2| \sim 83$, daher wird $A_2 \sim -27$.

Auf Grund des Modellbildes kann der erste Verdrängungsterm erst bei hohen Konzentrationen zur Wirkung gelangen (Regel 6) und es muß näherungsweise gelten:

$$-79 = -27\,(1-e^{-k'_w \cdot 10^{-1}}) - 100 + 44$$

$$23 = 27\,(1-e^{-k'_w \cdot 10^{-1}})$$

$$1-e^{-k'_w \cdot 10^{-1}} = 0{,}85$$

$$e^{-k'_w \cdot 10^{-1}} = 0{,}19$$

$$k'_w \sim 19$$

Nunmehr läßt sich auch k'_h abschätzen:

$$-61 = -27(1-e^{-19 \cdot 10^{-2}}) - 100(1-e^{900 \cdot 10^{-2}}) + 44(1-e^{k'_h \cdot 10^{-2}})$$

$$-61 = -27 \cdot 0{,}17 - 100 + 44\,(1-e^{-k'_h \cdot 10^{-2}})$$

$$39 + 4{,}6 = 44\,(1-e^{-k'_h \cdot 10^{-2}})$$

$$0{,}993 = 1-e^{-k'_h \cdot 10^{-2}}$$

$$0{,}007 = e^{-k'_h \cdot 10^{-1}}$$

$$k'_h \sim 500$$

Wir kommen daher zu folgendem Ansatz der Hemmstoff-Funktion für Eosin:

$$Z = -27(1-e^{-19c}) - 100\,(1-e^{-900c}) + 44(1-e^{-500c})$$

Nunmehr kann eine Vergleichstabelle aufgestellt werden, welche bereits eine brauchbare Übereinstimmung zwischen den theoretischen (errechneten) und den experimentellen Z- Werten zeigt:

log c	1.	2.	3.	Z_{th}	$Z_{exp.}$
−5	0	0,9	0,2(0,4)	−0,7(−0,5)	0
−4	0,1	8,6	2,2(3,5)	−6,5(−5,2)	−4,5
−3	0,5	59,3	17,6(25,2)	−42,2(−34,6)	−34,5
−2	4,7	100	44	−60,7	−60,5
−1	22,9	100	44	−78,9	−78,5
0	27	100	44	−83	−82

Verbessert man den unsichersten Wert k'_h auf 800, dann erhält man die eingeklammerten Werte.

Die mathematische Handhabung der Konzentrations-Wirkungskurven ermöglicht es, bei Mischung von Wuchs- und Hemmstoffen die zu erwartenden Ergebnisse des Testversuches mit guter Übereinstimmung voraus zu berechnen (Linser und Kaindl 1951, Kaindl 1955).

Aus den für k ermittelten Werten kann nach der Beziehung

$$k = \frac{\lambda \cdot \text{Anzahl der verabreichten Moleküle}}{c}$$

die Wahrscheinlichkeit λ, also aus k_w der Wert für λ_w und aus k_h jener für λ_h berechnet werden, welche unter der Voraussetzung, daß die Intrabilitätsgeschwindigkeiten der miteinander verglichenen Stoffe gleich groß sind, der Affinität des betreffenden Stoffes zur Wirklücke proportional ist (Linser 1954c). In Tab. 8 ist eine Zusammenstellung der wichtigsten Wuchs- und Hemmstoffe mit ihren λ_w- und λ_h-Werten wiedergegeben. Diese Affinitäten wiederum können zu chemischen oder räumlichen Eigenschaften der untersuchten Moleküle in Beziehung gebracht werden, um nähere Aufschlüsse über Konstitution bzw. räumliche Struktur der Wirkstoffmoleküle zu erhalten. Gegenwärtig sind sichere Schlüsse noch nicht möglich, weil über die verschiedenen Größen der Intrabilitätsgeschwindigkeiten (der Wirkstoffe durch die Plasma-Grenzschichten) keine genügende Kenntnis vorliegt. Immerhin hat sich bisher bereits gezeigt, daß unter den chemisch verschiedenartigen Zellstreckungswuchsstoffen auffallende Ähnlichkeiten im räumlichen Bau der Moleküle vorhanden sind (vgl. Abb. 54) und daß auch die Hemmstoffe bestimmte Analogien ihres räumlichen Aufbaues erkennen lassen (Linser 1956).

Die für die Pastenmethode ausgearbeitete mathematische Methode zur Behandlung der Konzentrations-Wirkungskurven kann auch für die Auswertung der Ergebnisse, welche mit anderen Methoden gewonnen wurden, herangezogen werden.

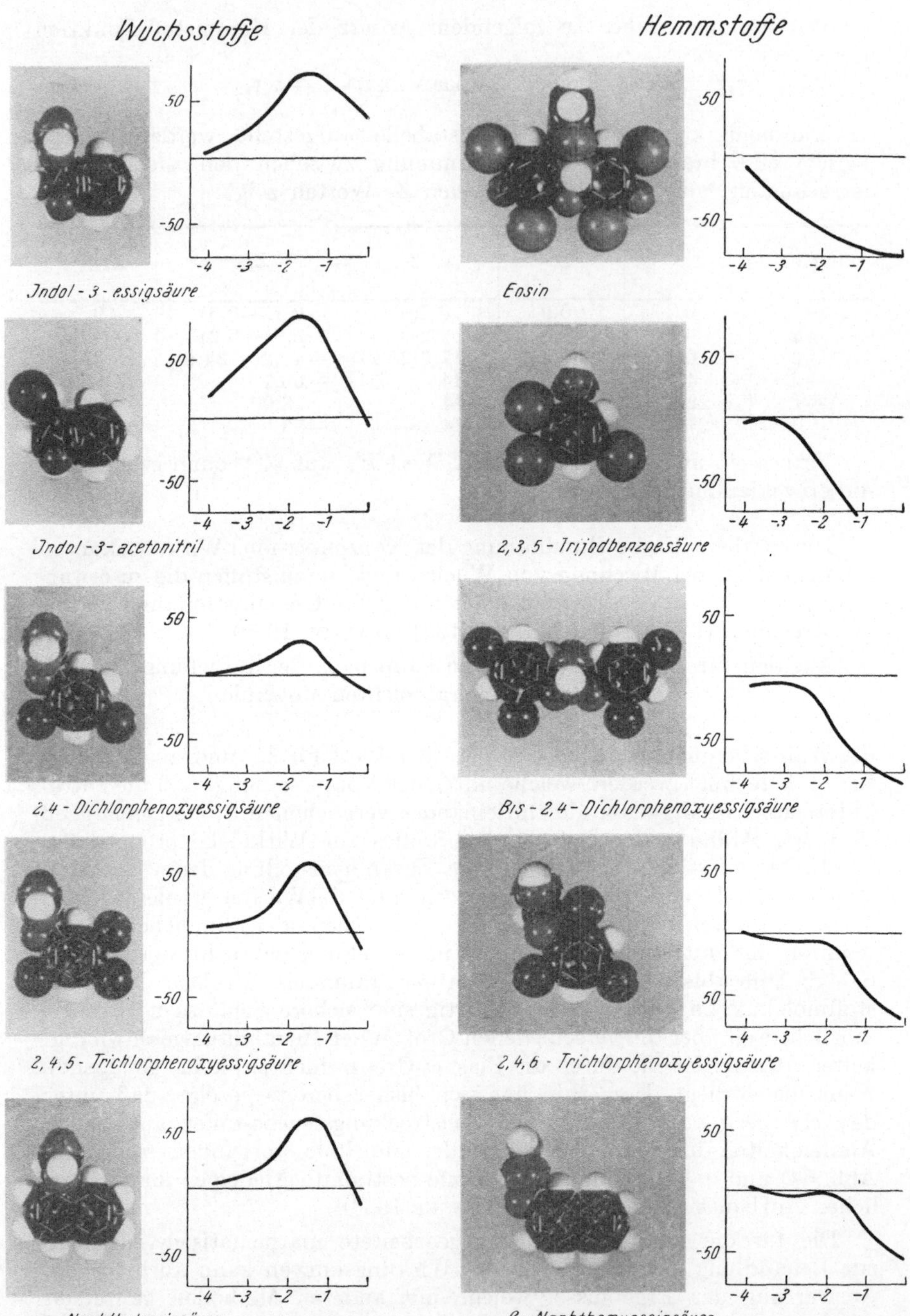

Abb. 54. Vergleich verschiedener Molekülmodelle von Wuchs- und Hemmstoffen und deren Wirksamkeit im Pasten-Test. (LINSER 1938)

Tabelle 8. *Zusammenstellung der wichtigsten Wuchs- und Hemmstoffe mit den λ_w- und λ_h-Werten.* Als Untersuchungsmethode diente der Pastentest. Werte entnommen aus LINSER (1956, S. 147)

Charakteristik H = Hemmstoff W = Wuchsstoff	Substanz	λ_w x 10^{15}	λ_h x 10^{15}
W	Indol-3-essigsäure	7,9	0,0051
W	Indol-3-propionsäure	0,525	0,0204
W	Indol-3-buttersäure	0,86	0,016
W	Indol-3-acetonitril	70.7	0,042
(H)	Indol	0,0379	0,00226
(H)	α-Methylindol	—	0,0414
—	Skatol	0,0273	0,00291
—	Tryptophan	—	—
W	α-Naphthylessigsäure	1,36	0,0215
W	α-Naphthylessigsäure (Na)	2,08	0,0594
W	α-Naphthylessigsäure-methylester	2,31	0,0098
H	α-Naphthoxyessigsäure	—	0,0342
H	β-Naphthoxyessigsäure	—	0,144
(H)	Phenoxyessigsäure	—	0,0948
W	Parachlorphenoxyessigsäure	0,571	0,0136
W	2,4-Dichlorphenoxyessigsäure	2,05	0,102
W	2,4-Dichlorphenoxyessigsäure (Na)	3,4	0,00187
W	2,4-Dichlorphenoxyessigsäure-butylester	10,7	0,0940
W	2,5-Dichlorphenoxyessigsäure	5,95	0,034
W	2,5-Dichlorphenoxyessigsäure (Na)	1,67	0,00169
W	2,5-Dichlorphenoxyessigsäure-butylester	7,03	0,0185
W	2,4,5-Trichlorphenoxyessigsäure	23,6	0,0256
W	2,4,5-Trichlorphenoxyessigsäure (Na)	9,2	0,199
W	2,4,5-Trichlorphenoxyessigsäure-butylester	9,84	0,144
H	2,4,6-Trichlorphenoxyessigsäure	—	0,1764
(H)	2,4,6-Trichlorphenoxyessigsäure (Na)	—	0,00384
H	2,4,6-Trichlorphenoxyessigsäure-butylester	—	0,139
W	Tetrachlorphenoxyessigsäure-äthylester	1,35	0,132
H	Pentachlorphenoxyessigsäure	—	1,47
H	Bis-2,4-Dichlorphenoxyessigsäure	—	2,49
W	2,3,6-Trichlorbenzaldehyd	7,4	0,0435
W	2,3,6-Trichlorbenzoesäure	2,6	0,0139
W	N-Dimethylthiuramessigsäure	0,145	0,00542
W	Benzthiazol-2-oxyessigsäure	0,209	0,00322
(W)	3-Aminotriazol	0,00337	0,000
H	2,3,5-Trijodbenzoesäure	—	3,09
H	2,4,6-Trichlorbenzaldehyd	—	0,0290
H	2,4,5-Trichlorbenzaldehyd	—	0,0515
H	3,4,5-Trichlorbenzaldehyd	—	0,161
H	4,6-Dinitro-o-cresol	806,0)	1,2
H	Dinitro-sec. butylphenol	—	1,174

Fortsetzung der Tabelle 8

Charakteristik H = Hemmstoff W = Wuchsstoff	Substanz	$\lambda_w \times 10^{15}$	$\lambda_h \times 10^{15}$
H	Pentachlorphenol	5,13	0,451
H	Isopropylphenylcarbamat	—	0,0304
—	Na-Fluoreszein	—	—
H	Tetrachlor-fluoreszein	0,0577	6,13
H	Tetrabrom-fluoreszein (Eosin)	—	49,5
H	Tetrajod-fluoreszein (Erythrosin)	0,99	23,8

Als Schlußfolgerung von allgemeiner Bedeutung hat sich aus dem umfangreichen, mit der Pastenmethode über Konzentrations-Wirkungskurven zahlreicher verschiedenartiger Stoffe erarbeiteten Material ergeben, daß es nicht sinnvoll ist, eine empirische „Wirkungseinheit" („*Avena*-Einheit" oder dergleichen) zu konstruieren und sie als Maßstab beim Vergleich verschiedenartiger Stoffe miteinander zu verwenden. Ebensowenig sinnvoll ist es danach, die Wirksamkeit eines bestimmten Stoffes durch eine vervielfachende Zahl mit einem bestimmten Standard-Wirkstoff zu vergleichen. Dies würde voraussetzen, daß alle Wirkstoffe des untersuchten Systems die *gleiche* Form einer Konzentrations-Wirkungskurve besitzen, so daß sie an der x-Achse parallel verschoben miteinander zur Deckung gebracht werden können. In solchem Falle könnte ein einfacher Multiplikator das gegenseitige Wirkungsverhältnis ausdrücken und es wäre die Aussage erlaubt „. . . x-mal so wirksam als . . .". Wie Abb. 54 an mehreren Beispielen zeigt, ist diese Voraussetzung jedoch in den meisten Fällen *nicht* gegeben, so daß ein Versuch, durch einen *einzigen* Faktor allein ein Wirkungsverhältnis zweier wirksamer Stoffe zu geben, zur Ungenauigkeit verurteilt ist. Ganz grob mag es freilich erlaubt sein, Wirkungsverhältnisse in Größenordnungen annähernd an Hand bestimmter Kriterien (beispielsweise der Konzentration, bei welcher das Wirkungsoptimum erreicht wird) vergleichend zu beurteilen. Man muß sich aber des Fehlers bewußt sein, der damit aus theoretischen Gründen verbunden sein muß.

Kritik der Methode: Das Wirkungsoptimum der Konzentrations-Wirkungskurve liegt für Indol-3-essigsäure bei einer Konzentration (dieser Säure in der Paste) von 10^{-1}%, der Meßbereich erstreckt sich nur bis zur Größenordnung von 10^{-4}%, so daß die Methode als ziemlich unempfindlich zu bezeichnen ist. Dies ist von Nachteil, wenn man es mit der Testung pflanzeneigener, vor allem aus pflanzlichem Material abgefangenen oder extrahierten, sehr kleinen Wuchsstoffmengen zu tun hat. Die Methode eignet sich daher vorzugsweise zur Untersuchung verschiedenartiger synthetischer Stoffe, von welchen genügende Mengen für Testversuche vorliegen. Hierfür ist die Pastenmethode auch deshalb besonders geeignet, weil das Medium, welches als Träger der zu untersuchenden Stoffe fungiert, die Lanolinpaste, ein Lösungsvermögen nicht nur für wasser-, sondern auch für fettlösliche Stoffe besitzt. Es können somit hydrophile und hydrophobe Stoffe in gleicher Weise getestet werden. Da auch die Zellgrenzschichten eine Verteilung von hydrophilen und lipophilen Bereichen erkennen lassen, bedeutet das Vorliegen einer lipoiden Phase neben der wässerigen in der Paste eine Annäherung an die Löslichkeitsverhältnisse in der Protoplasmamembran selbst.

Da intakte Koleoptilen verwendet werden, welche nicht genügend Wuchsstoff besitzen, um ihre gesamte Streckungsfähigkeit durch den pflanzeneigenen Wuchsstoff bereits auszunützen, kann durch Wirkstoffe eine Förderung der Zellstreckung ebenso wie auch eine Hemmung der-

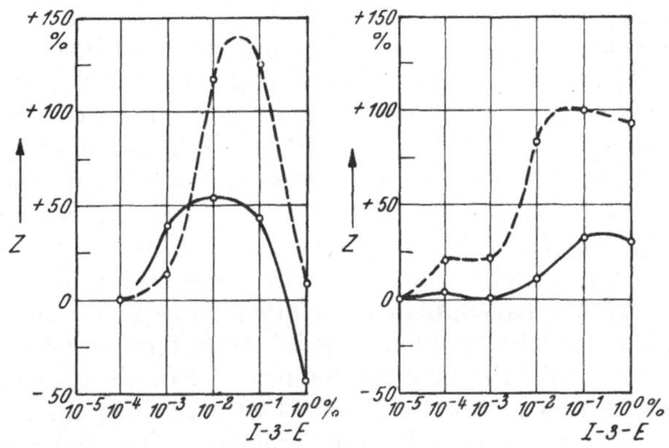

Abb. 55. Empfindlichkeit intakter (ausgezogene Linie) und dekapitierter (gestrichelte Linie) Pflanzen von *Festuca pratensis* (links) und *Zea mays* (rechts)

selben erreicht werden. Die Pastenmethode eignet sich daher (im Gegensatz zum Went-Test, vgl. S. 61) besonders für die Unterscheidung der beiden extremen Wirkungstypen (Wuchsstoffe, Hemmstoffe), wobei der fördernde wie der hemmende Effekt in annähernd zahlenmäßig gleichen Größen zum Ausdruck kommt (Förderungen und Hemmungen bis zu je 80 bis 100%). Allerdings bringt die Verwendung intakter Koleoptilen den Nachteil mit sich, daß diese gegenüber Wuchsstoff wesentlich weniger empfindlich sind als dekapitierte Koleoptilen (vgl. Abb. 55).

Beim Pastentest ist es an Hand des Krümmungstypus möglich, zu entscheiden, ob ein Wert für Z% dem aufsteigenden oder dem absteigenden Ast der Konzentrations-Wirkungskurve angehört.

B. Methoden mit Längenwachstumsmessung

1. Avena-Geradwachstums-Test von R. L. Weintraub (1938)

Prinzip der Methode: Auf Koleoptilstümpfe werden Agarblöckchen so aufgesetzt, daß sie die gesamte Schnittfläche bedecken. Das Wachstum der Koleoptilen erfolgt geradlinig und wird an einem Schattenbild mit einem Meßmikroskop gemessen.

Handhabung der Methode: Die entspelzten Samen von *Avena sativa* werden (vorgequollen oder nicht vorgequollen) auf Agar gesetzt, welcher nicht weniger als 0,8 und nicht mehr als 2,0 %ig sein soll, gewöhnlich aber 0,9 bis 1,0 %ig verwendet wird. Er kann sowohl mit destilliertem als auch mit Leitungswasser oder einer der üblichen Nährlösungen angesetzt werden und wird in Glasröhrchen (Durchmesser 15 mm, Höhe 7 cm) eingefüllt, welche in einem Holzgestell in etwa 2,5 cm Abständen voneinander senkrecht stehend angebracht sind. Der obere Rand des Röhrchens ist zweckmässig horizontal abgeschliffen, so daß er bei seitlicher Betrachtung geradlinig erscheint. 13 oder 20 mm unterhalb dieses Randes (je nach der gewünschten Koleoptillänge) wird eine Marke angebracht, bis zu welcher das Röhrchen mit der noch heißen Agarlösung gefüllt wird. Während des Erkaltens wird das Gestell um etwa 60° nach rückwärts geneigt, so daß eine schräge Agar-Oberfläche entsteht, auf welche das entspelzte Korn mit der Rille nach unten aufgesetzt wird, so daß die Koleoptile ungehindert lotrecht nach oben wachsen kann. Die Röhrchen werden während der ersten 24 Stunden bei rotem, phototropisch inaktivem Licht im temperaturkonstanten Raum bei 25° C und 90 % relativer Feuchtigkeit, dann aber im gleichen Raum bei Dunkelheit gehalten, wobei die Koleoptilen nach etwa 65 Stunden eine Länge von etwa 25 mm erreicht haben (dauernde Einwirkung von rotem Licht setzt nach WEINTRAUB die Empfindlichkeit der Koleoptile herab). Zu diesem Zeitpunkt kann man für die nächsten 24 Stunden mit einem stündlichen Längenzuwachs von etwa 0,9 mm rechnen. Die Dekapitation wird zweckmässig so durchgeführt, daß man den oberen Rand des Glasröhrchens als Führung für eine Rasierklinge benützt und mit dieser die Koleoptile ein- oder beiderseitig einschneidet, worauf durch Drehung mit dem Finger die Spitze abgelöst und mit einer Pinzette entfernt wird. Daraufhin wird auch das Primärblatt herausgezogen und entfernt. Die obere Schnittfläche des Koleoptilstumpfes muß bei seitlicher Betrachtung in der Linie des oberen Randes des Röhrchens liegen.

Werden 20 mm lange Stümpfe von 40 mm langen Koleoptilen benützt, so zeigen diese während der drei- oder vierstündigen Versuchsdauer des Testes keinen Längenzuwachs, so daß ohne Kontrollen gearbeitet werden kann. Werden jedoch kürzere Koleoptilen herangezogen (was wegen der Verkürzung der Anzuchtdauer zweckmäßig erscheint), und zwar etwa 13 mm lange Stümpfe von 24 bis 27 mm lange Koleoptilen, so müssen, da diese auch mit wuchsstoffleerem Agar Zuwächse zeigen, Kontrollen angesetzt werden.

Die Agarblöckchen werden in ähnlicher oder gleicher Weise vorbereitet, wie dies für den WENT-Test (S. 53 f.) geschieht, wobei WEINTRAUB 1,5 %igen Agar vorschlägt. Die Größe der Blöckchen soll etwa 26 cmm betragen, da sie bei dieser Größe für wenigstens 6 Stunden eine konstante Wuchsstoffabgabe erwarten lassen; man kann aber auch mit $3 \times 3 \times 2$ mm großen Plättchen mit gutem Erfolg arbeiten. Die Würfel werden den Koleoptilstümpfen vorsichtig so aufgesetzt, wie Abb. 56 schematisch zeigt, wobei auf allseits guten Kontakt zwischen Koleoptilstumpf und

Agarplättchen besonders geachtet werden muß. Dieser kann durch leichten Druck auf das bereits aufgesetzte Plättchen gesichert werden.

Nach Ablauf der drei- oder vierstündigen Testdauer werden von den Koleoptilstümpfen Schattenbildaufnahmen hergestellt.

Messung: Es wird an den Schattenbildaufnahmen der Längenzuwachs der Koleoptilen bestimmt, welcher sich durch die Messung des Abstandes der Schnittfläche des Koleoptilstumpfes von dem oberen Rand des Röhrchens ergibt. Dieser Abstand wird mit Hilfe eines Meßmikroskopes (Objektiv 2×, Okular 14× mit 100-geteilter 1 mm-Skala) ermittelt, wobei 1 Mikrometerstrich 0,05 mm auf dem Schattenbild entspricht. Der Zuwachs bei einer wuchsstoffleeren Probe beträgt nach 4 Stunden etwa 0,7 mm, so daß ein Ablesefehler von einem Teilstrich einen Fehler von etwa 7 % nach sich zieht.

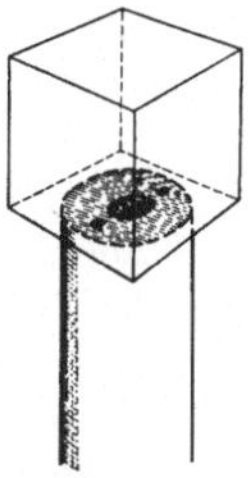

Abb. 56. Aufsetzen des Agarwürfels auf eine dekapitierte *Avena*-Koleoptile bei einem Geradwachstums-Test

Konzentrations-Wirkungskurve: vgl. Abb. 57.

Kritik der Methode: Es wird das Zellstreckungswachstum gemessen. Im Gegensatz zu den Methoden mit Krümmungsmessung haben die Geradwachstumsteste den Vorteil, daß sie von der Quertransportgeschwindigkeit verschiedener Wuchsstoffe unbeeinflußt sind. Allerdings bringt der Verzicht auf die Beobachtung des Krümmungswinkels den Nachteil mit sich, daß das subjektive Bild, d. h. der unmittelbare Eindruck des Umfanges der Wuchsstoffwirkung bei Geradwachstums-Testen meist nicht vermittelt wird.

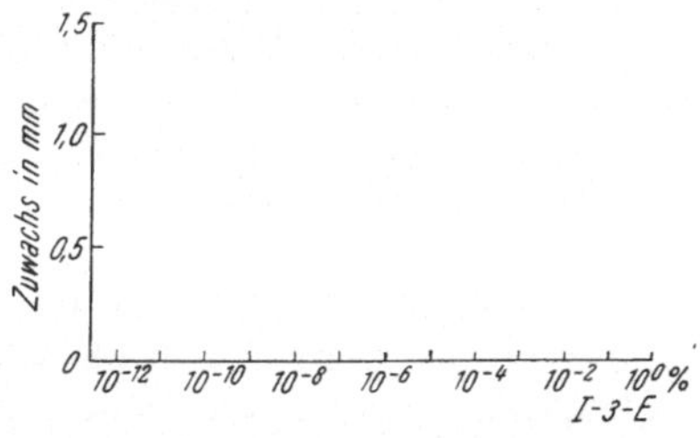

Abb. 57. Konzentrations-Wirkungskurve zum *Avena*-Geradwachstums-Test von WEINTRAUB. (Nach WEINTRAUB 1938, S. 8)

Durch die Dekapitation der Koleoptile wird das normale Wachstum auf einen sehr geringen Wert eingeschränkt. Die erhaltenen Zuwachswerte sind daher nur gering. Da pflanzeneigener Wuchsstoff nicht bzw. nur in kleinsten Mengen vorliegt, kann eine Hemmwirkung nicht unmittelbar nachgewiesen werden. Der Nachweis von Hemmstoffen wird erst dann möglich, wenn dem Koleoptilstumpf gleichzeitig soviel Wuchsstoff geboten wird, daß ein Streckungseffekt erreicht wird, der groß genug ist, um dessen Hemmung mit hinreichender Genauigkeit feststellen zu können.

2. Geradwachstums-Test von N. Nielsen (1930)

Prinzip der Methode: Auf dekapitierte *Avena*-Koleoptilen werden Agarwürfel, die den zu testenden Wuchsstoff in bestimmter Konzentration enthalten, auf die ganze Schnittfläche aufgesetzt und der Längenzuwachs gegenüber den Kontrollen bestimmt.

Handhabung der Methode: Zur Verwendung kommen Körner von *Avena sativa* („Gul Naesgaard"); diese werden 48 Stunden ohne vorheriges

Entspelzen in Petrischalen in Wasser gequollen, wobei das Wasser, um einen Pilzbefall zu verhindern, einmal gewechselt wird. Die Schalen mit den Körnern werden bei Zimmertemperatur aufgestellt. Nach 48 Stunden werden an vielen Samen bereits die ersten Keimwurzeln sichtbar und können nunmehr in Schalen (10×2,5 cm), die mit gesiebter und gut angefeuchteter Erde angefüllt sind, gesät werden. Nach der Aussaat wird jedem Glas noch ein wenig Wasser beigegeben, dann werden die Gläser in einem hellen Zimmer bei 15° C aufgestellt. Am nächsten Tag werden die Schalen wieder mit etwas Wasser begossen und unbedeckt in einer Dunkelkammer aufgestellt. Für den Test kommen nur vollkommen lotrecht gewachsene Koleoptilen, die eine Länge von etwa 15 mm erreicht haben, zur Verwendung. Größere oder kleinere Koleoptilen werden zum Test nicht herangezogen.

Die Dekapitation wird so durchgeführt, daß 5 bis 6 mm unter der Koleoptilspitze mit einem scharfen Skalpell ein einseitiger Schnitt gemacht wird, der durch die eine Seite der Koleoptile hindurchdringt, das Primärblatt aber unversehrt läßt. Die Koleoptilspitze wird sodann etwas gebogen und mit einem scharfen Ruck abgerissen. Dabei bleibt das Primärblatt zurück und ragt etwa 2 bis 3 mm über die Schnittfläche hinaus. Da jedoch das den Wuchsstoff enthaltende Agarblöckchen auf der ganzen Schnittfläche der Koleoptile ruhen soll, muß das Primärblatt aus den dekapitierten Koleoptilen entfernt werden.

Die Agarwürfel (hergestellt aus 1,5 %igem Agar) haben eine Größe von etwa 1,5×3×4 mm und enthalten den jeweiligen Wuchsstoff in bestimmter Konzentration. Diese werden dem Koleoptilstumpf aufgesetzt. Sämtliche Versuche finden bei einer Temperatur von 25° C statt.

Messung: Das Wachstum der Koleoptilen wird mit Hilfe eines Horizontalmikroskops bestimmt und zwar wird dicht neben der Koleoptile eine Nadel angebracht und es wird ermittelt, wieviele Teilstriche des Mikrometer-Okulars der Nadelkopf tiefer liegt als die Schnittfläche der Koleoptile. Nach $2^1/_2$ Stunden wird der Abstand zwischen Nadel und Schnittfläche wieder gemessen. Der Unterschied zwischen den beiden Ablesungen gibt den Zuwachs innerhalb der Versuchszeit an. Da der Abstand zwischen den Teilstrichen des Okular-Mikrometers bekannt ist, kann der Zuwachs in Millimetern berechnet werden.

Die Methode wurde zur Bestimmung des „Rhizopins“, eines aus dem Pilz *Rhizopus suinus* gewonnenen Wuchsstoffes verwendet. Umfangreichere Versuche mit diesem Test wurden nicht durchgeführt.

Eine ähnliche Methode wurde von SCHEER (1937) beschrieben.

Kritik der Methode: Siehe Bemerkungen zum Geradwachstums-Test von WEINTRAUB (S. 99).

3. Lupinus-Geradwachstums-Test von S. Granick und H. W. Dunham (1938)

Prinzip der Methode: Etiolierten und dekapitierten Hypocotylen von *Lupinus albus* werden bei Tageslicht Agarwürfel (bzw. Lanolinpaste), die den zu testenden Wuchsstoff in bestimmter Konzentration enthalten, aufgesetzt und nach bestimmter Zeit der Längenzuwachs der behandelten Pflanzen gegenüber den Kontrollen bestimmt.

Handhabung der Methode: 12 bis 14 *Lupinus albus*-Samen von ungefähr gleicher Größe werden in 15 cm großen Töpfen in Sand eingepflanzt und verbleiben zur Keimung 6 bis 7 Tage in einem Dunkelraum. Nach dieser Zeit, wenn die Hypocotylen normalerweise eine Höhe von 7 bis 8 cm erreicht haben, werden die Töpfe ins Licht gestellt, die gleichlangen Keimlinge für den Test ausgesucht und die Cotyledonen mit einer scharfen Rasierklinge am Apex der V-förmigen Kerbe, welche die Cotyledonen mit dem Hypocotyl bilden, abgeschnitten. Danach wird genau 1 cm unterhalb der Schnittfläche eine Tuschmarke angebracht und auf die Schnittfläche ein wuchsstoffhaltiger Agarwürfel (bzw. Lanolinpaste) aufgesetzt. Die Töpfe kommen unter Glasstürze mit hoher Luftfeuchtigkeit und werden dem vollen Tageslicht ausgesetzt. Bei niederen Wuchsstoffkonzentrationen können die Kontrollpflanzen, die Agarwürfel (oder Lanolinpaste) ohne Wuchsstoffgehalt aufgesetzt bekommen, in denselben Töpfen stehen wie die behandelten Pflanzen.

Messung: Am Morgen des vierten Tages nach der Wuchsstoffbehandlung wird der Längenzuwachs des markierten, ursprünglich 1 cm langen Hypocotyl-Stumpfes gemessen. Für jede Bestimmung kommen 10 bis 15 Pflanzen zur Verwendung.

Eine *Konzentrations-Wirkungskurve* wurde nicht veröffentlicht. Nach Angaben der Autoren besteht jedoch zwischen dem Logarithmus der Wuchsstoffkonzentration (Indol-3-essigsäure) und dem Längenzuwachs zwischen 100 γ und 0,01 γ eine geradlinige Proportionalität, während sich bei schwächeren Konzentrationen (0,01 γ bis 0,001 γ) die Kurve abrundet.

Kritik der Methode: Es wird das Zellstreckungswachstum gemessen. Die Methode ist nur zur Testung socher Substanzen zu empfehlen, die durch das Tageslicht nicht inaktiviert werden. Ansonsten vergleiche die allgemeinen Bemerkungen zum Geradwachstums-Test von Weintraub (S. 99).

4. Erbsen-Geradwachstums-Test von D. Brain (1941)

Prinzip der Methode: Auf die Schnittfläche dekapitierter Erbsen-Hypocotylen wird Lanolinpaste aufgetragen und darauf das zu testende Material aufgesetzt. Der Längenzuwachs der behandelten Pflanzen gegenüber den Kontrollen wird bestimmt.

Handhabung der Methode: Erbsensamen (Sorte „Danby Stratagem“) werden in 7 cm-Töpfen in Erde gesetzt (drei Samen pro Topf) und ins Licht gestellt, bis sie 3 bis 4 Internodien haben. Das Wachstum der Internodien wird gesondert protokolliert. Die Keimlinge werden sodann in einen dunklen Behälter mit hoher Luftfeuchtigkeit und konstanter Temperatur gestellt. Nach 24 Stunden werden das Wachstum der Internodien erneut gemessen und die Keimlinge für den Test derart präpariert, daß der noch stark wachsende Teil an dem Knoten, unterhalb welchem das Wachstum gerade aufgehört hat, mit einer Rasierklinge abgeschnitten wird. Die Höhe des Hypocotylstumpfes bestimmt man, indem hinter jedem Stumpf eine Millimeterskala aufgestellt wird, auf der die anfängliche Stumpfhöhe und die Topfhöhe markiert werden.

Zum Austreten des Saftes aus den Schnittflächen werden die präparierten Keimlinge für 30 bis 40 Minuten in den Dunkelbehälter gestellt, danach die Schnittflächen der Keimlinge mit Filtrierpapier abgetrocknet, diese mit einer Schicht Lanolinpaste bestrichen und darauf das zu testende Material (z. B. wuchsstoffhaltige Agarwürfel oder Pflanzenteile) aufgesetzt. Sodann kommen die Keimlinge wieder für 24 Stunden in den Dunkelbehälter. Nach dieser Zeit wird die „Schnitthöhe“ der behandelten Hypocotylen erneut gemessen und mit der der Kontrollen verglichen.

Konzentrations-Wirkungskurve wurde keine gegeben.

Kritik der Methode: Der Test kann als eine nur qualitativ arbeitende Schnellmethode verwendet werden.

5. Agrostemma-Test von H. Borriss (1943)

Prinzip der Methode: Auf den oberen Teil des etiolierten Hypocotyls von *Agrostemma githago* wird auf beiden Flanken ein 1 bis 2 mm langer Streifen einer Wuchsstoffpaste aufgetragen. Gemessen wird die gesamte Hypocotyllänge von der Substratoberfläche bis zu einer dicht über dem Cotyledonen-Ansatz liegenden Marke.

Handhabung der Methode: Die Anzucht des Versuchsmaterials erfolgt, indem die nach 24stündigem Vorquellen auf reichlich angefeuchtetem Filtrierpapier gekeimten *Agrostemma*-Samen bei orangerotem Licht etwa 1 cm tief in 18×7,5×6 cm große Holzkästen gepflanzt werden. Die Kästen sind mit mehrmals in dest. Wasser gewaschenem Sand gefüllt. Nach weiteren 48 bis 72 Stunden haben die Keimlinge die für die Durchführung des Testes geeignete Größe erreicht.

Zur Aufrechterhaltung einer hohen Luftfeuchtigkeit werden die Pflanzen unter Dunkelstürzen gehalten. Sie dürfen ausschließlich mit dem orangefarbenen Licht von Osram-15-Watt-Dunkelkammerbirnen beleuchtet werden.

Zur Abgrenzung des Hypocotyls gegen die Cotyledonen müssen (zur Feststellung des Gesamtwachstums) Marken (mit Hilfe einer Suspension von Ruß in Paraffinöl) am Hypocotyl angebracht werden.

Messung: Die Größe wird mit einem kurzen, in Millimeter geteilten Lineal gemessen, wobei der Kastenrand als Nullpunkt dient. Bei einiger Übung läßt sich mit dieser Methode 0,2 bis 0,1 mm noch gut abschätzen. Der Zuwachs wird nach 6, 12 oder 24 Stunden bestimmt.

Die Werte werden aus 20 bis 24 Einzelwerten, erhalten durch Messungen an ebenso vielen Keimlingen, errechnet. Um zwischen den einzelnen Kästen vorhandene Unterschiede möglichst auszugleichen, wird diese Gesamtzahl stets aus zwei in verschiedenen Holzkästen kultivierten Keimlingsreihen zusammengestellt. Jede der beiden entlang der Längskanten gepflanzten Reihen umfaßt 15 Pflanzen. Vor der Messung werden sie durch Entfernung der 5 (bisweilen 3) am meisten vom Durchschnitt abweichenden Keimlinge auf 10 bzw. 12 reduziert.

Die Lanolinpasten, welche den Wuchsstoff enthalten, werden auf dem oberen Hypocotylteil dicht unter der etwaigen Dekapitationsebene in Form zweier gegenüberliegender, 1 bis 2 mm langer Streifen aufgetragen. Gemessen wird die gesamte Hypocotyllänge von der Substratoberfläche bis zu der Ruß-Marke.

Konzentrations-Wirkungskurve: vgl. Abb. 58.

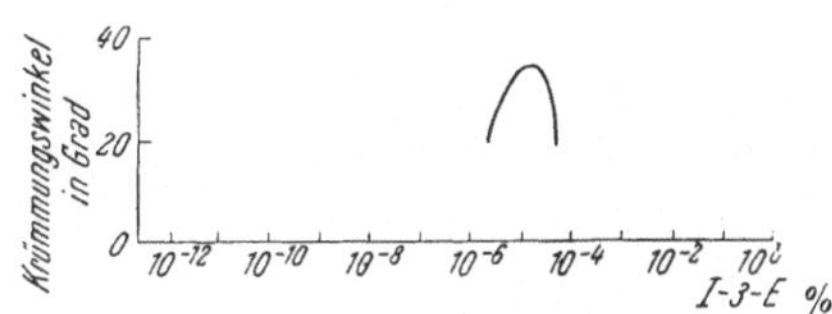

Abb. 58. Konzentrations-Wirkungskurve zum *Agrostemma*-Test von Borriss et al. (Nach Borriss und Bussmann 1939, S. 521)

Der *Agrostemma*-Test kann so modifiziert werden, daß die Wuchsstoffpaste nicht beiderseitig, sondern nur einseitig am Hypocotyl aufgetragen (Borriss 1943) und der Krümmungswinkel bestimmt wird. Ferner kann nach der Art des *Cephalaria*-Testes (S. 65) auf eine apikale schräge Schnittfläche des Hypocotyls ein Agarwürfel mit bestimmtem Wuchsstoffgehalt aufgesetzt und der Krümmungswinkel bestimmt werden (Borriss und Bussmann 1939).

Kritik der Methode: Vergleiche die allgemeinen Bemerkungen zum Geradwachstums-Test von Weintraub (S. 99).

6. Geradwachstums-Test von R. Pohl (1948)

Prinzip der Methode: Auf dekapitierte Koleoptilen von *Avena sativa*-Keimlingen werden Glasröhrchen aufgesetzt, welche die zu testenden Versuchslösungen enthalten. Der Längenzuwachs der Koleoptilen wird mittels eines Horizontalmikroskopes auf einer Skala genau abgelesen.

Handhabung der Methode: Junge Keimpflanzen von *Avena sativa* mit einer Koleoptillänge von 2 bis 2,5 cm werden einzeln mit ihren Wurzeln und dem Korn in feuchtes Filtrierpapier eingeschlagen. Sodann wird die Koleoptile auf einen Maßstab gelegt, der aus zwei 7,5 cm langen und 1 cm breiten Glasstreifen besteht. Einer dieser Glasstreifen trägt feine eingeätzte Linien in Abständen von 1 mm. Oben und unten sind diese Glasstreifen so auf quergelegte Streifen aufgeklebt, daß zwischen ihnen ein Abstand von 3 mm besteht. In diesen Zwischenraum kommt die Koleoptile zu liegen. Die Glasstreifen mit den Keimpflanzen werden anschließend mit Hilfe eines halbierten Korkes auf ein mit dest. Wasser gefülltes Gläschen von 2,5 cm Weite und 7,5 cm Länge aufgeschoben.

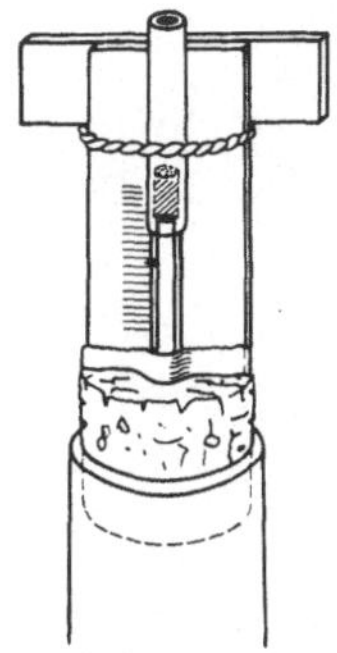

Abb. 59. Koleoptile mit aufgesetztem Glasröhrchen und Maßstab. (Nach Pohl 1948, S. 233)

Den dekapitierten Koleoptilen werden Glasröhrchen mit einem Innendurchmesser von 2 mm aufgesetzt und diese mit den zu testenden Wuchsstofflösungen gefüllt. Jedes Glasröhrchen wird mit einem Faden am Maßstab befestigt (Abb. 59). Etwa 5 mm unterhalb der Schnittfläche der Koleoptile wird mit einer Nadel ein kleiner Vaselintropfen angebracht, der durch Abziehen der Nadel von der Koleoptile in eine feine Spitze ausgezogen wird.

Messung: Die Koleoptilverlängerung wird mittels eines Okularmikrometers durch Messung der Veränderung des Abstandes der Vaselinspitze an der Koleoptile und der nächst gelegenen Markierungslinie am Maßstab gemessen.

Kritik der Methode: Es wird das Zellstreckungswachstum gemessen. Die obige Methode eignet sich nur in beschränktem Ausmaß zur Durchführung größerer Reihenuntersuchungen mit statistischer Auswertung.

7. Helianthus-Geradwachstums-Test von J. C. Fardon, M. T. Maynard und M. M. A. Mc Dowell (1945)

Prinzip der Methode: Auf dekapitierte Hypocotyle von *Helianthus annuus* werden Kapillarröhrchen, die mit der zu testenden Versuchslösung gefüllt sind, aufgesetzt. Der Längenzuwachs der behandelten Hypocotylen wird gemessen.

Handhabung der Methode: Große Keimlinge von *Helianthus annuus* derselben Linie und gleichen Alters werden für die Versuche herangezogen. Die Pflanzen werden in Töpfe, die einen Teil Torf und einen Teil Quarzsand enthalten, gepflanzt. Sowohl das Kulturmedium als auch die Töpfe werden vorher im Autoklaven 20 Minuten hindurch sterilisiert.

Vor dem Einsetzen der Pflanzen wird das Torf-Quarzsandgemisch noch gut mit Knopscher Nährlösung angefeuchtet und daraufhin die Keimlinge 5 mm tief gepflanzt. Die Töpfe kommen sodann in einen Dunkel-Thermostat (bei 27° C und 90% relativer Luftfeuchtigkeit) und sind 90 Stunden nach dem Einpflanzen für den Versuch fertig. Statt einem Thermostat kann auch ein Blechbehälter, der in einen mit Sand gefüllten Trog gestellt wird, verwendet werden. Für Feuchtigkeit sorgt ein mit Wasser gefülltes Gefäß, das sich innerhalb des Blechkastens befindet und das Gestell trägt, auf welches die Pflanzentöpfe gestellt werden. Um die Töpfe aus dem Kasten entnehmen zu können, ist an ihm ein bewegliches Fenster angebracht, durch welches hindurch auch die Längenmessung der Hypocotylen mit Hilfe eines auf einem fahrbaren Gestell montierten Horizontalmikroskopes erfolgen kann.

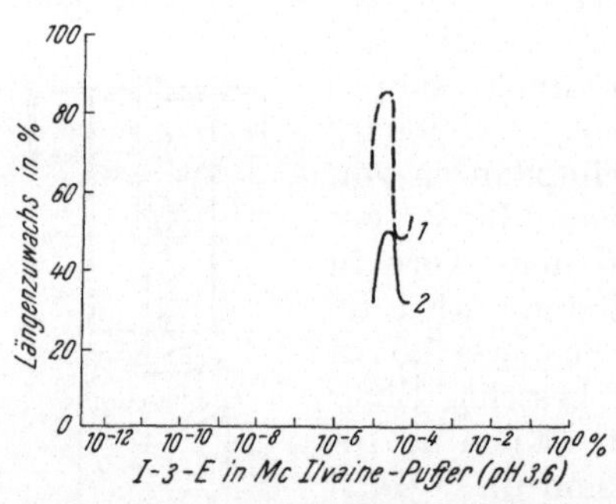

Abb. 60. Konzentrations-Wirkungskurve zum *Helianthus*-Geradwachstums-Test von Fardon et al. *1* Nach 72 Stunden, *2* nach 24 Stunden. (Nach Fardon, Maynard und McDowell 1945, S. 222)

Die Keimlinge werden 5 mm unterhalb der Basis der Cotyledonen dekapitiert, da die Zellstreckung nur in einer Zone von 5 bis 15 mm unterhalb der Basis der Cotyledonen stattfindet. Diese Zone wird durch die obere Schnittfläche und durch eine 10 mm tiefer angebrachte Markierung mittels einer feinen Nadel (von *Bivonia stimulosa*) gekennzeichnet. Auf das dekapitierte Hypocotyl wird ein steriles, dünnwandiges Pyrex-Kapillarröhrchen mit 3 mm Durchmesser und 15 mm Länge aufgesetzt. Der untere Rand des Röhrchens wird mit einem Klebemittel abgedichtet, um das Ausfließen der Versuchslösung aus der Kapillare zu verhindern. Sodann werden die Röhrchen mit Hilfe einer Mikropipette mit den Versuchslösungen gefüllt. Jede Arbeit an den Keimlingen darf ausschließlich bei rotem, phototropisch unwirksamem Licht geschehen.

Messung: Die Längenmessungen werden mit Hilfe eines Horizontalmikroskops mit einer Vergrößerung von 32× und einem Meßbereich von über 100 mm durchgeführt. Es wird der Abstand zwischen der Schnittoberfläche und der Nadelansatz-Stelle gemessen. Die Abmessungen erfolgen jeweils zu Versuchsbeginn, dann 24, 48 und 72 Stunden später. Der prozentuelle Längenunterschied gegenüber der Anfangslänge wird für jeden Zeitpunkt ermittelt.

Konzentrations-Wirkungskurve: vgl. Abb. 60.

Kritik der Methode: Vergleiche die Bemerkungen über Geradwachstums-Teste auf S. 99.

8. Lupinus-Test von M. J. Dijkman (1934)

Prinzip der Methode: Auf dekapitierte *Lupinus*-Keimlinge werden Agarwürfel, welche Wuchsstoffe in bestimmter Konzentration enthalten, aufgesetzt; nach bestimmter Zeit wird der Längenzuwachs mittels eines Kathetometers bestimmt.

Handhabung der Methode: Als Versuchspflanzen dienen etiolierte Keimlinge einer reinen Linie von *Lupinus albus* und *L. angustifolius*. Die Samen werden ohne Vorquellen in Tongefäße mit feuchtem Sägemehl eingesetzt, und zwar so, daß die sich bildende Hauptwurzel nach unten wächst. Die Gefäße werden sodann in einem temperatur- und feuchtigkeitskonstanten Dunkelraum aufgestellt. Für die Wachstumsmessungen kommen 6 Tage alte Keimlinge zur Verwendung. Von jeder Pflanze wird die Spitze mit den Cotyledonen abgeschnitten und auf die Schnittfläche ein wuchsstoffhaltiger Agarwürfel aufgesetzt. Die so präparierten Keimlinge, denen mittels einer scharfen Rasierklinge auch die Wurzeln entfernt werden, kommen in Glasröhren, die mit Messingklammern festgeklemmt werden. Je zwölf solcher Klammern werden nebeneinander auf einen Messingstab aufgelötet und in ein mit Wasser gefülltes Zinkgefäß eingestellt.

Messung: Die Bestimmung des Längenwachstums erfolgt mit Hilfe des Kathetometers (ein von VAN OVERBEEK 1933 verwendetes Längen-Meßgerät). Wegen der Undurchsichtigkeit der Objekte müssen seitlich am Hypocotyl rechtwinkelige Stanniolmarken (DU BUY 1936) befestigt werden. Es wird der Längenzuwachs der behandelten Hypocotylen gegenüber den Kontrollen bestimmt.

Kritik der Methode: Vergleiche die allgemeinen Bemerkungen auf S. 99

9. Interferometrische Methode von H. Linser (unveröffentlicht)

Prinzip der Methode: Aus dekapitierten Hafer-Koleoptilen wird das Primärblatt entfernt und der Hohlraum mit einer Wuchsstofflösung bestimmter Konzentration gefüllt. Der Längenzuwachs wird interferometrisch gemessen.

Handhabung der Methode: Meissner (1929, 1932), Laibach (1932) und Kornmann (1932) haben eine Apparatur entwickelt, die eine Messung des Längenwachstums von Pflanzen in kürzesten Zeitabständen auf interferometrischer Grundlage ermöglicht. Linser (unveröffentlicht) benutzte dieses „Wachstums-Interferometer" zur Messung wuchsstoffinduzierter Wachstumsveränderungen an *Avena*-Koleoptilen. Er füllte

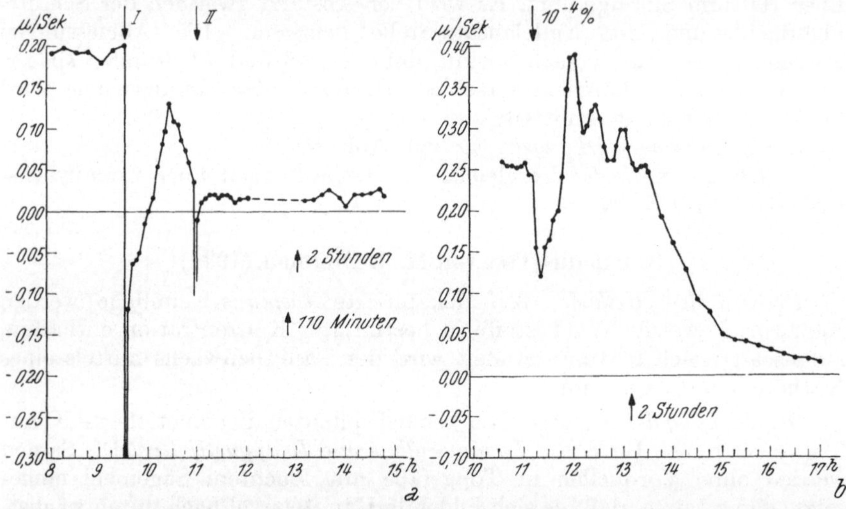

Abb. 61. Interferometrische Methode. *a* Wachstumsgeschwindigkeit einer am Vortag in das Interferometer eingesetzten, zu Versuchsbeginn 25 m langen Koleoptile während der Vorbehandlung und der Versuchsdauer im Went-Test mit zweimaliger Dekapitation (↓ *I* 5 mm Spitze; ↓ *II* 2 mm Stumpf). (Nach Linser, unveröffentlicht). *b* Wachstumsgeschwindigkeit einer zu Versuchsbeginn 21 mm langen Koleoptile während eines Versuches mit einmaliger Dekapitation (↓) und anschließendem Einfüllen einer 10^{-4} %igen Lösung von Indol-3-essigsäure. (Nach Linser, unveröffentlicht)

mit Hilfe einer Injektionsspritze dekapitierte Koleoptilen, aus welchen das Primärblatt entfernt wurde, mit Wuchsstofflösungen bestimmter Konzentration vollständig an und deckte die Schnittfläche der Koleoptile mit einem Deckglassplitter ab. Mit Hilfe dieser Methode gelang es, noch Wachstumsänderungen von 1/20 μ festzustellen. Auf Abb. 61 sind Zeitdiagramme, wie sie mit dem Interferometer erhalten werden können, wiedergegeben. Abb. 61a stellt das Diagramm einer zweimalig dekapitierten Koleoptile und Abb. 61b das Diagramm einer mit 10^{-4}%iger Indol-3-essigsäure-Lösung gefüllten Koleoptile dar.

Aus den Abbildungen ist zu entnehmen, daß die Apparatur überaus fein und exakt auf Wachstumsveränderungen, sei es auf eine durch

Dekapitation hervorgerufene Wachstumshemmung bzw. eine wuchsstoffinduzierte Wachstumsförderung, anspricht und daher gerade in der Wuchsstofforschung gut eingesetzt werden könnte.

Da jedoch die Handhabung der Methode verhältnismäßig schwierig und zeitraubend ist und jeweils nur einzelne Pflanzenindividuen in das Interferometer eingespannt werden können, die Apparatur somit die gesamte Versuchszeit hindurch nur von einer einzigen Pflanze besetzt ist, eignet sich die Methode nicht für statistische Untersuchungen bzw. zur Bestimmung gesicherter Mittelwerte.

10. Koleoptilzylinder-Test von J. Bonner (1933)

Prinzip der Methode: 3 mm lange *Avena*-Koleoptilstücke werden in Wuchsstofflösungen bestimmter Konzentration eingelegt, nach bestimmter Zeit wird der Längenzuwachs gemessen.

Handhabung der Methode: Zur Verwendung kommen Haferkeimlinge der reinen Linie „Siegeshafer". Die Pflanzen werden bei Dunkelheit in Sand bei 25° C und 85 bis 90% relativer Luftfeuchtigkeit herangezogen. Die Koleoptilen vier Tage alter Keimlinge werden sodann 3 bis 5 mm weit dekapitiert, und 2 Stunden danach mit einer speziellen Schneidevorrichtung in 3,1 mm lange Stücke zerschnitten. Aus jeder Koleoptile werden nur zwei solcher Stücke knapp unterhalb der Dekapitationsebene herausgeschnitten. Diese werden in die zu testende Wuchsstofflösung von bestimmter Konzentration eingelegt.

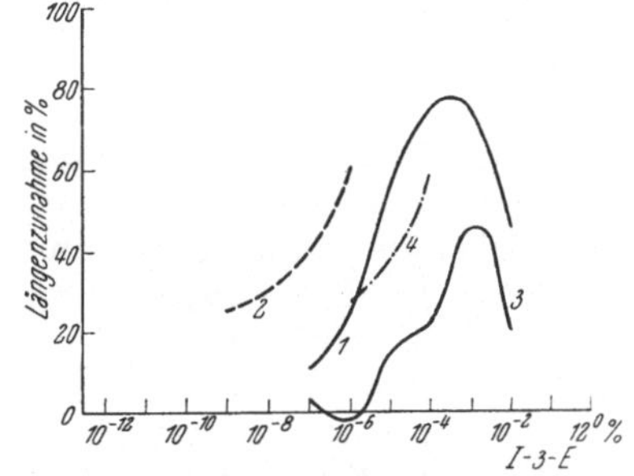

Abb. 62. Konzentrations-Wirkungskurven zum Koleoptilzylinder-Test von BONNER. *1* Nach BONNER 1949, Abb. 4. *2* Nach RIETSEMA 1950, Tab. 3. *3* Nach JOST und REISS 1936, S. 341. *4* Nach BENTLEY 1950, S. 209

Messung: Die Längenmessung der Schnitte kann so erfolgen, daß diese entweder auf Glasplatten gelegt und mit einem Binokular (Vergrößerung 12×) mit Okularmikrometer abgemessen werden, oder daß die Koleoptilstücke auf feine Glasstifte aufgezogen werden und mit Hilfe eines Horizontalmikroskops der Längenzuwachs bestimmt wird. Die Längendifferenz der behandelten Koleoptilstücke gegenüber den Kontrollen wird bestimmt.

Konzentrations-Wirkungskurve: vgl. Abb. 62, Kurve *1*.

Kritik der Methode: Es handelt sich um einen häufig verwendeten Zellstreckungstest, der sich für größere Reihenuntersuchungen mit statistisch gesicherten Mittelwerten, insbesondere aber in Verbindung mit chromatographischen Methoden besonders eignet. Die großen Vorteile des Zylinder-Testes sind seine verhältnismäßig einfache Handhabung sowie seine relativ hohe Empfindlichkeit.

Wie bei allen Geradwachstums-Testen vermittelt der Zylinder-Test keinen unmittelbaren Eindruck vom Ausmaß der Wuchsstoffwirksamkeit, wie dies z. B. bei den Krümmungs-Testen der Fall ist. Ein subjektiverer Eindruck entsteht allerdings, wenn eine Versuchsreihe photographisch festgehalten wird. Ein Nachteil des Testes ist, daß mit ihm praktisch nur wasserlösliche Substanzen getestet werden können. Da die Koleoptilzylinder extrem wuchsstoffarm sind, daher nur ein geringes Eigenwachstum besitzen, ist der Test zur Bestimmung von Hemmstoffen kaum geeignet bzw. es ergeben sich gegenüber den Förderungswerten unverhältnismäßig niedrige Hemmwerte.

11. Koleoptilzylinder-Test von L. Jost und E. Reiß (1936)

Prinzip der Methode: Aus dekapitierten *Avena*-Koleoptilen werden 20 mm lange Teilstücke herausgeschnitten und invers in Wuchsstofflösungen eingestellt. Der Längenzuwachs wird gemessen.

Handhabung der Methode: Die im Dunkeln aufgewachsenen, etwa 2 bis 4 cm langen *Avena*-Koleoptilen werden rasch bei Licht 2 mm weit dekapitiert, oberhalb des Samens abgeschnitten und diese Teilstücke von oben her nochmals bis auf 20 mm zugeschnitten. Darauf werden je 10 Stück der Koleoptilzylinder in einen niedrigen Glaszylinder invers in etwa 2 ccm der Wuchsstofflösung eingestellt. Werden die Schnitte seitlich leicht benetzt, so kleben sie am Glasrand fest und können in eine senkrechte Lage gebracht werden. Krümmungen treten in der Regel in so geringem Maße auf, daß sie die Messung nicht erschweren. Während der Versuchsdauer (meist 24 Stunden) befinden sich die Koleoptilzylinder in einem dunklen temperaturkonstanten (24 bis 25° C) Raum.

Messung: Die Längenmessung der einzelnen Koleoptilstücke erfolgt mittels eines Millimetermaßstabes. Die Längenzunahme der behandelten Zylinder gegenüber den in Wasser gehaltenen Kontrollen wird als Maß für die Wuchsstoffwirksamkeit des betreffenden Stoffes ausgewertet.

Konzentrations-Wirkungskurve: vgl. Abb. 62, Kurve *3*.

Kritik der Methode: Vergleiche allgemeine Bemerkungen zu den Zylinder-Testen auf S. 107 und 109.

12. Koleoptilzylinder-Test von J. A. Bentley (1950)

Prinzip der Methode: Der Test stellt einen Kompromiß zwischen dem Zylinder-Test von Bonner (vgl. S. 107) und dem von Jost und Reiss (vgl. oben) dar: Aus dekapitierten *Avena*-Koleoptilen werden 10 mm lange Stücke herausgeschnitten und in wuchsstoffhaltige Lösungen eingelegt. Der Längenzuwachs der Zylinder wird gemessen.

Handhabung der Methode: Entspelzte Haferkörner werden zum Keimen auf nassem Filtrierpapier in Petrischalen für 48 Stunden bei einer Temperatur von 25° C ausgelegt. Während dieser Zeit werden die Körner mit rotem Licht beleuchtet, um das Auswachsen der Mesocotylen zu unterdrücken. Das weitere Wachstum soll sich in Dunkelheit in einem temperatur- und feuchtigkeitskonstanten Raum vollziehen. (Eine etwas abgewandelte Anzuchtmethode ist die, daß unentspelzte Haferkörner in groben Sand bei 85% relativer Luftfeuchtigkeit und einer Temperatur von 25° C eingesetzt und beim Erscheinen der Keimlinge 48 Stunden mit rotem Licht beleuchtet werden.) 76 Stunden nach dem Aussäen sind die Koleoptilen etwa 1,5 cm lang und für den Test verwendbar.

Gleichlange Koleoptilen werden ausgewählt, von ihren Mesocotylen befreit und zu je 10 Stück auf nasse Objektträger, die Koleoptilspitzen genau entlang des Glasrandes orientiert, aufgelegt. Die Koleoptilen werden danach mit einem speziellen Messer 3 mm weit dekapitiert und aus jeder Koleoptile ein 10 mm großes Stück abgeschnitten. Um geotropische Krümmungen zu verhindern, werden die Schnitte auf Glas-Kapillaren aufgezogen und in die Testlösungen eingelegt. Zur Verhinderung der geotropischen Krümmungen der Koleoptilstücke ohne Einführen einer Glaskapillare geben HANCOCK und BARLOW (1953) eine Methode an, wobei die Gefäße, in denen sich die Koleoptilzylinder befinden, auf eine rotierende Trommel (2 Umdrehungen pro Stunde) montiert werden.

Da es für manche Versuche erwünscht ist, mit möglichst geringen Mengen an Testlösung zu arbeiten, werden 12 Schnitte in kleine Petrischalen, die 10 ccm der Versuchslösung enthalten, eingelegt und die Schnitte 24 Stunden lang bei einer Temperatur von 25° C in diesen Lösungen gelassen. Alle Manipulationen werden im phototropisch unwirksamen Licht (etwa 550 mμ) durchgeführt.

Messung: Die Längenbestimmung der Koleoptilzylinder erfolgt mittels eines Meßmikroskopes auf 0,5 mm genau. Der Längenzuwachs der behandelten Zylinder gegenüber der Endlänge der Kontrollen wird in Prozenten bestimmt.

Konzentrations-Wirkungskurve: vgl. Abb. 62, Kurve *4*.

Kritik der Methode: Vergleiche allgemeine Bemerkungen zu Koleoptilzylinder-Testen auf S. 107.

Da es zur Steigerung der Empfindlichkeit des Testes günstig ist, wenn die Kontrollkoleoptilen nur geringes Wachstum zeigen, in den ersten Stunden nach dem Einlegen der Schnitte in die Lösungen (bzw. Wasser) aber eine durch osmotische Wasseraufnahme bedingte Verlängerung der Schnitte erfolgt, schlägt RIETSEMA (1950) vor, erst 6 Stunden nach dem Einlegen der Schnitte in reines Wasser die Wuchsstofflösungen zuzugeben. Durch die Reduktion des Eigenwachstums der Kontrollen wird eine erhöhte Empfindlichkeit des Zylinder-Testes erreicht, so daß es dadurch möglich wird, noch Mengen von 10^{-5}mg/l zu bestimmen (vgl. Abb. 62, Kurve *2*).

THIMANN und W. D. BONNER (1948) und BENTLEY (1950) fanden, daß untergetauchte Schnitte langsamer wachsen als schwimmende und außerdem eine größere Variabilität zeigen (BENTLEY), BONNER (1933), SCHNEIDER (1938) und KIERMAYER (1956) konnten dagegen diesen Unterschied nicht feststellen. Nach BENTLEY und HOUSLEY (1954) wachsen 10 mm-Schnitte bei Durchlüftung deutlich schneller als solche, die nur auf der Oberfläche schwimmen. Nach den beiden Autoren wird jedoch die Empfindlichkeit des Testes durch das Durchlüften nicht gesteigert.

Manche Autoren schneiden von einer Koleoptile mehrere Zylinder heraus. Wie SCHNEIDER (1938) und BENTLEY (1950) zeigen, nimmt jedoch sowohl das Wachstum der Kontrollen wie auch die Wirkung des zugeführten Wuchsstoffes mit der Entfernung des Schnittes von der Koleoptilspitze ab. Da außerdem die Variabilität des Testes ansteigt, wird empfohlen, nur einen Schnitt aus der Wachstumszone jeder Koleoptile herauszuschneiden. Vorheriges Dekapitieren oder auch mehrstündiges Durchwässern der Schnitte in einer Zuckerlösung oder reinem Wasser hat nach BENTLEY und anderen Autoren keine Empfindlichkeitssteigerung des Testes zur Folge. Von einigen Autoren wird dagegen vorgeschlagen, Zucker oder andere Substanzen wie Arginin und Mangan der Testlösung zur Steigerung des Wachstums der Koleoptilschnitte zuzugeben. Die optimale Rohrzuckerkonzentration beträgt dabei nach BONNER (1949) 2 bis 3 %. Nach BENTLEY (1950) und BENTLEY und HOUSLEY (1954) wird jedoch die Variabilität durch den Zuckerzusatz erhöht. Kaliumchlorid vermindert das Wachstum der Schnitte. Zur Testung von Hemmstoffen schlagen BENTLEY und HOUSLEY (1954) vor, anstatt Koleoptilschnitten aus Hafer solche aus Weizen zu verwenden, da bei diesen das Wachstum der Kontrollen mehr als zweimal so groß ist als bei Hafer.

Auch das Volumen an Testlösung hat auf den Erfolg des Testes großen Einfluß. Nach BENTLEY und HOUSLEY (1954) darf dieses nicht zu niedrig gewählt werden und soll (nach SCHNEIDER 1938) wenigstens 0,4 ccm pro 30 Stück 3 mm-Schnitte betragen.

Der pH-Wert der Testlösung ist beim Koleoptilzylinder-Test von großer Wichtigkeit (POHL 1948). Ein Natriumacetat-Puffer nach MICHAELIS mit einem pH-Wert von 4,7 bis 5,1 in zehnfacher Verdünnung brachte optimale Resultate. Besonders Pflanzenextrakte sollen bei ihrer Testung stets auch eine Pufferlösung erhalten.

Mit Hilfe des Weizen-Koleoptil-Testes konnten jüngst BRIAN, HEMMING und RADLEY (1955) eine starke zellstreckungsfördernde Wirkung von Gibberellinsäure bei einer Konzentration von 10^{-6}% feststellen. Sie konnten ferner zeigen, daß Gibberellinsäure das Wachstum von Seitensprossen fördert, das Wurzelwachstum von Kressepflanzen nicht hemmt und auf die Zellteilung nicht stimulierend wirkt. Gibberellinsäure scheint somit ein Zellstreckungswuchsstoff zu sein, der jedoch von der Wirkungsweise der Indol-3-essigsäure verschieden ist.

13. Modifizierter Koleoptilzylinder-Test von R. Pohl (1948, 1953)

Prinzip der Methode: Aus dekapitierten Avena-Koleoptilen werden wie beim Zylinder-Test von BONNER (vgl. S. 107) 3 mm lange Zylinder herausgeschnitten und diese mit Wuchsstofflösungen behandelt. Der Längenzuwachs der Schnitte wird bestimmt.

Handhabung der Methode: Entspelzte Körner von Svalöfs Siegeshafer werden 2 Stunden lang in dest. Wasser vorgequollen und danach für 24 Stunden zwischen feuchtem Filtrierpapier zur Keimung ausgelegt. Die gleichmäßig gekeimten Körner werden von den übrigen sortiert und einzeln in kleinen Gläschen (1,5 cm Durchmesser und 5 cm Höhe), die zur Hälfte mit dest. Wasser gefüllt sind, zwischen Filtrierpapier weiter kultiviert. Nach weiteren 24 Stunden wird das Korn vom Keimling entfernt. 12 Stunden später haben die Koleoptilen eine Länge von 15 bis 20 mm erreicht; sie werden nun 2 bis 3 mm weit dekapitiert und können nach 2 Stunden für den Test verwendet werden. Die gesamte Anzucht der Keimlinge erfolgt in einem Dunkelraum bei einer konstanten Temperatur von 26° C $\pm$ 0,5°.

Aus der Streckungszone der Koleoptilen wird, am besten mit einer Schablone, ein 3 mm langer Zylinder herausgeschnitten, bei dem die Schnittflächen für eine genaue Längenmessung nicht gerade, sondern in einem Winkel zueinander stehen.

Die so präparierten Schnitte werden auf dünne Glasstäbchen, an die für jeden Zylinder ein kleiner Tropfen Wollfett angebracht ist, aufgezogen. Das Wollfett dient dazu, die Koleoptilzylinder in einer bestimmten Lage, und zwar so, daß die kleinste und größte Länge der keilförmigen Zylinder seitlich gelegen ist, zu fixieren. Auf einem winkelig aufgebogenen Glasstab werden vier dieser dünnen Glasstäbchen mit Picein aufgekittet. Auf den Glasstab-Rahmen, der auf seiner Unterseite plan geschliffen ist, werden 12 der dünnen Glasstäbchen mit den Koleoptilzylindern aufgeklebt und der Rahmen sodann in eine plangeschliffene Küvette ($4\times 4\times 2$ cm), die 20 ccm der zu testenden Versuchslösung enthält, eingestellt. Die Küvetten, welche die Koleoptilzylinder enthalten, werden 4 Minuten an der Wasserstrahlpumpe entlüftet.

Die Küvetten, von denen für einen Versuch 5 Stück zur Verfügung stehen sollen und die mit einem angefeuchteten Bierfilz abgedeckt werden, sollen so zugeschliffen sein, daß die aufgeklebten Glasstäbchen mit den auf ihnen aufgereihten Koleoptilzylindern gleich hoch liegen.

Die Längenmessung der Zylinder erfolgt nach photographischen Aufnahmen, die in bestimmten Zeitintervallen mittels einer Kleinbildkamera bei durchfallendem Rotlicht im Maßstab 1:1 hergestellt werden. Der Autor verwendet zur Herstellung der Photos den Beleuchtungsteil eines Vergrößerungsapparates, der um 180° gedreht ohne Objektiv am Stativ befestigt wird. Oberhalb des Kondensors befindet sich eine Drehscheibe, die 5 Ausschnitte ($2{,}5\times 3{,}5$ cm) enthält, auf welche die Küvetten gestellt und über den Beleuchtungsteil gedreht werden können. Über den Küvetten wird in einem bestimmten Abstand eine Kleinbildkamera am Stativ befestigt.

Messung: Die Längenmessung der Koleoptilzylinder geschieht an Hand des Filmes mittels eines Mikroskopes mit Okularmikrometer. Der Film wird dazu am besten mit der Schichtseite nach oben zwischen zwei Glasplatten eingespannt, von denen die eine obere auf der Seite, die dem Film anliegt, ein Gitternetz (in 1 mm Abständen) eingeritzt hat.

Für die Möglichkeit, daß keine photographische Einrichtung zur Verfügung steht, beschreibt Pohl (1948) eine einfache Anordnung zur Messung der Längenveränderung von Koleoptilzylindern: Auf einem Glasstab von 0,4 bis 0,5 mm Stärke werden sieben oder acht 3 mm lange

Koleoptilzylinder aufgezogen. Außerdem wird auf den Glasstab oberhalb der Zylinder eine Glaskapillare von 10 mm Länge und darüber ein kleines Bleigewicht von 800 mg, welches auf einer Seite eine feine Nadelspitze trägt, aufgereiht (vgl. Abb. 63). Der mit Koleoptilzylindern, Kapillare und Bleigewicht versehene Glasstab wird in eine kleine Glasöse am unteren Teil eines Maßstabes eingeschoben und am oberen Ende desselben mit einem Klebemittel befestigt. Auf die Millimetereinteilung des Maßstabes kommt die Nadel des Bleigewichtes zu liegen, die durch einen schrägen Schliff der Glaskapillare in dieser Lage gehalten wird. Die beschickte Glaskapillare wird in eine größere Glasröhre (2,5 cm Durchmesser und 7,5 cm Höhe), die so weit mit Testlösung gefüllt wird, daß die Kapillare bis zur Hälfte in die Lösung eintaucht, eingehängt. Es ist zweckmäßig, zum schnelleren Eindringen der Versuchslösung die Koleoptilzylinder vor der ersten Messung bei einem Unterdruck von 450 mm Quecksilber 5 Minuten lang zu entlüften.

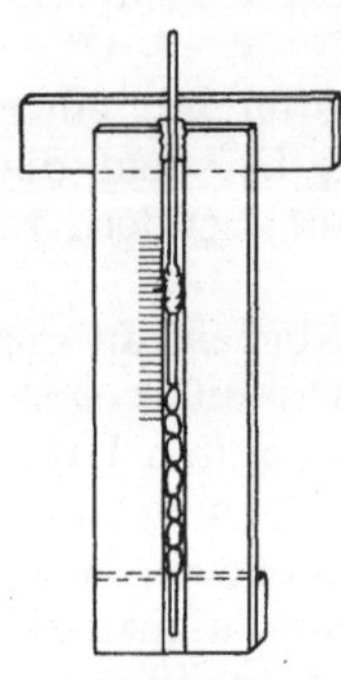

Abb. 63. Versuchsanordnung beim Koleoptilzylinder-Test von POHL. (Nach POHL 1948, S. 236)

Die Längenmessung erfolgt in Abständen von 15 zu 15 Minuten mit Hilfe eines Horizontalmikroskopes, indem der Abstand der Nadelspitze in Okularteilstrichen (1 mm = 42 Okularteilstriche) bestimmt wird.

Kritik der Methode: Vergleiche allgemeine Bemerkungen zu Koleoptilzylinder-Testen auf S. 107 und 109. Die Methode, bei der mehrere Koleoptilzylinder auf eine Glaskapillare aufgereiht werden, hat den Nachteil, daß nicht die Längenänderung jedes einzelnen Koleoptilzylinders gemessen werden kann, somit die Bestimmung eines Mittelwertes nicht möglich ist.

14. Modifizierter Koleoptilzylinder-Test von O. Kiermayer (1956)

Prinzip der Methode: Aus *Avena*-Koleoptilen werden wie beim Koleoptilzylinder-Test von BONNER (S. 107) 3 mm lange Zylinder herausgeschnitten. Die Schnitte werden in wässerige Wuchsstofflösungen eingelegt und der Längenzuwachs an Hand photographischer Aufnahmen bestimmt.

Handhabung der Methode: Zur Verwendung kommt reines Hafer-Saatgut der Sorte „Flämingsgold“ oder „Flämingstreue“. Die Anzucht der Keimlinge erfolgt in der gleichen Weise wie beim Pasten-Test von LINSER (S. 79), indem die vorgequollenen Haferkörner in einem Dunkelraum bei 23±0,5° C auf mit Filtrierpapier bespannte Glasplatten aufgesteckt werden. Haben die Keimlinge eine Länge von 20 bis 25 mm erreicht, werden sie zum Test verwendet. Koleoptilen mit weniger als 20 mm Länge zeigen ein starkes Eigenwachstum der Kontrollen und sind so für den Test unbrauchbar.

Mittels einer scharfen Rasierklinge werden die Keimlinge vom Korn getrennt und das Primärblatt von unten her aus der Koleoptile gezogen.

Dies geschieht so, daß einige Millimeter von der Abschnittstelle entfernt ein leichter Einschnitt in die Koleoptile gemacht wird und das untere Koleoptilstück durch leichtes Drehen vom Primärblatt abgezogen werden kann. Letzteres ragt nun frei aus dem unteren Teil des Koleoptilschaftes heraus und kann durch vorsichtiges langsames Ziehen aus demselben herausgezogen werden. Die primärblattlosen Koleoptilen werden in die auf Abb. 64b dargestellte Schneidevorrichtung eingelegt. Diese besteht aus einer Messingplatte mit 10 etwa 2 mm breiten Rillen zum Aufnehmen der Koleoptilen. Quer zu diesen Rillen verlaufen drei feine Spalten, die *genau* 3 mm weit voneinander entfernt sind und als Führung für 3 Rasierklingen, welche in 3 mm-Abständen voneinander in einem kippbaren Halter montiert sind, dienen. Alle Messingteile der Schneidevorrichtung sind, um eine Verunreinigung der Koleoptilschnitte durch das Metall zu verhindern, mit Zaponlack gestrichen.

In die 10 Rillen der Schneidevorrichtung werden die primärblattlosen Koleoptilen eingelegt und durch Abwärtsdrücken des Halters gleichzeitig 20 Koleoptilzylinder, d. h. aus der Streckungszone jeder Koleoptile 2 Zylinder, herausgeschnitten. Beim Hochheben des Halters bleiben die für den Test verwendbaren Zylinder zwischen den Rasierklingen stecken und können von dort mittels einer kleinen Schaufel direkt in die Versuchsgläschen eingeführt werden. Die in den Rillen zurückbleibenden unteren Koleoptilstücke sowie die Koleoptilspitzen, die häufig auch an der Außenseite der Rasierklingen haften bleiben, werden mit einem Pinsel aus den Rillen bzw. von den Rasierklingen entfernt und verworfen.

Die zwanzig genau 3 mm langen Zylinder werden in Gläschen (28 mm Durchmesser und 20 mm Höhe), die maximal 1 ccm der zu testenden wässerigen Versuchslösung enthalten, eingelegt, sodann 5 Minuten lang in einem Exsikkator entlüftet und schließlich unter Dunkelstürzen bei $23 \pm 0{,}5°$ C aufgestellt. Vor dem Test werden die Gläschen mit einem Schleifstein oder mit Flußsäure am oberen Rand aufgerauht, so daß sie leicht mit Bleistift beschriftet werden können.

Nach 24 Stunden werden die Zylinder in bereits vorbereitete und entsprechend den Versuchsgläschen beschriftete Plättchen ($37 \times 40 \times 3$ mm) mit aufgeklebtem Ring (25 mm Durchmesser und 7 mm Höhe) aus Plexiglas (Abb. 64c) eingelegt und so geordnet, daß kein Zylinder den anderen berührt. Die Koleoptilzylinder müssen vor dem Einlegen in die Plexi-Ringe an ihrer Oberfläche vollkommen trocken sein, was am schnellsten so erreicht wird, daß die Zylinder mit der Versuchslösung aus den Gläschen auf ein Filtrierpapier ausgegossen werden und von dort, wenn sie oberflächlich trocken sind, mit einer weichen Pinzette oder Glasstift in die Plexi-Ringe gelegt werden.

Die Plexi-Plättchen mit den Koleoptilschnitten passen genau in die Öffnung eines Diapositiv-Gerätes von Leitz, aus welchem vorher das Glas zum Andrücken des Filmes entfernt worden war (vgl. Abb. 64a). In dieses Diapositiv-Gerät wird ein womöglich orthochromatischer Film (z. B. Ferrania-Positiva, Grana fine) eingelegt, das Plexi-Plättchen mit

Abb. 64. Modifizierter Koleoptilzylinder-Test von KIERMAYER. *a* Diapositivgerät zum Einlegen der Plexiglasringe. *b* Schneidevorrichtung für die Koleoptilzylinder. *c* Versuchsanordnung mit Kulturschälchen und Plexiglasringen, in welchen die Koleoptilzylinder sichtbar sind. *d* Schattenbildaufnahmen einer Versuchsreihe mit Indol-3-essigsäure (10^{-1} % bis 10^{-6} %) und Kontrolle (K_2), wie sie mit dem Diapositivgerät erhalten werden

den Koleoptilzylindern in das Diapositiv-Gerät eingespannt und von oben her mit dem Licht aus einem hochgestellten Vergrößerungsapparat belichtet (Belichtung mit zerstreutem Licht gibt unscharfe Kontaktbilder).

Messung: Nach der Entwicklung und Trocknung des Filmes (Abb. 64d) wird dieser in ein Leitz-Lesegerät mit konstanter Vergrößerung eingespannt und an Hand der projizierten, stark vergrößerten Negative die Längenmessung der Zylinder mit Hilfe eines Millimeter-Meß-Streifens vorgenommen. Als Versuchsergebnis dient der Wert „Z%", d. h. der prozentuelle Längenzuwachs der behandelten Koleoptilzylinder gegenüber dem Längenzuwachs der Wasser-Kontrollen.

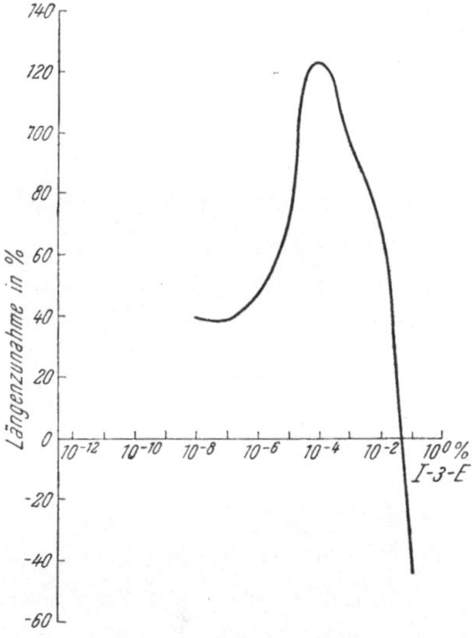

Abb. 65. Konzentrations-Wirkungskurve zum modifizierten Koleoptilzylinder-Test von KIERMAYER. Kurvenpunkte erhalten aus zehn zu verschiedenen Zeiten durchgeführten Versuchen. Ordinate: Längenzunahme der behandelten Zylinder in % gegenüber der Längenzunahme der Kontrollen

Konzentrations-Wirkungskurve: Wird auf der Abszisse der Logarithmus der Wuchsstoffkonzentration (Indol-3-essigsäure), auf der Ordinate der prozentuelle Zuwachs der behandelten Zylinder gegenüber dem Zuwachs der Kontrollen aufgetragen, so ergibt sich eine hohe eingipfelige Kurve (Abb. 65), die bei einer Konzentration von 10^{-4}% Indol-3-essigsäure ihr Maximum (bei Z % = 120) erreicht und bei 10^{-1} % in den Hemmbereich auf −43% abfällt. Die mittlere Abweichung der Zuwachswerte von 20 Koleoptilzylindern bei einem gleichzeitig durchgeführten Versuch liegt zwischen ±21,5 und ±8 %. Die Fehler der Mittelwerte von zehn zu verschiedenen Zeiten durchgeführten Versuchen liegen zwischen ±24,4 und ±2,6 %.

Kritik der Methode: Der Test ist dort einsetzbar, wo nur geringste Substanzmengen (es genügen bereits 0,5 ccm der Lösung) vorliegen und hohe Empfindlichkeit gefordert wird (z. B. bei allen chromatographischen Untersuchungen). Bei der Durchführung des Testes in der oben angegebenen Weise werden gegenüber anderen Methoden sehr hohe Förderungswerte (bei Verwendung von Indol-3-acetonitril oft bis zu 160 bis 170 %) erzielt. Ein Nachteil, der allen Koleoptilzylinder-Testen anhaftet, ist auch hier, daß nur wässerige Lösungen getestet werden können. Der Test ist außerdem gegenüber äußeren Faktoren überaus empfindlich, so daß es notwendig erscheint, vor seiner routinemäßigen Handhabung erst die jeweils optimalen Bedingungen ausfindig zu machen.

C. Wurzelwachstums-Teste

1. Kressewurzel-Test von F. Moewus (1949 a, b)

Prinzip der Methode: Kresse-Keimlinge *(Lepidium sativum)* werden auf Filtrierpapier, welches mit der zu untersuchenden Lösung getränkt ist, ausgelegt und der Längenzuwachs der Primärwurzel gemessen.

Handhabung der Methode: Als Material eignen sich Kressesamen (Samenzüchter Karl Hild, Marbach am Neckar), welche wenigstens 5 Monate lang gelagert haben, aber nicht älter als 3 Jahre sein sollen. 18 bis 24 Stunden vor dem Beginn des Testversuches werden etwa 100 Samen auf eine doppelte Lage Filtrierpapier (Schleicher und Schüll Nr. 595) in 9 cm-Petrischalen (welche vorher 2 Stunden lang bei 150° C im Trockenschrank gehalten wurden und 6 ccm doppelt dest. Wasser enthalten) ausgelegt (Abb. 66a). Die Samen werden dabei mit einer Pinzette so geordnet, daß sie sich gegenseitig nicht berühren. Die Schalen mit den Samen kommen in einen thermokonstanten Raum von 27° C und werden in Dunkelheit gebracht. Von diesen Anzuchtschalen werden die zum Test geeigneten Keimlinge in die Test-Petrischalen gebracht, welche in gleicher Weise vorbereitet werden wie die Anzuchtschalen, jedoch an Stelle des bidestillierten Wassers die zu testende Lösung enthalten. Es werden 10, 15 oder 20 Keimlinge mit je 5 mm (4,5 bis 5,5 mm) langen Primärwurzeln in Abständen von 7 bis 10 mm nebeneinander aufgelegt und die Schalen bei 27° C im Dunkeln belassen. Die Versuchsdauer beträgt 17 Stunden. Zur Messung werden nur solche Keimlinge herangezogen, deren Wurzeln dem Filtrierpapier eng anliegend gewachsen sind.

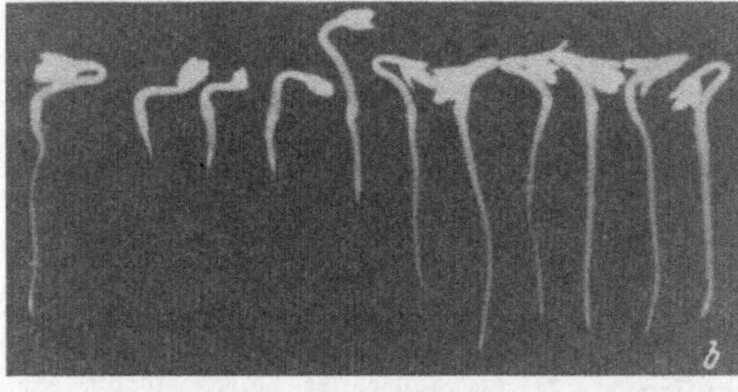

Abb. 66. Kressewurzel-Test. *a* Einlegen der Wurzelkeimlinge in die Versuchsschalen. *b* Schattenbilder der Kressekeimlinge; von links nach rechts: Kontrolle, 2,4-Dichlorphenoxyessigsäure 10^{-1}, 10^{-2}, 10^{-3}, 10^{-4}, 10^{-5}, 10^{-6}, 10^{-7}, 10^{-8}, 10^{9-}, 10^{-10} %

Messung: Diese erfolgt durch Auflegen der Keimlinge auf Millimeterpapier und Ablesen von deren Länge, wobei nur ganze mm gerechnet werden und alle über einen mm-Strich hinausragenden Wurzeln dem folgenden mm zugerechnet werden. Gemessen wird (ebenso wie bei der Auswahl der Keimlinge) der Abstand von der Wurzelspitze bis zum Ende der Wurzelhaarzone unterhalb des Samens. Die Längenmessung kann auch an Hand von Kontaktkopien (Abb. 66b) vorgenommen werden.

Konzentrations-Wirkungskurve: vgl. Abb. 67.

Kritik der Methode: Es handelt sich um einen Zellstreckungstest mit hoher Empfindlichkeit, der bei reinen Wirkstofflösungen sehr exakt und fast frei von täglichen Schwankungen auf Wirkstoffe anspricht. Allerdings weist der Kressewurzel-Test einige wesentliche Nachteile auf, so daß er von einigen Autoren (REINERT 1950, 1952, CLAUSS 1952, POHL 1952) einer Kritik unterzogen wurde. So berichtet CLAUSS (1952), daß der mittlere Fehler von ± 4 %, den MOEWUS angibt, erheblich größer ist. Da Salzsäure, Essigsäure, Zitronensäure, Dinatrium-phosphat und Tryptophan Wachstumshemmungen zeigen, ist vor der Testung von wässerigen, angesäuerten Pflanzenextrakten oder Preß- und Fruchtsäften mit diesem Test abzuraten (POHL 1952). Da mit dem Kressewurzel-Test nur geringe Förderungswerte erhalten werden, die meist innerhalb der Fehlergrenze liegen, kann die Methode nur zur Bestimmung von Wirkstoffen herangezogen werden, wobei jedoch eine Unterscheidung zwischen Hemm- und Wuchsstoff nur schwer möglich ist.

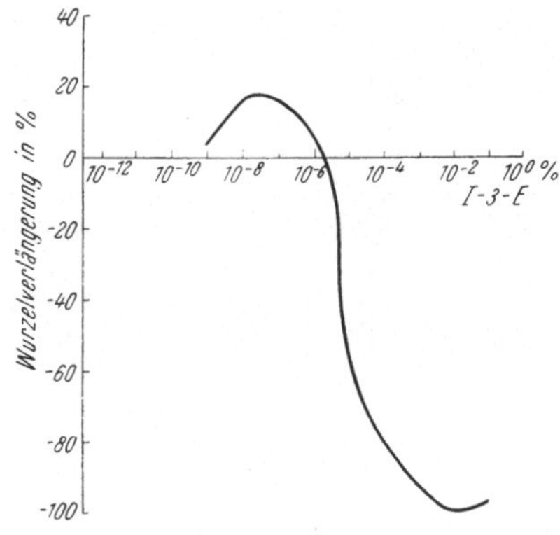

Abb. 67. Konzentrations-Wirkungskurve zum Kressewurzel-Test von MOEWUS (eigene Versuche)

Andererseits ist der Test zur Bestimmung reiner Wuchsstofflösungen dem *Avena*-Test überlegen, da er nach POHL (1952) „mit überraschender Exaktheit fast frei von täglichen Schwankungen auf Wirkstoffe anspricht". Dadurch wird es möglich, Standard-Konzentrations-Wirkungskurven aufzustellen. Diese Kurven lassen sich nach MOEWUS (1952) und CLAUSS (1952) an der Lage ihrer „Endpunkte". d. h. jenem Punkt, bei dem kein Wachstumseffekt mehr festzustellen ist, und jenem Punkt, bei welchem eine 100 %ige Hemmung eintritt, charakterisieren. Bei Konzentrations-Wirkungskurven mit Sigmoidcharakter hat POHL (1952) eine Transformation auf eine gerade Linie (Probit Transformation, vgl. FISHER und YATES 1949) durch eine Eintragung der prozentuellen Hemmwerte in ein Wahrscheinlichkeitsnetz, bei welchem auf der Abszisse der Logarithmus der Wuchsstoffkonzentration, auf der Ordinate die prozentuelle Wachstumshemmung im GAUSSschen Integral aufgetragen wird, vorgeschlagen. Durch die Transformation der Kurven zu geraden Linien wird es möglich, sie exakt durch die Halbwertshemmung (50 %ige Hemmung) und durch den Neigungswinkel γ, der allerdings nur einen Relativwert darstellt und vom Verhältnis der Abszissen- zur Ordinateneinteilung abhängig ist, zu charakterisieren. POHL hat diese Transformation der Wirkungskurven für verschiedene Wirkstoffe durchgeführt (vgl. Abb. 68).

Ein ähnlicher Test mit Wurzeln von *Lepidium sativum* wird von Libbert (1953) gegeben: Die zur Anzucht dienenden Keimschalen enthalten einen Rundfilter, 4 ccm Aqua bidest. sowie 70 bis 80 Samen. Die Versuchstemperatur ist 23° C. Die Keimzeit beträgt 30 Stunden, die Wurzellänge zu Beginn des Versuches 8 mm. Vor dem Übertragen in die Versuchsschalen werden die Keimlinge zweimal in Aqua bidest. gespült. Die Versuchsschalen enthalten 10 Keimlinge in 9 ccm der zu testenden Lösung, jedoch kein Filter. Die dünne Lösungsschicht bedeckt den Schalen-

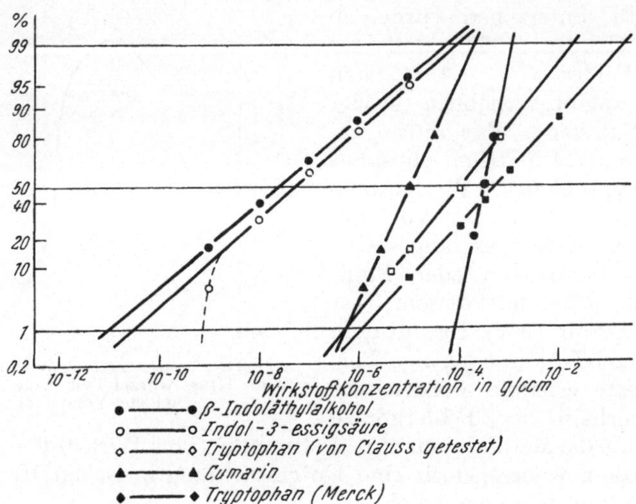

Abb. 68. Kressewurzel-Test. Transformation der Wirkungskurven zu Geraden (Eintragung der Werte in ein Wahrscheinlichkeitsnetz). (Nach Pohl 1952, S. 311)

boden, die Wurzeln dagegen nicht vollständig. Die Versuchszeit beträgt in der Regel 27 Stunden, nach welcher aus den 10 Wurzellängen einer Schale (bzw. aus 20 Wurzellängen von 2 Schalen) das Mittel genommen wird. Extrem kurz gebliebene Keimlinge (selten mehr als 1 Keimling pro Schale) bleiben unberücksichtigt.

Ein ähnlicher Test, jedoch bei Verwendung von *Flachs*-Keimlingen, wurde ferner von Åberg (1950, 1953) beschrieben: Junge Flachskeimlinge mit einer 7 mm langen Wurzel werden auf durchlochte Korkscheiben, die auf der Testlösung schwimmen, aufgelegt und nach 18 Stunden bei 25° C in Dunkelheit der Längenunterschied der wuchsstoffbehandelten Wurzeln gegenüber den Kontrollen auf mm genau bestimmt. Die Lösung enthält außer der zu testenden Substanz noch Phosphatpuffer (pH etwa 5,9) und 5 mM Calziumnitrat. Eine Modifikation dieses Testes besteht darin, daß die Keimlinge auf befeuchtetes Filtrierpapier aufgelegt werden (F-Test). In Abb. 69 sind die Konzentrations-Wirkungskurven, wie sie für verschiedene Wuchs- und Hemmstoffe mit dem „Flachswurzel-Test" erhalten werden, wiedergegeben. Nach Angaben von Åberg (1954) liefert der Test ähnliche Resultate wie der Kressewurzel-Test (S. 116). Der Weizenwurzel-Test von Burström (vgl. unten) zeigt dagegen gegenüber Hemmstoffen eine geringere Empfindlichkeit. Der auffallendste Unterschied ist jedoch, daß Weizenwurzeln eine bedeutend stärkere Förderung durch Hemmstoffe erfahren als Flachswurzeln; sowohl Flachs als auch Weizen waren aber gegenüber 2,3,5-Trijodbenzoesäure weniger empfindlich als gegenüber Indol-3-essigsäure oder 2,4-Dichlorphenoxyessigsäure.

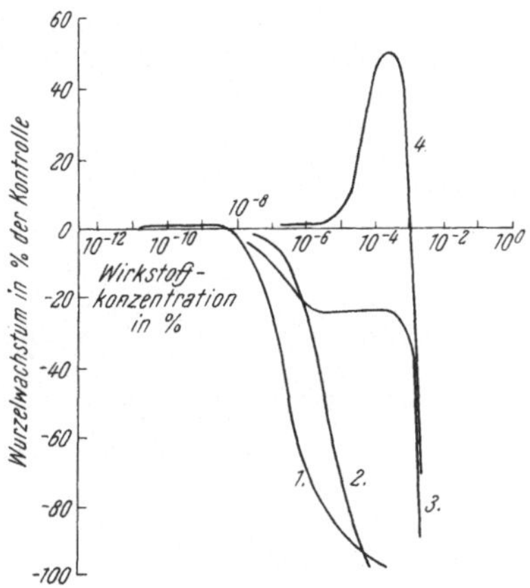

Abb. 69. Konzentrations-Wirkungskurven zum Flachswurzel-Test von Åberg. 1 Indol-3-essigsäure, 2 2,4-Dichlorphenoxyessigsäure, 3 2,3,5-Trijodbenzoesäure; 4 α-(1-Naphthylmethylsulfid)-propionsäure. (Nach Åberg 1954, S. 204)

Es ist nach den Kurven (Abb. 69) auffallend, daß Wuchsstoffe (Indol-3-essigsäure oder 2,4-Dichlorphenoxyessigsäure) bedeutend stärker hemmend auf das Wurzelwachstum wirken als die in Koleoptil-Testen als hemmend erkannten „Hemmstoffe" (z. B. 2,3,5-Trijodbenzoesäure). Diese Erscheinung dürfte darauf beruhen, daß die zur Testung herangezogenen Wurzeln bereits einen optimalen, eigenen Wuchsstoffgehalt besitzen, so daß durch zusätzlich zugeführten Wuchsstoff bereits eine Wachstumshemmung auftritt. Andererseits scheint es durch Zuführung von Hemmstoffen zu einer Kompensation des eigenen Wuchsstoffes zu kommen, so daß auf diese Art mit Hemmstoffen sogar Wachstumsförderungen erzielt werden können (vgl. Abb. 69, sowie die Konzentrations-Wirkungskurve für den Maiswurzel-Test von Kandler und Eberle auf S. 127, Abb. 75).

2. Weizenwurzel-Test von H. Burström (1953) und B. A. M. Hansen (1954)

Prinzip der Methode: Weizenwurzeln werden in die zu testenden Wuchsstofflösungen eingelegt und nach einer bestimmten Zeit Längenzuwachs, Anzahl der Wurzel-Zellen und morphologische Veränderungen an Wurzeln bestimmt.

Handhabung der Methode: Samen von Weibull's Eroica Weizen werden 24 Stunden lang in dest. Wasser (das Fehlen der Schwermetallionen wird mit Dithizon geprüft) gequollen und die Samen sodann für 2 Tage in Petrischalen auf feuchtes Filtrierpapier zur Keimung im Dunkeln bei 22° C ausgelegt. Gut gekeimte Pflanzen (mit den ersten 3 Adventivwurzeln) mit einer Länge von 1 bis 2 cm werden auf durchlochte Korkscheiben aufgelegt und diese in einem Gefäß, das 1 Liter der Nährlösung enthält, schwimmen gelassen. Während der dreitägigen Versuchszeit wird die Nährlösung (10^{-4}mol. $Ca(NO_3)_2$, 5×10^{-4}mol. $MgSO_4$, 10^{-3}mol. KH_2PO_4

und 10^{-3}mol. H_3BO_3) täglich gewechselt. Die Behälter, von denen ein jeder 45 Weizenpflanzen enthält, werden in einem temperatur- und feuchtigkeitskonstanten Raum (20,0 bis 20,5° C mit einer relativen Feuchtigkeit von 23 bis 40%) mit dauernder künstlicher Beleuchtung eingestellt. Die zu testenden Wuchsstoffe werden in Wasser gelöst der Nährlösung beigegeben. Der pH-Wert in frischen Lösungen beträgt etwa 5,2 und nach 24 Stunden 6,0. Wenn die Nährlösung durch Zugabe des

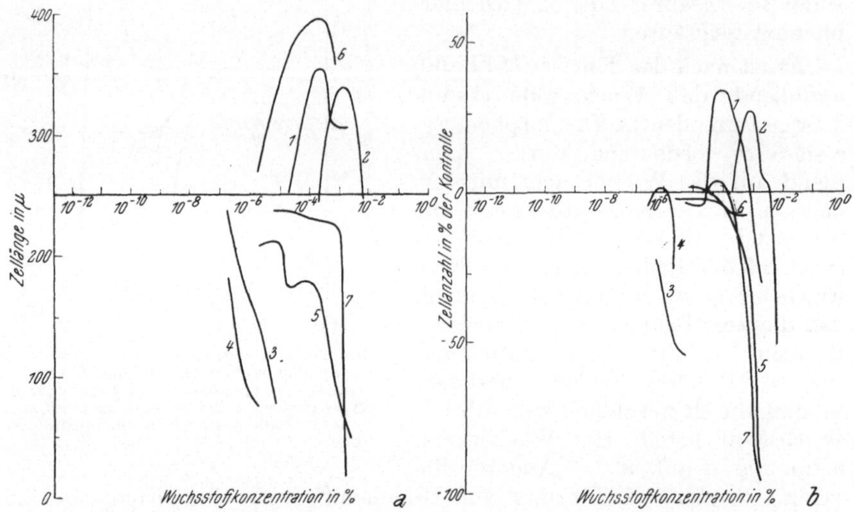

Abb. 70. Konzentrations-Wirkungskurven zum Weizenwurzel-Test von BURSTRÖM. *1* 3,5-Dichlorphenoxyessigsäure, *2* Phenoxyessigsäure, *3* 2,4-Dichlorphenoxyessigsäure, *4* α-Naphthylessigsäure, *5* α-Phenylpropionsäure, *6* α-3-Indol-isobuttersäure, *7* 2,4,6-Trichlorphenoxyessigsäure. *a* Zellänge, *b* Zellanzahl. (Nach HANSEN 1954, S. 257)

Wirkstoffes einen pH-Wert über 5,2 erreicht, muß dieser mit Hilfe einer 0,1-mol. Phosphorsäure auf das pH der Kontrolle eingestellt werden. Alle Lösungen werden die ganze Versuchszeit hindurch gut durchlüftet.

Nach 3 Tagen wird die Länge der ersten 3 Wurzeln und die der Epidermiszellen, sowie eventuelle morphologische Veränderungen mit Hilfe eines Meß-Mikroskopes bestimmt. Das Wurzelwachstum wird so gemessen, daß von der Endlänge die Anfangslänge subtrahiert wird. Die Wurzelanzahl pro Konzentration soll etwa 135 betragen. Die Zellänge wird aus 20 Zellmessungen an je 10 Wurzeln (200 Zellen) errechnet. Die Zellenanzahl errechnet sich aus der durchschnittlichen Wurzellänge dividiert durch die durchschnittliche Zellänge.

Konzentrations-Wirkungskurve: In Abb. 70a sind die Konzentrations-Wirkungskurven von verschiedenen Wuchs- und Hemmstoffen bezüglich ihrer Zellstreckungswirksamkeit, in Abb. 70b die Kurven der gleichen Substanzen, jedoch im Bezug auf ihre Zellteilungswirksamkeit gegeben.

Kritik der Methode: Es wird das Zellstreckungswachstum und die Beeinflussung der Zellteilung gemessen. Wie HANSEN (1954) zeigen konnte, werden diese Vorgänge jedoch unabhängig voneinander beeinflußt. So wird von einer 10^{-4}-mol. Lösung von α-Phenoxyisobuttersäure die Zellstreckung um 185% erhöht, die Zellenanzahl auf 52% vermindert. Bei der Messung des Gesamtwachstums muß daher zwischen Zellstreckungs- und Zellteilungsvorgängen streng unterschieden werden, denn es ist ohne weiteres möglich, daß eine Wurzelverlängerung nur auf Grund einer verstärkten Teilungstätigkeit zustande kommt nicht aber durch eine Zellstreckung. Als zellteilungsfördernd erwiesen sich vor allem Hemmstoffe, die übrigens auch meist zellstreckungsfördernd waren und deshalb von HANSEN (1954) als „Root-auxins" beschrieben werden. Wuchsstoffe (nach HANSEN „Shoot-auxins") wirken sowohl auf Zellteilung als auch Zellstreckung der Wurzelzellen hemmend.

Bei Versuchen mit abgeschnittenen Tomatenwurzeln fand STREET (1954), daß α-(1-Naphthylmethylsulfid)-propionsäure das Wurzelwachstum verdoppelt. Durch Zusatz dieser Substanz zu Indol-3-essigsäure kann die stark hemmende Wirkung von Indol-3-essigsäure nahezu aufgehoben werden.

Bei Erbsenwurzeln (S. 128) ergab sich eine bedeutend geringere Empfindlichkeit gegenüber Indol-3-essigsäure, was darauf zurückgeführt wird (ÅBERG 1954), daß Indol-3-essigsäure in den Wurzeln durch das in diesen vorhandene Oxydase-System teilweise inaktiviert wird, so daß von außen her zugeführte Indol-3-essigsäure weniger stark wirksam ist als bei Wurzeln mit optimalem eigenem Wuchsstoffgehalt.

Entsprechend der Methode von BURSTRÖM (1942, 1949, 1950), hat LEXANDER (1953) einen „Weizenwurzel-Test" entwickelt: Weizensamen werden 3 Tage lang auf feuchtem Filtrierpapier keimen gelassen. Die Keimlinge werden sodann in einen 50 ccm-Erlenmeyerkolben, der 4 ccm der Testlösung enthält, gegeben. Der Testlösung werden außerdem Nährsalze wie KH_2PO_4 (3×10^{-4}mol.), $Ca(NO_3)_2$ (4×10^{-4}mol.) und eine Anzahl von Spurenelementen zugegeben. 24 Stunden nach der Wuchsstoffbehandlung (bei 22° C und Dunkelheit) wird die Länge von 60 bis 90 Epidermiszellen der Wurzelwachstumszone gemessen. Der prozentuelle Unterschied zwischen der Zellänge der wuchsstoffbehandelten Wurzeln gegenüber den Kontrollen wird bestimmt.

Die Methode wurde vor allem in Verbindung mit papierchromatographischen Untersuchungen verwendet.

3. Linsenwurzel-Test von P. E. Pilet (1951 a, b, 1953)

Prinzip der Methode: Keimwurzeln von *Lens culinaris* werden nach einer bestimmten Zeit ihrer Entwicklung mit Wuchsstofflösungen bestimmter Konzentration besprüht. Der Längenunterschied der behandelten Wurzeln gegenüber den Kontrollen wird bestimmt.

Handhabung der Methode: Samen von *Lens culinaris* werden zum Auskeimen bei Dunkelheit und einer Temperatur von 18° C auf Filtrierpapier oder Sägespäne, die mit Nährlösung angefeuchtet werden, gelegt. Nach einer bestimmten Zeit ihrer Entwicklung (1, 6 oder 12 Tage nach der Keimung) werden 100 Wurzeln, die auf feuchten Sägespänen mit einer Oberfläche von 300 qcm und einer Dicke von 3 cm liegen, mit 500 ccm der Wuchsstofflösung bekannter Konzentration besprüht.

Messung: Die Verlängerung der behandelten Wurzeln wird nach 6 Tagen bestimmt und in Prozenten gegenüber der Wurzelverlängerung der unbehandelten Kontrollen ausgedrückt.

Konzentrations-Wirkungskurve: vgl. Abb. 71.

Kritik der Methode: Es handelt sich um einen Zellstreckungs- und Zellteilungs-Test, für den im allgemeinen die gleichen Bemerkungen gelten wie für den Kressewurzel-Test (S. 117). Allerdings ist nach der Konzentrations-Wirkungskurve zu schließen, daß mit diesem Test auch hohe Förderungswerte erhalten werden können, wodurch eine eindeutige Unterscheidung von Wuchs- und Hemmstoffen möglich wird. Nach NAUNDORF (1940) eignen sich Wurzeln von *Lens sativa* sehr gut zum Nachweis geringer Wuchsstoffmengen und stellen durch ihr nutationsfreies Wachstum ein ideales Testobjekt dar.

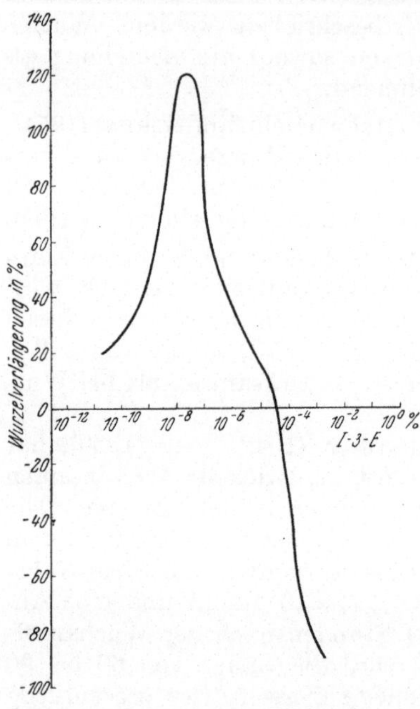

Abb. 71. Konzentrations-Wirkungskurve zum Linsenwurzel-Test von PILET. (Nach PILET 1951 a, S. 223)

Ein ähnlicher „Linsenwurzel-Test" wurde von NAUNDORF (1940) gegeben: Linsensamen (*Lens sativa*) werden in Buchensägemehl gepflanzt und in einem dunklen Thermostaten (20° C) so lange belassen, bis die Wurzeln eine Länge von 3 bis 5 cm erreicht haben. Danach wird der Same entfernt, die isolierte Wurzel um 1,5 mm dekapitiert, der basale Teil der Wurzel in feuchte Watte gewickelt und in einen Glashalter gesteckt. Nun sollen die Wurzeln noch 3 Stunden wachsen, damit der eigene Wuchsstoff möglichst verbraucht wird. Jeder Wurzel wird sodann ein 2 cm großer wuchsstoffhaltiger Agarwürfel in der Spitzenzone seitlich angesetzt. Nach 3 bzw. 6 Stunden wird der Krümmungswinkel der Wurzeln bestimmt.

4. Artemisia-Wurzel-Test von W. C. Ashby (1951) (vgl. Larsen 1953)

Prinzip der Methode: Die Verlängerung der Keimwurzeln von *Artemisia absinthium*, die auf Agarplatten mit bestimmtem Wuchsstoffgehalt auskeimen, wird in bestimmten Zeitabständen gemessen und der Längenzuwachs der behandelten Wurzeln in Prozenten zu dem der Kontrollen bestimmt.

Handhabung der Methode: Trockene Samen von *Arthemisia absinthium* werden reihenweise in 9 cm-Petrischalen auf feuchtem Filtrierpapier aufgelegt, und zwar in der Weise, daß die Wurzeln nach abwärts wachsen, wenn die Petrischalen vertikal in einem Halter aufgestellt werden. Die ersten 3 Stunden nach dem Befeuchten werden die Samen mit einer 40 Watt-Lampe, die etwa 25 cm von der Schale entfernt aufgestellt wird, beleuchtet und später bei Dunkelheit bzw. rotem Licht weiterkultiviert. Nach 48 Stunden werden 10 Pflanzen, deren Wurzeln gerade gewachsen und etwa 1 mm lang sind, parallel zueinander auf eine quadratische Agarplatte aufgelegt. Der Test wird in einem Dunkelraum bei 22 bis 23° C und einer relativen Luftfeuchtigkeit von 65% durchgeführt.

Die Herstellung der Agarplatten geschieht auf die Weise, daß die Agarstreifen zuerst 3 Tage lang in Leitungswasser und danach in dest. Wasser durchgewaschen werden. Nach dem Trocknen wird eine bestimmte Menge mit Wasser versetzt und autoklaviert. Agarplatten in der Größe von 100×100×1 mm werden hergestellt, indem 10 ccm geschmolzener Agar auf eine heiße Glasplatte (10×10 cm) gegossen wird. Jede dieser Agarplatten enthält 1,25% Agar, 0,005-mol. SÖRENSEN-Citrat-Puffer (58,7 ccm 0,1-mol. Citrat +41,3 ccm 0,1-n NaOH) und 0,001-mol. $CaCl_2$.

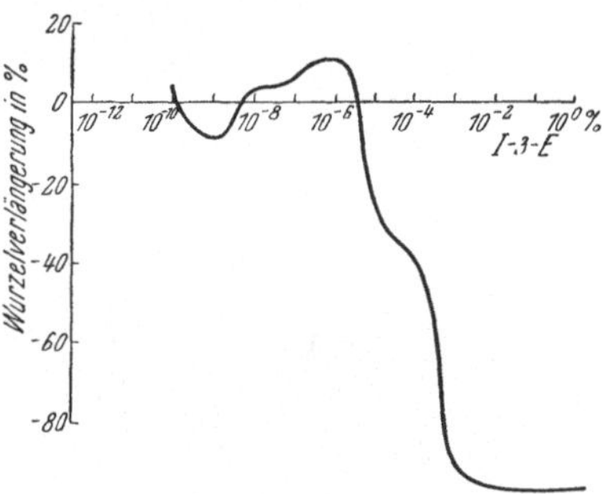

Abb. 72. Konzentrations-Wirkungskurve zum *Artemisia*-Wurzel-Test von ASHBY. (Nach ASHBY 1951, S. 240)

Aus solchen Agarplatten werden mittels einer Schneidevorrichtung mit 2 parallelen Klingen 1 cm große Quadrate (0,1 ccm) herausgeschnitten und auf numerierte Objektträger aufgelegt. Zur Prüfung der Wirkung verschiedener Wuchsstoffe werden die Agarplättchen nach der „Tropfmethode" von BOYSEN-JENSEN (vgl. S. 55) mit Wuchsstofflösungen bestimmter Konzentration versetzt.

Messung: Die Länge der Wurzelschnitte auf den Agarplättchen wird mittels eines Okularmikrometers gemessen. Bei Versuchsbeginn wird die Wurzellänge ermittelt und nach 4 und 24 Stunden der Längenzuwachs bestimmt, der in Prozenten zu dem der unbehandelten Kontrollen errechnet wird.

Konzentrations-Wirkungskurve: vgl. Abb. 72.

Kritik der Methode: Für den Test vergleiche die allgemeinen Bemerkungen zu Wurzelwachstums-Testen auf S. 117. Wegen den geringen erzielbaren Förderungswerten ist eine eindeutige Unterscheidung von Wuchs- und Hemmstoffen nur schwer möglich.

5. Wurzel-Zylinder-Test von L. J. Audus und A. Garrard (1953)

Prinzip der Methode: Aus der Keimwurzel von *Pisum sativum* werden Teilstücke herausgeschnitten und in die zu testenden Versuchslösungen eingelegt. Der Längenzuwachs wird gemessen.

Handhabung der Methode: Als Testpflanze dient *Pisum sativum* (var. „Meteor", Messrs. Sutton and Sons, Reading). Die Samen werden zuerst 2 Minuten lang in 80%igem Alkohol und nachfolgend weitere 2 Minuten lang in Quecksilberchlorid sterilisiert. Danach werden sie mit einer stark verdünnten Na-Sulfid-Lösung abgewaschen und über Nacht mit fließendem Wasser durchwässert. Die Keimung findet auf sterilem Sand, der mit sterilem, glasdestilliertem Wasser angefeuchtet wird, bei einer Temperatur von 18° C in einem dunklen Keimschrank statt.

Keimlinge mit geraden, 3,5 bis 4,5 cm langen Wurzeln werden am dritten Tag nach dem Einpflanzen, wenn sie nur die Primärwurzeln ausgebildet haben, sortiert und gründlich gewaschen. Aus solchen Wurzeln werden 2 mm hinter der Wurzelspitze 2 mm lange Stücke mittels eines Schneiders (mit Doppelklinge), der gleichzeitig 12 bis 15 Schnitte durchführt, herausgeschnitten. Als Kulturmedium wird glasdestilliertes Wasser und eine in glasdestilliertem Wasser zubereitete 0,5%ige Rohrzuckerlösung verwendet. Der pH-Wert liegt zwischen 6,5 und 7,0. Die zu testenden Wuchsstofflösungen bestimmter Konzentration werden dem Kulturmedium beigegeben.

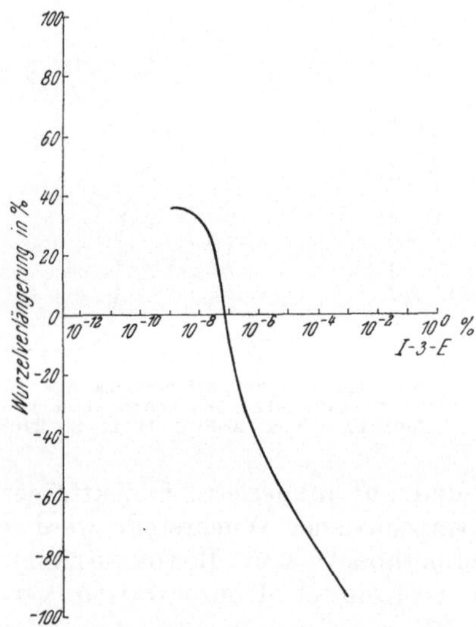

Abb. 73. Konzentrations-Wirkungskurve zum Wurzel-Zylinder-Test von Audus und Garrard. (Nach Audus und Garrard 1953, S. 341)

In eine Petrischale, die 10 ccm des Kulturmittels enthält, werden 25 Wurzelschnitte eingelegt; die Schale wird in einen dunklen Brutraum mit einer Temperatur von 25° C gestellt.

Bei Respirationsmessungen werden die Petrischalen nach einer bestimmten Zeit aus dem Brutkasten genommen und jeder Schnitt zusammen mit 1 ccm des Kulturmittels in ein Warburg-Gefäß gegeben. Durch 3 bis 4 Stunden wird alle 15 Minuten eine Sauerstoffmessung durchgeführt.

Bei Versuchen über die Wirkung von Wuchsstoffen auf die Zellstreckung der Wurzelschnitte wird nach einer bestimmten Zeit (12, 24, 36 oder 48 Stunden) die Länge der Teilstücke mittels eines Meß-Mikroskopes bestimmt.

Konzentrations-Wirkungskurve: vgl. Abb. 73.

Kritik der Methode: Vergleiche die allgemeinen Bemerkungen zu Wurzelwachstums-Testen auf S. 117.

6. Test mit „isolierten Maiswurzeln“ von M. Geiger-Huber und E. Burlet (1936)

Prinzip der Methode: Isolierte Keimwurzeln von *Zea Mays* werden in Gewebekultur gehalten, welcher der zu bestimmende Wuchsstoff in bestimmter Konzentration beigegeben wird. Der Längenzuwachs der behandelten Wurzelschnitte gegenüber den Kontrollen wird bestimmt.

Handhabung der Methode: Als Versuchsmaterial kommt *Zea Mays* (Sorte „Gelber Rheintaler“) mit hoher Keimfähigkeit (98 bis 100%) zur Verwendung. Die Körner werden nach dem Sortieren mit Seifenschaum und nachher 20 Minuten lang mit 0,2%igem Bromwasser gewaschen. Nach mehrmaligem Spülen mit keimfreiem dest. Wasser werden die Körner bei Zimmertemperatur für 24 Stunden zum Keimen ausgelegt. Um die Samen gut mit Sauerstoff zu versorgen, wird keimfreie Luft durch das Quellungswasser geleitet.

Die keimfreien Körner werden in sterilisierten Deckeldosen in flüssigem, 2%igem Agar (höchstens 48° C) gleichmäßig verteilt. Die Deckeldosen werden nach dem Erstarren des Agars umgedreht, so daß die Wurzeln nach unten wachsen können. In einem sterilisierten Kasten werden aus der Wachstumszone gleichlanger und gerade gewachsener Wurzeln mit Hilfe eines Thermokauters (glühender Platindraht) etwa 15 mm lange Stücke abgetrennt und in Kulturgefäße, welche eine entsprechende Nährlösung enthalten, fallen gelassen. Bei dieser Methode wird die Möglichkeit einer Infektion stark eingeschränkt. Die zur Verwendung kommende Nährlösung ist folgendermaßen zusammengesetzt: 600 ccm Aqua dest. 2 g $Ca(NO_3)_2$, 0,5 g KH_2PO_4, 0,5 g KNO_3, 0,5 g $MgSO_4$, 0,25 g KCl, 0,005 g $FeCl_3$. Die Salze werden einzeln gelöst und dieser Lösung Glykose (mindestens 1%) zugegeben. Die Nährlösung wird an 3 aufeinanderfolgenden Tagen je $^1/_2$ Stunde in strömendem Dampf sterilisiert.

Die Kultur der Wurzeln erfolgt in der Weise, daß jede Wurzel einzeln in einem entsprechend gebogenen und liegenden Reagenzglas (18 × 180 mm) kultiviert wird. Bei Verwendung von 20 ccm Nährlösung bleibt dadurch über der Flüssigkeitsschicht noch ein Luftraum frei.

Die Kulturgefäße, für die nur peinlichst gereinigtes Jenaglas zur Verwendung kommt, werden in einem Dunkelraum bei 18 bis 22° C aufgestellt. Um eine Beeinträchtigung des Wurzelwachstums durch Erschütterungen zu vermeiden, werden die Versuchsgläser, welche die Wurzelschnitte enthalten, direkt auf Millimeterpapier aufgelegt.

Für einen Versuch kommen 20 Wurzeln zur Verwendung. Durch sehr sorgfältige Ausführung des Testes soll es möglich sein, die individuellen Schwankungen bedeutend zu vermindern, so daß pro Einzelversuch nur noch 4 bis 7 Wurzeln nötig sind.

Die Zugabe von Wuchsstofflösungen zur Nährlösung kann entweder vor dem Einführen der Wurzeln geschehen oder aber erst 2 bis 3 Tage später. Nach den Autoren hat sich folgende Arbeitsweise am besten bewährt:

1. Abbrennen der Wurzelstücke, Übertragen in die sterile Nährlösung.
2. Nach einem Tag: erste Messung der Wurzellängen.
3. Nach zwei bis drei Tagen: zweite Messung der Wurzellängen, allenfalls Ausschalten extrem wachsender Wurzeln, Zugabe der zu testenden, sterilen Wuchsstofflösung.
4. Während der nächsten zehn Tage weitere Messungen der Wurzellängen in Intervallen von ein bis drei Tagen zur Feststellung der Wuchsstoffwirksamkeit.

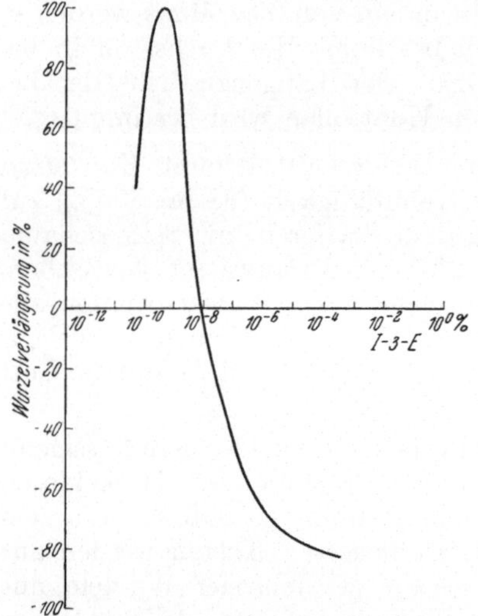

Abb. 74. Konzentrations-Wirkungskurve zum Test mit „isolierten Maiswurzeln" von Geiger-Huber und Burlet. (Nach Geiger-Huber und Burlet 1936, S. 84)

Als Testergebnis wird der prozentuelle Längenzuwachs der behandelten Wurzelschnitte gegenüber dem der Kontrollen bestimmt.

Konzentrations-Wirkungskurve: Wie aus Abb. 74 ersichtlich, liegt das Optimum an Förderung bei 10^{-9}% Indol-3-essigsäure und beträgt 100% Längenzunahme.

Kritik der Methode: Der Test ist von allen in diesem Buch beschriebenen Testen der empfindlichste, da er selbst bei einer Konzentration von 5×10^{-11}% Indol-3-essigsäure noch eine Wachstumsförderung von 40% zeigt. Ein Nachteil der Methode ist, daß sie unter vollkommen sterilen Verhältnissen durchgeführt werden muß.

Aufbauend auf die Methode von Geiger-Huber und Burlet (1936), Burlet (1940) und Würgler (1942) haben Gast (1942) und Seiler (1951) eine Apparatur entwickelt, mit der es möglich ist, Wurzeln (Mais) in Gewebekultur bei konstanten Temperatur- und Nährstoffverhältnissen auf ihr Verhalten gegenüber Wuchsstoffen in kurzen Zeitintervallen zu prüfen.

Eine ähnliche Methode mit Maiswurzeln wurde von Kandler und Eberle (1955) angewendet: Zur Verwendung kommt Badischer Landmais. Die Körner, die mechanisch von Haaren und Hautfetzen befreit wurden, werden 45 Minuten lang in Bromwasser sterilisiert, mit sterilem Wasser bromfrei gewaschen und anschließend in Petrischalen auf 4 bis 5 mm dicken Agarschichten zur Keimung ausgelegt. Von 3 Tage alten Keimlingen, die bei einer Temperatur von 27° C in einer Klimakammer herangewachsen waren, werden unter sterilen Bedingungen 5 Wurzelspitzen mit einer Länge von 4 bis 5 mm abgeschnitten und in 10 ccm Nährlösung (in 50 ccm-Erlenmeyerkölbchen) eingelegt. Der Nährlösung (1000 ccm Aqua bidest.,

360 mg $MgSO_4+7\ H_2O$, 200 mg $Ca(NO_3)_2+4\ H_2O$, 200 mg Na_2SO_4, 580 mg KNO_3, 65 mg KCl, 16 mg KH_2PO_4, Spur $Fe_2(SO_4)_3$, 1 ccm HOAGLANDsche A-Z-Lösung, 10 g Glukose) wird der zu testende Wuchsstoff in bestimmter Konzentration beigegeben und diese Lösung sodann sterilisiert. Der pH-Wert der Nährlösung beträgt 5,5.

Zur optimalen Sauerstoffversorgung erfolgt die weitere Kultur der Wurzeln auf einer Schüttelmaschine (70 Schwingungen pro Minute) im Klimostaten (27° C). Die Kulturdauer beträgt 5 Tage, wonach das Längenwachstum und Trockengewicht bestimmt wird.

Für Atmungsmessungen werden die Wurzeln aus dem Kulturgefäß genommen, 30 Minuten mit dest. Wasser gewaschen und anschließend in die Atmungströge der WARBURG-Apparatur, die mit 2,7 ccm Nährlösung und 0,3 ccm der zu testenden Versuchslösung gefüllt sind, überführt. Die Bestimmung der Sauerstoffaufnahme erfolgt nach der manometrischen Methode (DIXON 1951).

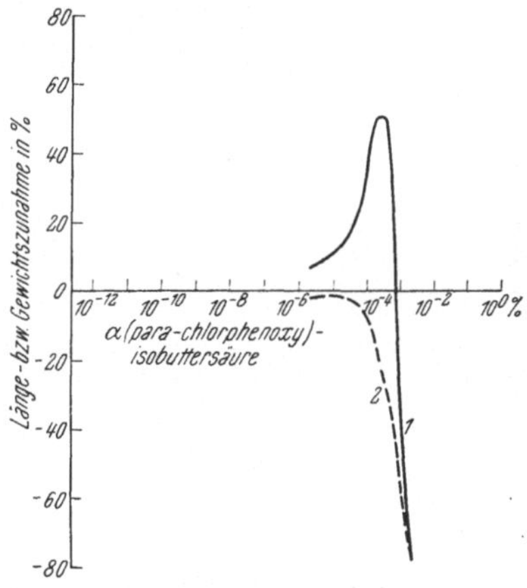

Abb. 75. Konzentrations-Wirkungskurven zum Test mit „isolierten Maiswurzeln" von KANDLER und EBERLE. *1* Wurzellänge *2* Trockengewicht. (Nach KANDLER und EBERLE 1955, S. 42)

Zur Gesamt-Stickstoffbestimmung werden die Wurzeln nach der Atmungsmessung erneut gewaschen, in Wägegläschen gegeben und nach 24-stündigem Trocknen (bei 105° C) und nachherigem 24-stündigem Abkühlen wird im Exsikkator das Trockengewicht ausgewogen. Die trockenen Wurzeln werden mit Schwefelsäure unter Zusatz von Perhydrol verascht und mittels der Mikro-Kjeldahl-Methode (vgl. z. B. KLEIN 1931) wird die Gesamt-Stickstoffbestimmung durchgeführt.

Zur Bestimmung der von den Wurzeln in die Nährlösung abgegebenen Aminosäuren (KANDLER 1951) können 0,05 ccm der Nährlösung papierchromatographisch (vgl. S. 24) untersucht werden. Die Restglukose aus der gesamten Nährlösung und den Waschwassern kann nach BERTRAND (vgl. BERTHO und GRASSMANN 1936) erfolgen.

7. Maiswurzel-Test von C. P. Swanson (1946, vgl. Thompson et al. 1946)

Prinzip der Methode: Junge Maiskeimlinge werden in Wuchsstofflösungen bestimmter Konzentration eingelegt und der Längenzuwachs der Primärwurzeln gegenüber den Kontrollen bestimmt.

Handhabung der Methode: Zur Verwendung kommen Maiskörner der Sorte „Silver King" (Wisconsin Nr. 7). Die Körner werden mit einer gesättigten Lösung von Natrium-Hypochlorid 3 Minuten lang oberflächensterilisiert und danach in 15 cm-Petrischalen auf Filtrierpapier, welches vorher mit dest. Wasser angefeuchtet wird, ausgelegt. In jede Petrischale kommen 20 bis 25 Körner und zwar werden diese so eingelegt, daß der Embryo nach unten schauend zu liegen kommt. Danach werden die Samen für 48 Stunden bei 26° C im Dunkelraum zur Keimung aufgestellt.

Nach dieser Zeit werden solche Keimlinge, die bereits Wurzeln mit einer Länge von 15 bis 25 mm entwickelt haben, aus den Schalen genommen, gemessen und in andere 15 cm-Petrischalen auf Filtrierpapier, das vorher mit 15 ccm der zu untersuchenden Wuchsstofflösung angefeuchtet wird, eingelegt. In jede Schale kommen 12 bis 15 Keimlinge (aus dieser Anzahl wird der Durchschnittswert der Wurzellänge errechnet).

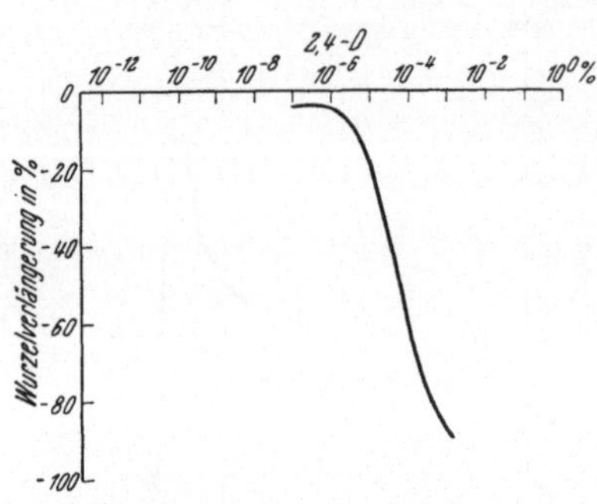

Abb. 76. Konzentrations-Wirkungskurve zum Maiswurzel-Test von SWANSON. (Nach SWANSON 1946, S. 508)

Die Keimlinge bleiben für weitere 48 Stunden im Dunkelraum. Nach dieser Zeit werden sie aus den Schalen genommen und die zweite Wurzelmessung vorgenommen. Die durchschnittliche Wurzellänge aus der ersten Messung wird von der der zweiten Messung subtrahiert und der erhaltene Wert in Prozenten gegenüber dem Längenzuwachs der Kontrollen ausgedrückt.

Konzentrations-Wirkungskurve: vgl. Abb. 76.

Kritik der Methode: Da der Test nur Hemmwerte liefert, ist er zur Unterscheidung von Wuchs- und Hemmstoffen kaum geeignet. (Ansonsten vergleiche allgemeine Bemerkungen auf S. 117.)

8. Erbsenwurzel-Test von A. C. Leopold und F. S. Guernsey (1953)

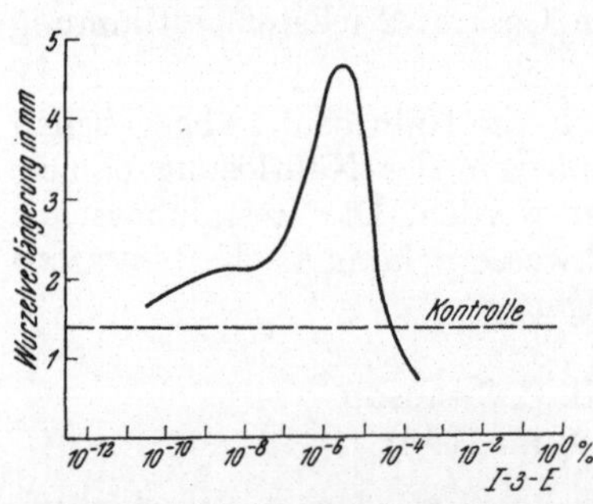

Abb. 77. Konzentrations-Wirkungskurve zum Erbsenwurzel-Test von LEOPOLD und GUERNSEY. (Nach LEOPOLD und GUERNSEY 1953, S. 148)

Prinzip der Methode: Von Erbsenwurzeln werden 1 cm lange Stücke abgeschnitten, die in Wuchsstofflösungen bestimmter Konzentration eingelegt werden. Der Längenzuwachs der behandelten Wurzeln gegenüber den Kontrollen wird bestimmt.

Handhabung der Methode: Erbsensamen (Sorte „Alaska pea") werden zwischen zwei mit dest. Wasser befeuchteten Filtrierpapierschichten zum Keimen in einem Dunkelraum ausgelegt. Nach 4 Tagen werden von den Wurzelspitzenzonen 1 cm lange Stücke abgeschnitten und 10 solcher Schnitte in 10 ccm der Testlösung in Petrischalen eingelegt. Da für das Wurzelwachstum Calzium notwendig ist (MEVIUS 1927), wird jeder Lösung

0,0025-mol. Calziumsulfat, zur Ernährung der Wurzeln außerdem noch eine 1%ige Zuckerlösung beigegeben. Alle Lösungen werden mit McIlvaine's-Puffer (1 : 10 verdünnt) auf pH 5,0 gebracht.

24 Stunden nach dem Einlegen in die Testlösungen werden die Schnitte gemessen und ihre Längenzunahme gegenüber den Kontrollen bestimmt.

Konzentrations-Wirkungskurve: Werden auf der Abszisse die Wuchsstoffkonzentration, auf der Ordinate die Längenzuwachswerte in mm aufgetragen, so ergibt sich eine eingipfelige Kurve, die etwa bei 2×10^{-6}% Indol-3-essigsäure ihr Maximum (an Förderung!) zeigt (vgl. Abb. 77).

Kritik der Methode: Da der Test starke Förderungswerte zeigt, kann er sowohl zur Testung von Wuchs- als auch Hemmstoffen verwendet werden.

9. Haferwurzel-Test von C. Wilske und H. Burström (1950)

Prinzip der Methode: Haferkeimlinge werden in Kulturgläsern gehalten und die ersten lateralen Adventivwurzeln eines jeden Keimlings mit einer fließenden Nährlösung, welcher der zu testende Wuchsstoff in bestimmter Konzentration beigegeben wird, umspült. Nach einer bestimmten Zeit wird der Längenzuwachs der behandelten Wurzeln gegenüber den Kontrollen bestimmt. Außerdem werden die Wurzeln mikroskopisch untersucht und die Länge der Epidermiszellen am Ende der Wurzel-Wachstumszone bestimmt.

Handhabung der Methode: Samen von „Weibull's Bambu"-Hafer werden 24 Stunden in Wasser gequollen, die Grannen entfernt und 60 Stunden in Petrischalen keimen gelassen. Danach werden sie auf Korkscheiben für 24 Stunden in eine Lösung (von 0,0010-mol. $Ca(NO_3)_2$ und 0,0005-mol. K_2SO_4 in dest. Wasser, das frei von Schwermetallen sein muß) bei 20° C und konstantem künstlichem Licht eingelegt. Jede Korkscheibe mit 10 Pflanzen kommt sodann in ein Versuchsglas, das etwa 120 ccm der gleichen Lösung mit dem zu testenden Wuchsstoff enthält. Die Wuchsstoffkonzentration soll zwischen 10^{-8} und 10^{-4} mol. liegen. Aus höher montierten 2-Liter-Flaschen, die gut durchlüftete Vorratslösungen enthalten, fließt während der ganzen Versuchszeit ständig frische Lösung (etwa 750 ccm pro 24 Stunden) in die Versuchsgläser zu, so daß die Wurzeln stets mit frischer Lösung umspült werden. Die Durchfließgeschwindigkeit wird mit Hilfe von Kapillaren reguliert. Vier Behandlungen werden gleichzeitig durchgeführt, jede mit drei Wiederholungen. Die Vorratsflaschen werden täglich mit frisch zube-

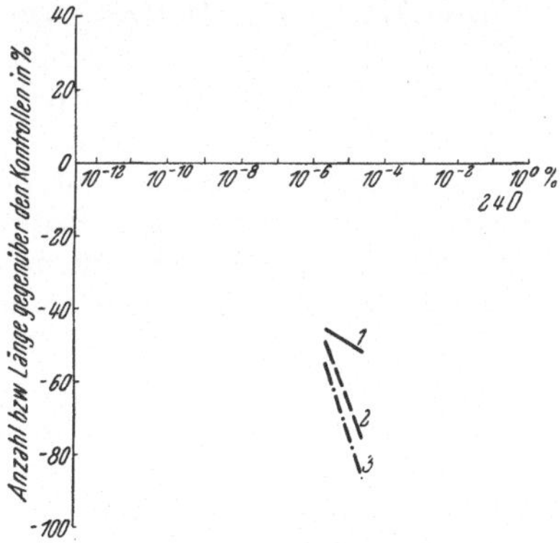

Abb. 78. Konzentrations-Wirkungskurven zum Haferwurzel-Test von Wilske und Burström. *1* Zellenanzahl, *2* Zellänge, *3* Wurzellänge. (Nach Wilske und Burström 1950, S. 65)

reiteten Lösungen gefüllt, ohne dabei den Test zu unterbrechen. Der pH-Wert der Lösungen schwankt zwischen 5,4 und 5,9. Alle Versuche werden bei Dunkelheit und einer Temperatur von 19,5 bis 20,5° C durchgeführt.

Bei Beginn des Versuches werden alle Wurzeln der Keimlinge abgeschnitten, ausgenommen eine der ersten lateralen Adventivwurzeln. Die Länge dieser einzigen Wurzel jedes Keimlings wird bestimmt.

Messung: Nach 1, 2 und 3 Tagen werden 10 Pflanzen mit gleicher Behandlung abgeerntet und die Wurzellängen bestimmt. Außerdem werden die Wurzeln noch einer mikroskopischen Untersuchung unterworfen. Es wird dabei die Länge der Epidermiszellen am Ende der Wurzelwachstumszone gemessen. In den kritischen Konzentrationsbereichen wird der Test viermal wiederholt.

Der mittlere Fehler bei den Wurzellängen-Messungen beträgt weniger als 10%, der der Zellängen-Messungen liegt zwischen 2 und 4 %.

Konzentrations-Wirkungskurve: vgl. Abb. 78.

Kritik der Methode: Vergleiche allgemeine Bemerkungen über Wurzelwachstums-Teste auf S. 117.

10. Wurzelwachstums-Test von A. Zeller und G. Gretschy (1952)

Prinzip der Methode: Die Keimwurzeln von Leindotter, Lein, Raps, Weizen und Gurken werden mit Wuchsstofflösungen bestimmter Konzentration behandelt und die Zuwachslängen bestimmt.

Handhabung der Methode: Die Samen werden in dest. Wasser vorgequollen und in Petrischalen mit 9 cm Durchmesser zur Keimung ausgelegt. In die sterilisierten Schalen werden 2 Lagen Filtrierpapier gelegt und diese mit 5 ccm dest. Wasser befeuchtet. Mittels einer Pinzette werden die vorgequollenen Samen in entsprechenden Abständen auf das befeuchtete Filtrierpapier aufgelegt und die Schalen sodann in den Dunkelthermostat mit einer Temperatur von 27° C aufgestellt. Die Samen werden soviele Stunden im Thermostat belassen, bis ein entsprechender Prozentsatz an Keimlingen die für den Test notwendige Wurzellänge erreicht hat. Die ausgewählten Keimlinge werden in Petrischalen auf 2 Lagen Filtrierpapier, die mit 5 ccm der zu testenden Versuchslösung befeuchtet sind, ausgelegt. In jede Schale kommen 6 bis 7 Keimlinge. Die Schalen mit den Keimlingen werden sofort wieder in den Dunkelthermostat gebracht und dort 15 bis 18 Stunden belassen.

Spezielle Behandlungsmethoden für die verschiedenen Versuchspflanzen:

Leindotter: Die Samen werden in dest. Wasser 20 Minuten vorgequollen und nach 20 bis 24 Stunden 6 mm lange Wurzelkeimlinge für die Versuchslösungen ausgewählt. Nach 18 Stunden werden die Zuwachswerte gemessen.

Lein: Die Samen werden 1 Stunde in dest. Wasser vorgequollen und nach einer Keimdauer von 31 Stunden 6 mm lange Wurzelkeimlinge für die

Versuchslösung ausgewählt. Nach 16 Stunden werden die Zuwachswerte gemessen.

Raps: Die Samen werden 90 Minuten in dest. Wasser vorgequollen und nach 30- bis 35stündiger Keimdauer 8 mm lange Wurzelkeimlinge für die Versuchslösungen ausgewählt. Nach 16 Stunden werden die Zuwachswerte gemessen.

Weizen („Dr. Lasser Dickkopf"): Die Samen werden 2 Stunden in dest. Wasser vorgequollen und nach einer Keimdauer von 20 bis 24 Stunden im Dunkelthermostat bei 27° C jene Keimlinge, deren mittlere Keimwurzel 5 bis 6 mm lang ist, für die Versuchslösungen ausgewählt. Nach 17 Stunden werden die Zuwachswerte an der mittleren Keimwurzel gemessen.

Gurken: Die Samen werden 1 Stunde in dest. Wasser vorgequollen und 36 bis 40 Stunden zur Keimung im Dunkelthermostat belassen. Keimlinge mit einer 15 mm langen Keimwurzel werden für die Versuchslösungen ausgewählt. Nach 12 Stunden werden die Zuwachswerte gemessen.

Konzentrations-Wirkungskurve: vgl. Abb. 79.

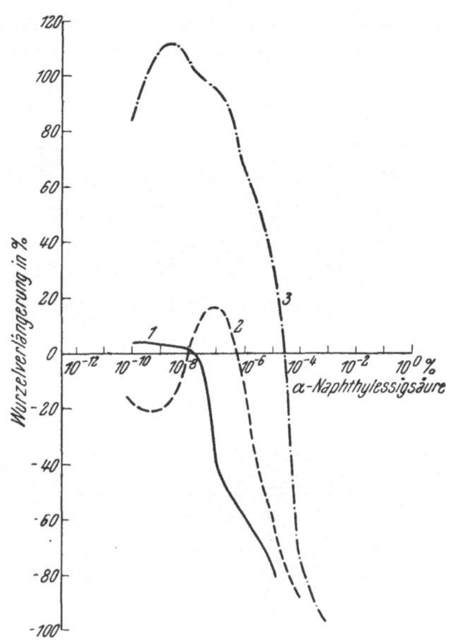

Abb. 79. Konzentrations-Wirkungskurven zum Wurzelwachstums-Test von Zeller und Gretschy. *1* Gurke, *2* Raps, *3* Lein. (Nach Zeller und Gretschy 1952, S. 129–134)

Kritik der Methode: Im allgemeinen gelten die gleichen Bemerkungen wie bei den übrigen Wurzelwachstums-Testen (S. 117). Bei Verwendung von Lein als Testpflanze ergeben sich sehr hohe Förderungswerte, so daß damit Wuchs- und Hemmstoffe eindeutig unterschieden werden können. Das Förderungsmaximum bei Verwendung von Lein liegt bei 10^{-9}% α-Naphthylessigsäure, was bedeutet, daß dieser Test trotz seiner einfachen Handhabung eine überaus hohe Empfindlichkeit zeigt. Eingehende Versuche insbesondere mit Indol-3-essigsäure stehen zur Zeit noch aus.

D. Verschiedene andere Testverfahren

1. Potometrische Methode von N. Cholodny (1930)

Prinzip der Methode: Die Wasseraufnahme von *Avena*-Koleoptilen während ihres Streckungswachstums wird mikropotometrisch gemessen.

Handhabung der Methode: Eine *Avena*-Koleoptile wird am Ende einer mit Wasser gefüllten Kapillare befestigt, aus welcher sie das zum Wachstum nötige Wasser bezieht. Um die Schwankungen der Temperatur auszuschalten, wird die Koleoptile selbst in fließendes Wasser von konstanter Temperatur getaucht.

Messung: Die Bewegung des Meniskus in der Kapillare während der Versuchsdauer gestattet bei Kenntnis des Durchmessers der Kapillare die Bestimmung der aufgenommenen Wassermenge, welche dem durch Streckungswachstum erzielten Volumszuwachs der Koleoptile entspricht.

Kritik der Methode: Da jede einzelne Koleoptile einer Kapillare direkt aufgekittet werden muß und der Durchmesser der Kapillare nicht nur völlig gleichmäßig sein, sondern auch in jedem Falle neu bestimmt werden muß, eignet sich die Methode nicht für größere Serienuntersuchungen.

2. Potometrische Methode von D. P. Hackett und K. V. Thimann (1950, 1952)

Prinzip der Methode: Kartoffelscheiben werden in Wuchsstofflösungen bestimmter Konzentration eingelegt und die Wasseraufnahme gegenüber den Kontrollen gravimetrisch bestimmt.

Handhabung der Methode: Die für den Test nötigen Kartoffeln (*Solanum tuberosum*, Sorte „Katahdin") werden bei 10° C gelagert. Aus der Knolle werden 1 mm dicke und im Durchmesser 1 cm große Scheiben mit einem Handmikrotom und einem Korkbohrer herausgeschnitten, 15 bis 30 Minuten in fließendem Leitungswasser gewaschen und danach 24 Stunden lang in wenig Wasser stehen gelassen. Die Scheiben werden nach dieser Zeit 10 Sekunden mit weichem Filtrierpapier unter einem Gewicht von 100 g abgetrocknet und auf 5 mg genau mit einer Torsionswaage in Gruppen zu je 10 gewogen. Die so präparierten Scheiben werden in große Petrischalen, die einen Drahtrost enthalten (vgl. Abb. 80) eingelegt und soviel Versuchslösung (40 bis 50 ccm) zugegeben, daß diese die Scheiben in der auf Abb. 80 gezeigten Weise umspülen. 24 Stunden nach dem Einlegen der Scheiben wird von den Wasserkontrollen das Frischgewicht bestimmt und als „Anfangsgewicht" bezeichnet. Danach kommen die Kulturgefäße

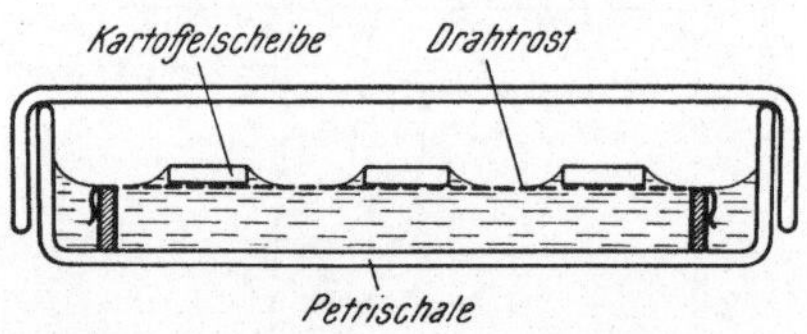

Abb. 80. Versuchsanordnung bei der potometrischen Methode von HACKETT und THIMANN (1952)

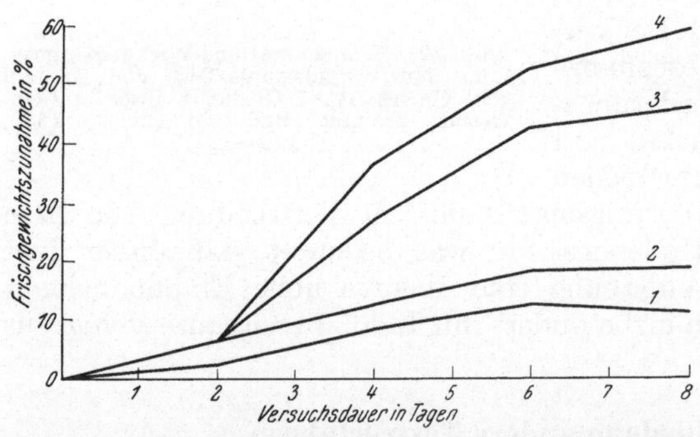

Abb. 81. Potometrische Methode von HACKETT und THIMANN. *1* Wasserkontrolle, *2* Indol-3-essigsäure 10^{-3}%, *3* α-Naphthylessigsäure 10^{-4}%, *4* α-Naphthylessigsäure 10^{-3}%. (Nach HACKETT und THIMANN 1952, S. 554)

in einen Dunkelraum mit einer Temperatur von 25° C. Alle 2 Tage werden die Scheiben kurz abgetrocknet, gewogen und wieder in die ursprüngliche Versuchslösung eingelegt. Die Zunahme an Frischgewicht wird als direktes Maß für die Wasseraufnahme ausgewertet.

Die Versuche müssen nicht unter absolut sterilen Verhältnissen durchgeführt werden. Kulturgefäße mit Infektion (weißliche, schlaffe Stellen an den Enden der Scheiben, stechender Geruch, Trübung der Versuchslösung, Weichwerden der Scheibenoberfläche) werden extra protokolliert.

Eine Konzentrations-Wirkungskurve für Wuchsstoffe wurde nicht gegeben. Aus einer Zeitkurve (Abb. 81) ist jedoch zu entnehmen, daß die Wasseraufnahme durch Indol-3-essigsäure in einer Konzentration von $10^{-3}\%$ leicht, durch α-Naphthylessigsäure in gleicher Konzentration stark gefördert wird.

Kritik der Methode: Im Gegensatz zu der potometrischen Methode von Cholodny kann diese Methode auch zu Serienuntersuchungen über die Beeinflussung der Wasseraufnahme durch Wuchsstoffe herangezogen werden.

3. Gravimetrische Methode von E. V. Bobko und N. J. Jakushkina (1945)

Prinzip der Methode: Stengelstücke von Erbsenpflanzen werden auf einer analytischen Waage abgewogen und daraufhin in die zu testende Wuchsstofflösung bestimmter Konzentration eingelegt. In bestimmten Zeitintervallen werden die Stücke aus der Lösung genommen, kurz abgetrocknet und wieder gewogen. Die Gewichtszunahme der behandelten Stücke gegenüber den Kontrollen (Leitungswasser), ausgedrückt in Prozenten des ursprünglichen Gewichtes, dient als Maß für die Wirksamkeit des betreffenden Stoffes.

Handhabung der Methode: Sorgfältig ausgesuchte Erbsensamen werden für 20 Stunden in Leitungswasser eingelegt. Die gequollenen Samen werden sodann in entsprechenden Behältern in Sand eingepflanzt und dieser befeuchtet. Die Behälter kommen für 7 Tage in einen Dunkelthermostaten (mit einer Temperatur von 22° C ± 1° und einer relativen Luftfeuchtigkeit von über 85%).

Während dieser Zeit wachsen die Pflanzen etwa 10 bis 12 cm hoch und entwickeln 2 Schuppenblätter und eine apikale Knospe. Der Abstand zwischen dieser Knospe und der unteren Blattschuppe soll nicht weniger als 30 mm, der Abstand zwischen apikaler Knospe und dem ersten Blatt nicht mehr als 5 mm betragen.

Mittels einer Schneidevorrichtung, bestehend aus 2 parallelen Rasierklingen werden aus solchen Stengeln 5 mm unterhalb der Spitze 30 mm lange Stücke herausgeschnitten.

Messung: 6 Stengelschnitte werden in vollkommen trockene und abgewogene Wiegegläschen (30 mm breit und 45 mm hoch) mit Schliffstoppel auf einer analytischen Waage auf 0,2 mg genau abgewogen. Danach werden die Wiegegläschen mit 20 ccm der Versuchslösung gefüllt und in den Thermostaten gestellt. Nach 20 Stunden wird die Lösung entleert, die Schnitte rasch mit Filtrierpapier getrocknet und in ein anderes reines, vorher gewogenes Wiegegläschen überführt und erneut abgewogen. Alle Arbeiten werden bei rotem Licht durchgeführt.

Aus allen Wiegeergebnissen wird das Mittel genommen und in Prozenten zum ursprünglichen Gewicht der Stengelstücke ausgedrückt. Ebenso wird die Gewichtszunahme der Kontrollen gegenüber ihrem ursprünglichen Gewicht in Prozenten bestimmt, diese Werte werden von den Resultaten der behandelten Proben subtrahiert.

Eine *Konzentrations-Wirkungskurve* wurde nicht gegeben.

Kritik der Methode: Der Test entspricht einer vereinfachten potometrischen Methode, da auch ihm derselbe physiologische Vorgang, nämlich die Wasseraufnahme, zugrunde liegt.

4. Blattflächen-Test von J. W. Brown und R. L. Weintraub (1950)

Prinzip der Methode: Ein Tropfen einer Wuchsstofflösung wird auf die Endknospe oder knapp unterhalb von ihr auf das Internodium einer Bohnenpflanze aufgebracht und die Blattfläche der sich neu entwickelnden Blätter bestimmt, welche mit steigenden Wuchsstoffmengen abnimmt.

Handhabung der Methode: Als Testpflanze dient *Phaseolus vulgaris*, von welcher die Sorte „Black Valentine" geeigneter erscheint als „Red Kidney", doch können prinzipiell auch andere Sorten gewählt werden. Die Empfindlichkeit des sich entwickelnden Blattes ist bei einer Länge von nur wenigen Millimetern am größten und nimmt später schnell ab. Zum Test werden jeweils 12 bis 24 Pflanzen einzeln in Töpfen in einem Torf-Sand-Boden-Gemisch bei einer Bodentemperatur von 26 bis 28° C, Tages-Raumtemperatur von 25 ± 1° C, Nacht-Temperatur 23 ± 1° C, relativer Luftfeuchtigkeit von 50 bis 70%, Photoperiode von 14 bis 16 Stunden im Glashaus herangezogen, bis sie (nach 6 bis 8 Tagen) die beiden herzförmigen Primärblätter ausgebildet haben und das Internodium unterhalb der Endknospe etwa 3 bis 7 mm lang ist. Das erste dreigeteilte Blatt hat sich in diesem Stadium noch nicht aus der Endknospe entfaltet. Die Cotyledonen können von der Versuchspflanze entfernt werden, doch ist diese Maßnahme ohne wesentlichen Einfluß auf das Ergebnis. Das Temperaturoptimum für die Blattentfaltung beträgt 31° C.

Der Wuchsstoff wird in 95%igem Äthylalkohol oder aber in Aceton gelöst. Bei Stoffen, welche sich in diesen Lösungsmitteln nicht völlig lösen lassen, können auch 50 bis 75%ige Gemische dieser Lösungsmittel mit Wasser verwendet werden. Falls nötig, kann auch zu 1% ein Netzmittel zugesetzt werden (beispielsweise „Tween 20" der Atlas-Powder-Co., ein Polyoxyalkalen-Derivat von Sorbituronoleurat), welches die Blattfläche des ersten dreigeteilten Blattes allerdings (unspezifisch auf etwa 95 ± 2,7%) herabsetzen kann.

Die wuchsstoffhaltige Lösung wird mit Hilfe einer 0,1 ccm-Pipette (für serologische Zwecke) auf das Internodium unterhalb der Endknospe aufgebracht und soll nicht mehr als etwa 0,005 ccm betragen. Man kann sich das Einhalten einer bestimmten Maximalgröße des Tropfens erleichtern, wenn man die Pipette mit einer 0,25 ccm-Tuberkulin-Spritze kombiniert und mit ihrer Hilfe bedient.

Die Versuchsdauer ist innerhalb 5 bis 12 Tagen ohne großen Einfluß auf das Ergebnis und wird mit 6 bis 7 Tagen (je nach Jahreszeit, im Winter um einen Tag länger) gewählt.

Nach Ablauf der Versuchsdauer werden von den Versuchs- wie auch von den mit wuchsstoffleerem Lösungsmittel behandelten Kontrollpflanzen die neuentwickelten ersten dreigeteilten Blätter abgenommen und nach Auflegen auf lichtempfindliches Papier und Belichtung von oben photokopiert (Abb. 82).

Abb. 82. Schattenbildaufnahme der behandelten (*a*) und unbehandelten (*b*) Bohnenblätter beim Blattflächen-Test von BROWN und WEINTRAUB (1950)

Messung: Die Bestimmung der Blattoberfläche erfolgt zweckmäßigerweise an der Photokopie. Sie kann durch Ausschneiden aus der Photokopie und Gewichtsbestimmung des Ausschnittes bei gleichzeitiger Gewichtsbestimmung eines Kontrollausschnittes von bekanntem Flächeninhalt und Umrechnung des Gewichtes auf Flächeninhalt bestimmt werden. Die Flächeninhaltswerte der Versuchspflanzen werden in Prozenten von jenen der Kontrollpflanzen ausgedrückt. Die bei Anwendung von 0,015 γ 2,4-Dichlorphenoxyessigsäure pro Pflanze aus je 16 Pflanzen gewonnenen Mittelwerte von insgesamt 22 (im Laufe eines halben Jahres durchgeführten) Versuchen brachten Standardfehler von 2,8 bis 12,6% und einen Mittelwert von 48,0±5,6%. Der Standardfehler der prozentuellen Flächenverminderung ist gleich

$$100 \sqrt{\left(\frac{m_T}{m_U}\right)^2 \left[\left(\frac{s_T}{m_T}\right)^2 + \left(\frac{s_U}{m_U}\right)^2\right]}$$

wobei m_T der Flächenmittelwert von 16 Testpflanzen, m_U jener von 16 Kontrollpflanzen und s_T der Standardfehler von m_T, s_U jener von m_U ist.

Dosis-Wirkungskurve: Die Kurve, welche von 0 bis nahezu 100% reicht, stellt eine typische Hemmstoffkurve dar (vgl. S. 90). Eine für das Gewicht der Blätter gefundene Kurve zeigt einen ähnlichen Verlauf. Da die Kurve keinen ausgesprochenen Wendepunkt besitzt, konnte BROWN und WEINTRAUB (1952) zeigen, daß praktisch Proportionalität zwischen dem Logarithmus der Wuchsstoffkonzentration des aufgebrachten Tropfens und der prozentuellen Blattflächenverminderung besteht.

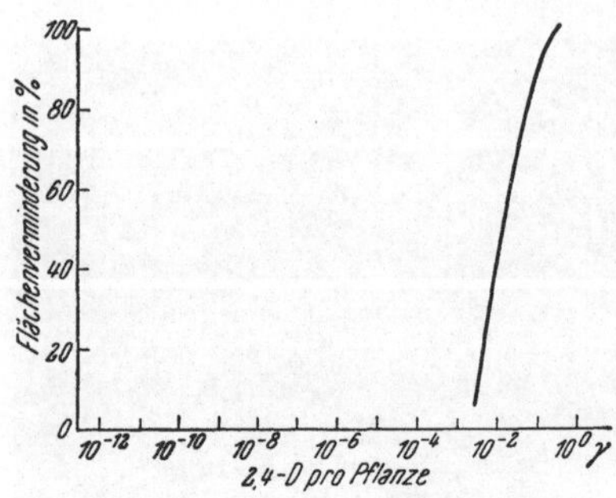

Abb. 83. Dosis-Wirkungskurve zum Blattflächen-Test von BROWN und WEINTRAUB. (Nach BROWN und WEINTRAUB 1950, S. 453)

Kritik der Methode: Es werden morphogenetische Entwicklungsveränderungen beobachtet, die nicht unmittelbar eine Aussage über Zellstreckungswirksamkeit eines bestimmten Stoffes zulassen. Eine Unterscheidung in Wuchs- und Hemmstoffe ist nicht möglich. Durch die lange Versuchsdauer ist die Methode für Versuche mit statistischer Auswertung kaum geeignet.

5. „Bohnen-Wassertropfen"-Test von H. E. Thompson, C. P. Swanson und A. G. Norman (1946)

Prinzip der Methode: Auf die Oberseite der Primärblättchen junger Bohnenpflanzen wird mit Hilfe einer Meßpipette ein Wassertropfen, der den zu testenden Wuchsstoff in bestimmter Konzentration enthält, aufgetragen und nach 10 Tagen das Frischgewicht der behandelten Blätter gegenüber den Kontrollen bestimmt.

Handhabung der Methode: Samen von „Kidney"-Bohnen werden in 10 cm großen Töpfen, die etwa 50 dkg gedüngte Erde enthalten, gesetzt. Sieben bis 10 Tage nach dem Einpflanzen haben die Keimlinge eine Höhe von 10 cm erreicht und 3,5 cm breite Primärblätter entwickelt. Sie werden nun einzeln in Töpfe umpikiert und 9 Pflanzen für jede Testlösung verwendet. Jede Pflanze wird mit 0,02 ccm einer wässerigen Lösung bestimmter Konzentration, der noch „Carbowax Nr. 1500" als Haftmittel beigegeben wird, behandelt. Und zwar wird mit Hilfe einer in 1/10 ccm unterteilten Meßpipette ein Tropfen der Testlösung auf die Oberseite des Blattes, etwa 3 mm weit von der Ansatzstelle der Blattspreite an den Blattstiel punktförmig auf die Mittelrippe aufgetragen.

Zehn Tage nach der Behandlung wird das Frischgewicht der Bohnenpflanzen und zwar nur von dem Teil oberhalb des zweiten Knotens bestimmt. Die Wirkung von 2,4-Dichlorphenoxyessigsäure wird als 100%ig angenommen und die Wirkung anderer Substanzen nach dieser beurteilt.

Eine *Konzentrations-Wirkungskurve* wurde nicht gegeben.

Kritik der Methode: Vergleiche die Bemerkungen zum Blattflächen-Test von BROWN und WEINTRAUB auf S. 136. Mit dem Test wurde eine große Anzahl synthetischer Substanzen getestet.

Der Test kann nach Angabe der Autoren so modifiziert werden, daß an Stelle einer wässerigen Versuchslösung die Wuchsstoffe in Öl gelöst zur Verwendung kommen („Kidney-Bean-single-droplet-oil-Test"). Die Handhabung dieses Testes unterscheidet sich vom „Wassertropfen-Test" nur in den drei folgenden Punkten: 1. In jedem Topf befinden sich 2 Testpflanzen. 2. Die Applikation der Öltropfen geschieht erst, wenn die Primärblätter voll ausgebildet sind und das 2. Internodium etwa 2,5 cm lang ist (bei etwa 2 Wochen alten Pflanzen). 3. Bei Behandlung wird nur 0,01 ccm der öligen Versuchslösung auf die Blattoberseite appliziert.

6. Lemna-Test von R. Gorham (1941)

Prinzip der Methode: *Lemna*-Pflanzen werden eine bestimmte Zeit hindurch in Wuchsstofflösungen bestimmter Konzentration gehalten. Die Veränderung der Blattfläche der behandelten Pflanzen gegenüber den Kontrollen wird bestimmt.

Handhabung der Methode: *Lemna*-Pflanzen werden in 250 ccm Kulturgläser, welche eine Nährlösung und außerdem den zu testenden Wuchsstoff in bestimmter Konzentration enthalten, umgesetzt und unter konstanten Licht- und Temperaturverhältnissen (25° C$\pm$0,5°) kultiviert. Nach etwa 8 Tagen, wenn sich bereits deutliche Unterschiede der behandelten Pflanzen gegenüber den Kontrollen zeigen, werden die auf der Wasseroberfläche schwimmenden Pflanzen von oben her mit einer Kleinbildkamera photographiert. Das Kulturgefäß wird dazu in einen Dunkelkasten auf eine Beleuchtungsquelle gestellt und von unten her belichtet. Mittels eines Projektors werden die photographischen Aufnahmen fünffach vergrößert auf eine Zeichenwand projiziert und abgezeichnet. Von diesen vergrößerten Zeichnungen wird mit Hilfe eines Planimeters der Flächeninhalt bestimmt. Die prozentuelle Standardabweichung beträgt bei diesem Meßverfahren 1,33.

Eine *Konzentrations-Wirkungskurve* wurde nicht gegeben.

Ein ähnlicher Wuchsstofftest mit *Lemna minor* wurde ferner von BLACKMAN (1952, et al. 1953), SIMON et al. (1952) und FROMM (1946, 1949, 1951) beschrieben.

Kritik der Methode: Für diesen Test dürfte es schwierig sein, genügend physiologisch einheitliches Versuchsmaterial zur Verfügung zu haben. Ansonsten vergleiche allgemeine Bemerkungen zum Blattflächen-Test auf S. 136.

7. Epinastie-Test von A. E. Hitchcock und P. W. Zimmerman (1951)

Prinzip der Methode: Tomatenpflanzen werden mit Wuchsstofflösungen bestimmter Konzentration behandelt. Nach dem Ausmaß der Gesamtwirkung, die sich aus Einzelwirkungen wie Stammkrümmungen, Blattmodifikationen usw. ergibt, werden den behandelten Pflanzen

Rangnummern zugeordnet, die als Maß für die Wirkung der betreffenden Stoffe gelten.

Handhabung der Methode: 9 cm hohe, gleichaltrige Tomatenpflanzen (*Lycopersicum esculentum* Mill.) der Sorte „Bonny Best", die in 10 cm-Töpfen herangezogen werden, finden für den Test Verwendung. Eine

Abb. 84. Epinastie-Test von HITCHCOCK und ZIMMERMAN. Tomatenpflanzen, mit 2,4-Dichlorphenoxyessigsäure behandelt. (Aus HITCHCOCK und ZIMMERMAN 1951, S. 235)

weitere Auswahl wird nach der Anzahl und Größe der Blätter, sowie der Ähnlichkeit der Blättchen des vierten Blattes getroffen.

Die Behandlung der Pflanzen wird zwischen 8 Uhr 30 und 10 Uhr 30 bei relativ hoher Lichtintensität durchgeführt. Die Temperatur im Glashaus soll tagsüber etwa 21 bis 29,5° C, bei Nacht etwa 20 bis 21° C betragen.

Die Testlösungen werden mittels Meßpipetten (0,1 ccm) auf die Unterseite eines oder mehrerer Blättchen des vierten Blattes auf deren Mittelrippen 5 bis 10 mm weit aufgetragen[1]. Die Auswirkungen der Wuchs-

[1] Die Methode kann dahin abgewandelt werden, daß die Tomatenpflanzen entweder mit den Wuchsstofflösungen besprüht werden oder der

stoffbehandlung bestehen in Modifikationen der Blätter, Stammkrümmungen, Abbiegungen der behandelten Blätter, Änderungen der Farbe der Stengel, Stammverdickungen mit Wurzelbildung, sowie einer Stammverlängerung gegenüber den Kontrollpflanzen.

Messung: Die Blatt- und Stammkrümmungen werden mit einem Winkelmesser bestimmt; der Längenzuwachs wird in Zentimeter abgemessen. Andere Auswirkungen auf die Testpflanzen werden in relativen Größen von 1, als Kennzeichnung einer ganz schwachen Wirkung bis zu 6, als maximale Wirkung geschätzt. Der Gesamteffekt der Behandlung wird durch das Einordnen der Pflanzen nach einem relativen Gesamtwert, der alle Einzelwerte beinhaltet, bestimmt.

Die individuellen wie auch die Gesamteffekte an den behandelten Pflanzen können schnell dadurch ermittelt werden, daß die Pflanzen in ein oder zwei Reihen nach steigendem Effekt geordnet werden (Abb. 84). Das Einreihen von 30 bis 40 behandelten Pflanzen dauert dabei nur höchstens 10 Minuten. Nach dem Ordnen wird jeder Pflanze je nach ihrer Stellung in der Reihe eine Rangnummer als Ausdruck für eine schwache bzw. starke Wirkung der Wuchsstoffbehandlung zuerkannt. Diese Rangnummern können für statistische Auswertungen herangezogen werden. Der Zusammenhang zwischen verschiedenen Wirkungen in denselben bzw. in anderen Versuchen wird mit Hilfe eines nach statistischen Methoden errechenbaren Korrelations-Koeffizienten ermittelt.

Die Handhabung der angegebenen Methode setzt die Kenntnis der Konzentration, die benötigt wird, um einen bestimmten Effekt auf der Testpflanze hervorzurufen, voraus. Diese Kenntnis ist für das Einordnen der Pflanzen, der Konzentrations-Wirkungskurve entsprechend, unbedingt notwendig.

Wenn sich die Wirkungen an den Testpflanzen über einen weiten Konzentrationsbereich erstrecken, ist es notwendig, den Pflanzen, die

---

Wuchsstoff dem Boden beigegeben wird. Die Wirkstoffe können aber auch in Lanolinpaste vermischt den Testpflanzen aufgetragen werden.

Eine ähnliche Methode wurde von Mullison (1951) gegeben. Als Testpflanzen dienen wieder junge, 9 bis 10 cm hohe Tomatenpflanzen, die in 10 cm-Töpfen herangezogen werden. Bei der Wuchsstoffbehandlung werden die Pflanzen in ungewachste Papierbecher (Durchmesser 10 cm, Tiefe etwa 6 cm), die den zu testenden Wuchsstoff in bestimmter Konzentration enthalten, so weit eingetaucht, daß die Spitzen der Pflanzen den Bechergrund berühren. Nach dem Abtropfen werden die Pflanzen im Glashaus aufgestellt. 24 Stunden nach der Behandlung werden die Beobachtungen über Epinastie, 10 Tage danach die Auswertung der formativen und systemischen Effekte durchgeführt.

Statt dieser „Immersions-Methode" kann auch die „Singledrop technique" angewendet werden, die darin besteht, daß mit Hilfe einer Mikropipette auf ein Blatt einer jungen Tomatenpflanze (10 cm hoch) ein Tropfen (0,006 ccm) der Versuchslösung aufgetragen wird.

Zur Auswertung der Versuchsergebnisse werden den behandelten Pflanzen je nach Wirkung Rangnummern (von 1 bis 6) zugeordnet.

Bei Versuchen mit Bohnen (*Phaseolus vulgaris* var. Cranberry) als Testpflanzen ergab sich, daß diese weniger empfindlich auf Wuchsstoffe reagierten als Tomatenpflanzen.

Hemmungserscheinungen zeigen, eine höhere Rangnummer, entsprechend dem absteigenden Ast der Konzentrations-Wirkungskurve zuzuordnen. Wenn z. B. zwei behandelte Pflanzen einen Längenzuwachs von 20 mm zeigen, können ihnen für die Konzentration 1 γ 2,4-Dichlorphenoxyessigsäure auf dem aufsteigenden Ast der Kurve oder auch für 6 γ 2,4-Dichlorphenoxyessigsäure auf dem absteigenden Ast gleiche Rangnummern zugeordnet werden. Das Vorhandensein bzw. das Fehlen von Gewebeverdickungen am Stamm kann dann zur Beurteilung herangezogen werden, ob einer behandelten Pflanze die höhere oder niedrigere Rangnummer zugeordnet werden kann.

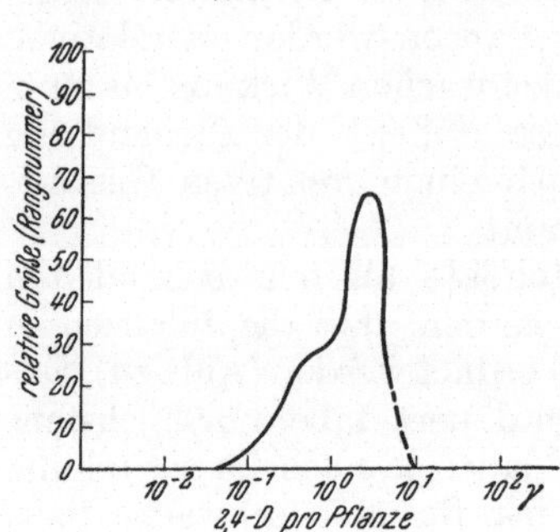

Abb. 85. Dosis-Wirkungskurve zum Epinastie-Test von HITCHCOCK und ZIMMERMAN. (Nach HITCHCOCK und ZIMMERMAN 1951, S. 228)

Dosis-Wirkungskurve: vgl. Abb. 85.

Kritik der Methode: Als Testergebnis ergibt sich eine Resultierende, die aus verschiedenen physiologischen Komponenten wie Zellstreckung, Zellteilung und verschiedenen Stoffwechselvorgängen entsteht. Die Methode hat den Vorteil, daß unter natürlichen Verhältnissen gearbeitet wird. Für größere Versuchsreihen, insbesondere mit statistischer Auswertung, ist für die Durchführung des Testes viel Glashaus-Raum notwendig.

8. Methode zur Testung gasförmiger Substanzen von P. W. Zimmerman, A. E. Hitchcock und F. Wilcoxon (1939)

Prinzip der Methode: Auf Tomatenpflanzen, die unter Glasstürzen stehen, wirken die zu testenden Wuchsstoffe im gasförmigen Zustand ein. Aus den Auswirkungen an den Pflanzen (Epinastie der Blätter) können Rückschlüsse auf die Wuchsstoffwirksamkeit der betreffenden Stoffe gezogen werden.

Handhabung der Methode: Als Versuchsobjekt dienen Tomatenpflanzen (*Lycopersicum esculentum*), daneben noch *Zea mays*, *Cosmos sulphureus*, *Tagetes erecta*, *Helianthus tuberosus*, *Mimosa pudica*, *Chenopodium album* und *Pisum sativum* var. Alaska.

Die Pflanzen werden unter Glasstürzen oder großen Bechergläsern zusammen mit den flüchtigen Wuchsstofflösungen, die sich in offenen Petrischalen oder Uhrgläsern befinden, gehalten. Im allgemeinen werden 0,1 g des kristallinen Materials bzw. 1 bis 5 Tropfen der Substanz in gelöster Form verwendet. Die Menge, die in 24 Stunden aus den offenen Petrischalen verschwindet, ist nicht festzustellen und es können die gleichen Proben wiederholt für weitere Versuche verwendet werden.

Bei weniger flüchtigen Substanzen ist es vorteilhaft, die Glasstürze, in denen sich die Pflanzen befinden, etwas zu entlüften. Um die Verdampfung zu fördern, können die Petrischalen mit den Wirkstofflösungen unter den Glasstürzen auf einen warmen bis heißen Schmelztiegel gestellt werden. Die Temperatur desselben ist von der Flüchtigkeit des jeweiligen Wirkstoffes abhängig. Im Falle der Indol-3-essigsäure und Indol-3-buttersäure ist es günstig, diese Substanzen zu erwärmen und außerdem die Glasstürze zu evakuieren.

Die Zeit, welche die Pflanzen dem Dampf ausgesetzt werden, beträgt 3 Minuten bis 24 Stunden. Die Auswirkungen der dampfförmigen Wirkstoffe auf die Pflanzen bestehen zur Hauptsache in Krümmungen der Stengel und Epinastie der Blätter.

Eine quantitative Auswertung des Testes wurde von den Autoren nicht gegeben.

Kritik der Methode: Bei der Behandlung der Versuchspflanzen mit Wuchsstoffen in gasförmigem Zustand ist die Verteilung derselben bedeutend gleichmäßiger als bei anderen Aufbringungsmethoden. Ansonsten vergleiche die Kritik zu Epinastie-Testen auf S. 140.

9. Phototropie-Test von R. L. Jones, T. P. Metcalfe und W. A. Sexton (1954)

Prinzip der Methode: Raps- oder Roggen-Samen werden im groben „Silbersand" gezogen und mit der zu testenden Substanz begossen. Die sich entwickelnden jungen Keimlinge werden nur von einer Seite her beleuchtet und danach der phototropische Effekt der behandelten Pflanzen gegenüber den Kontrollen beobachtet.

Handhabung der Methode: Gewachste Papierschachteln ($7{,}5 \times 10 \times 5$ cm) werden etwa 4 cm hoch mit grobem „Silbersand" gefüllt. Raps- (Sorte English Broad-leaved) oder Roggen- (English Leafy Italian) Samen werden in 2 parallelen Reihen gestreut und mit etwa $^1/_2$ cm Sand bedeckt. Die Kartons werden sodann mit 80 ccm der Testlösung begossen und in eine lange, schwarz bestrichene Schachtel gestellt. Das Licht einer 6-Watt-Glühbirne kann durch einen $2{,}5 \times 3{,}8$ cm großen Spalt an einer Seite der langen Schachtel in der Höhe des Kartonrandes einfallen.

Während die Keimlinge der Kontrollen sich zum Licht hin biegen, geben Pflanzen, die mit einem „antiphototropischen" Mittel behandelt wurden, keinen solchen Effekt.

Konzentrations-Wirkungskurve wurde keine gegeben.

Kritik der Methode: Es handelt sich um keinen reinen Zellstreckungstest, sondern das beteiligte physiologische System ist von viel komplexerer und zum Teil undurchsichtiger Natur. Für die Reaktionsweise wird vor allem der pflanzeneigene Wuchsstoff von großer Wichtigkeit sein.

10. Phototropie-Test von C. Mentzer (1948)

Prinzip der Methode: Die Hemmung der phototropischen Reaktion von Linsen-Keimlingen bei Behandlung mit Wuchsstofflösungen wird zur Testung ausgewertet.

Handhabung der Methode: 10 g Linsensamen werden 24 Stunden lang in Leitungswasser vorgequollen. Danach werden die Samen auf eine Lage feuchter, wasseraufsaugender Stoffstreifen in einer Petrischale ausgebreitet. Bei normalem Wachstum tritt in den Kulturen selten ein Pilzbefall ein. Wird jedoch ein solcher festgestellt, so kann er, wenn die Stoffstreifen alle 2 Tage mit 2 ccm einer Methoxy-2-Naphthochinon-1,4-Lösung behandelt werden, beseitigt werden.

Zum Wuchsstoff-Test werden Linsen-Pflanzen mit einer Höhe von 5 bis 10 cm, bei denen sich die ersten Blättchen bereits zum Licht neigen, verwendet. Die Versuchslösung (5 ccm für 10 g Samen) wird mittels eines Mikrozerstäubers auf die Gesamtheit der Keimlinge gesprüht. Das Besprühen soll zwischen 9 Uhr vormittags und 4 Uhr nachmittags erfolgen. Es soll nicht im vollen Sonnenlicht, sondern bei diffusem Licht und einer Temperatur von 18 bis 22° C gearbeitet werden.

Nach dem Besprühen werden die Petrischalen so umgewendet, daß die Seite, die zuerst im Schatten war, nun dem Licht ausgesetzt wird. Es genügt dabei schon gewöhnliches Tageslicht. Um eine Reflexion zu verhindern, werden die Schalen reihenweise vor einem schwarzen Schirm aufgestellt. Durch die Belichtung der anderen Seite tritt bei den unbehandelten Kontrollen innerhalb einer bestimmten Zeit eine Rückbildung ein. Die mit Wirkstoffen behandelten Keimlinge zeigen jedoch je nach der verabreichten Wirkstoffkonzentration eine Hemmung der phototropischen Rückbiegung.

Messung: Bei der Testung eines unbekannten Wirkstoffes wird entweder das Konzentrationsminimum bestimmt, bei dem die zu testende Lösung ihre Grenzwirkung zeigt, oder es wird jene Wirkstoffkonzentration gesucht, welche das gleiche Resultat liefert wie eine Lösung von Naphthylacetat mit bestimmter Konzentration.

Konzentrations-Wirkungskurve wurde keine gegeben.

Kritik der Methode: Vergleiche Bemerkungen zum Phototropie-Test von JONES et al. auf S. 141.

11. Geotropie-Test von R. L. Jones, T. P. Metcalfe und W. A. Sexton (1954)

Prinzip der Methode: Raps- oder Roggenkeimlinge werden auf Agar, der den zu testenden Stoff in bestimmter Konzentration enthält, aufgelegt; nach bestimmter Zeit wird die Hemmung der geotropischen Reaktion beobachtet.

Handhabung der Methode: Raps- oder Roggensamen (gleiche Sorten wie beim Phototropie-Test auf S. 141) werden in einer Petrischale auf Agar keimen gelassen, bis die Wurzeln 1 cm lang sind. Die Keimlinge werden sodann mittels einer Pinzette in andere Petrischalen mit Agar überführt, dem der zu testende Stoff in bestimmter Konzentration beigegeben ist. Diese Schalen werden danach in vertikaler Stellung in einem Dunkelraum bei 20° C für 24 Stunden aufgestellt.

Innerhalb dieser Zeit zeigen die Kontrollpflanzen bereits eine deutliche geotropische Krümmung nach abwärts, während die Pflanzen, die auf wuchsstoffhaltigem Agar liegen, horizontal weiterwachsen. Bei der Versuchsauswertung werden die Proben, bei denen die Keimwurzel 45°

abgebogen ist, mit einem +Zeichen, die, bei denen die Keimwurzel horizontal wächst, mit ++ bezeichnet.

Eine *Konzentrations-Wirkungskurve* wurde nicht gegeben.

Kritik der Methode: Vergleiche Kritik beim Phototropie-Test auf S. 141.

12. Wurzelbildungs-Test von F. W. Went (1934 b)

Prinzip der Methode: Teilstücke aus etiolierten Erbsenkeimlingen werden am apikalen Ende gespalten und mit diesem Ende in Wuchsstofflösungen bestimmter Konzentration eingestellt. Nach bestimmter Zeit werden die Stücke umgedreht und mit dem basalen Teil zuerst in

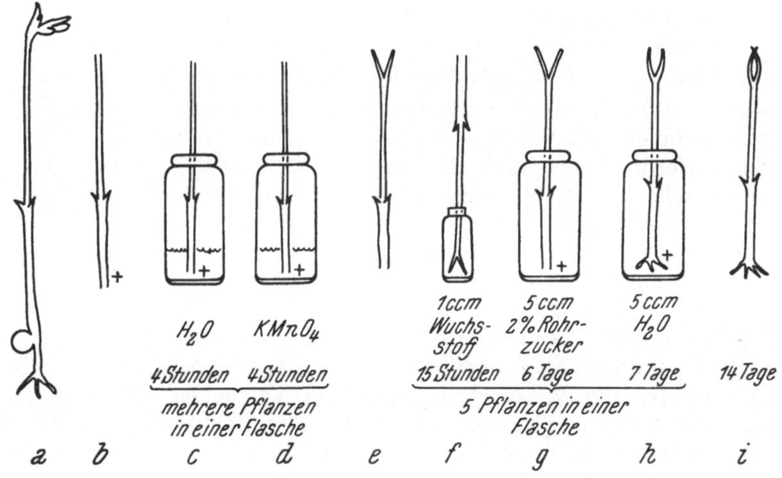

Abb. 86. Versuchsanordnung beim Wurzelbildungs-Test von WENT. Erklärung im Text. (Nach WENT und THIMANN 1937, S. 187)

eine Zuckerlösung, dann in Leitungswasser gestellt. Nach 14 Tagen wird die Anzahl der sich neu entwickelnden Wurzeln bestimmt.

Handhabung der Methode: Samen von *Pisum sativum* Sorte „Alaska, Stock 89" werden mit $HgCl_2$ desinfiziert und 4 bis 6 Stunden in Wasser vorgequollen. Danach werden sie in Kistchen, die gut gewaschenen Sand enthalten, gesetzt. Die Kistchen kommen sodann in einen physiologischen Dunkelraum mit hoher Luftfeuchtigkeit (zwischen 85 und 90 %). Alle weiteren Manipulationen werden bei rotem Licht und einer Temperatur von 25° C ausgeführt.

Eine Woche nach dem Auslegen der Samen, wenn die Pflanzen eine Länge von 10 bis 15 cm über den Sand hinaus erreicht haben (Abb. 86 a) werden sie etwa 1 bis 2 mm oberhalb des ersten Knotens abgeschnitten. Am ersten wie am zweiten Knoten entwickelt sich nur eine Blattschuppe, während am dritten Nodium das erste normale Blatt erscheint. Die Spitze des Keimlings wird knapp unterhalb des dritten Knotens abgeschnitten, so daß die für den Test präparierte Pflanze aus dem zweiten und dritten Internodium mit dem zweiten Knoten und Blattschuppe besteht (Abb. 86 b). Sodann werden die abgeschnittenen Pflanzen mit ihrer Basis für 4 Stunden in Wasser (Abb. 86 c), für weitere 4 Stunden in eine 0,05 %ige $KMnO_4$-Lösung eingestellt (Abb. 86 d).

In der Zwischenzeit werden die Testlösungen in entsprechenden Verdünnungen hergestellt und damit je 2 Flaschen für jede Konzentration gefüllt. Ist der Durchmesser des Fläschchens nicht mehr als 1 cm, so genügt davon meist eine Menge von 1 ccm. Die für die Versuche zur Verwendung kommenden Gefäße müssen gründlichst gereinigt sein und dürfen keinerlei Spuren von K-Permanganat enthalten. Sie werden in 2 Reihen zu je 10 Stück in einem Holzgestell aufgestellt und von 1 bis 20 numeriert.

Bei Versuchen mit Lösungen unbekannter Konzentration wird neben den Testlösungen selbst auch eine Verdünnungsreihe mit derselben Substanz bekannter Konzentration für Vergleichszwecke hergestellt.

Nach 4 Stunden werden die Pflanzen aus der Permanganat-Lösung herausgenommen, mit Wasser gut abgespült und die anhaftenden Wassertropfen entfernt. Der apikale Teil der Pflanzen wird sodann 1 cm weit mit einer scharfen Rasierklinge längsweise gespalten (Abb. 86 e) und mit diesem gespaltenen Teil in die Versuchslösungen gestellt (Abb. 86 f). Falls Wuchsstoffe in den Lösungen zugegen sind, krümmen sich die Spalthälften einwärts wie beim Erbsen-Test, vgl. S. 68 ff.

In jede Flasche kommen mindestens 5 Pflanzen. Da für jede Verdünnung 2 Flaschen zur Verfügung stehen, kommen auf eine Verdünnung 10, für einen Test daher 40 bis 60 Pflanzen zur Verwendung. Für die Kontrollen und für die Vergleichslösungen bei Versuchen mit Substanzen unbekannter Konzentration werden 60 bis 100 Pflanzen verwendet. Bei der Handhabung des Testes in besagter Weise können von einer Person in einer Woche etwa 2000 Pflanzen aufgearbeitet werden.

Nach 12 bis 15 Stunden werden die Versuchspflanzen aus der Testlösung genommen, das gespaltene Ende gut mit Wasser abgespült und je 5 Pflanzen zusammen in Fläschchen ($2^1/_2$ bis 3 cm Durchmesser), die 5 ccm 2 %iger Rohrzuckerlösung enthalten, mit ihren basalen Enden eingestellt (Abb. 86 g). Diese beschickten Fläschchen werden in 2 Reihen zu je 10 in Kistchen aufgestellt, jeder Platz wird entsprechend den Testlösungen numeriert. Der zur Verwendung kommende Rohrzucker muß vorher mit Äther oder Chloroform extrahiert werden, denn selbst die reinsten Produkte enthalten noch beachtliche Mengen toxisch wirksamer Substanzen. Glukose oder Fruktose sind für den Test nicht geeignet. Bei Verwendung von sterilisierten Zuckerlösungen, mit Alkohol gereinigten Gläsern und gesunden Pflanzen tritt in den ersten 6 Tagen weder Pilz- noch Bakterienbefall ein. Nach dieser Zeit wird die Zuckerlösung durch gewöhnliches Leitungswasser ersetzt (Abb. 86 h).

Die besten Bedingungen für die Wurzelbildung nach der Wuchsstoffbehandlung sind im Dunkelraum bei 20° C und einer Luftfeuchtigkeit von 60 bis 70 % gegeben. Die ersten Wurzeln bilden sich meist schon 4 bis 5 Tage nach der Behandlung.

Messung: Die erste Wurzelzählung wird zum Zeitpunkt, wenn die Pflanzen aus der Zuckerlösung in Wasser umgesetzt werden, durchgeführt. Die endgültige Zählung aber, nach der die Beurteilung der Wuchsstoffwirksamkeit erfolgt, wird erst 14 Tage nach der Behandlung durchgeführt. Zu diesem Zeitpunkt kann nämlich angenommen werden, daß sich alle durch den Wuchsstoff induzierten Wurzeln bereits ausgebildet haben (Abb. 86i).

Um vergleichbare Werte zu erhalten, kann nach WENT für die Aktivität eines Stoffes, Wurzeln auszubilden, eine Einheit RU (=Rhizocaline Unit) angenommen werden, die so definiert ist, daß eine Lösung 1 RU enthält, wenn sie bei genauer Einhaltung der Testvorschrift eine Wurzel über den Wurzelzuwachs der Kontrollen entwickelt.

Kritik der Methode: Es wird nicht das Zellstreckungswachstum, sondern die Fähigkeit eines bestimmten Stoffes, Zellteilungen anzuregen, bestimmt. Wegen der verhältnismäßig langen Versuchszeit ist der Test für Serienuntersuchungen wenig geeignet.

13. Wurzelbildungs-Test von A. E. Hitchcock und P. W. Zimmerman (1938, 1945)

Prinzip der Methode: Stecklinge von *Ligustrum ovalifolium* oder *Lycopersicum esculentum* werden in Wirkstofflösungen bestimmter Konzentration eingetaucht und die Anzahl der sich bildenden Wurzeln als Maß für die Wirkung des betreffenden Stoffes ausgewertet.

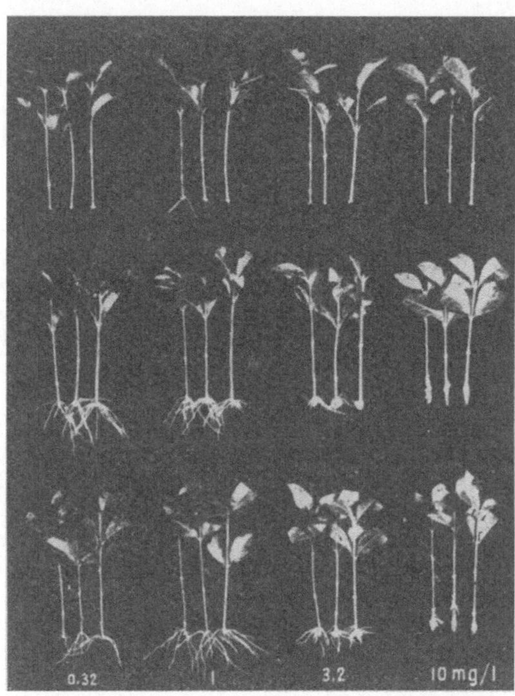

Abb. 87. Wurzelbildungs-Test von HITCHCOCK und ZIMMERMAN. Liguster-Stecklinge 29 Tage nach der Behandlung. Obere Reihe: 4-Chlorphenoxyessigsäure; mittlere Reihe: α-(4-Chlorphenoxy)-propionsäure; untere Reihe: α-(4-Chlorphenoxy)-buttersäure. (Aus HITCHCOCK und ZIMMERMAN 1945, S. 30)

Handhabung der Methode: Stecklinge von *Ligustrum ovalifolium* (Hassk.), die drei verschiedene Male im Juli gesammelt werden, werden in Serie A, B und C geordnet. In jeder Serie werden die Schößlinge je nach Blatt, Stamm und ihrem Platz an der Mutterpflanze in 4 Typen (I, II, III, und IV) unterteilt. Ein direkter Zusammenhang zwischen den Typen der 3 Serien untereinander besteht nicht. So ist z. B. Type II der Serie B nicht dieselbe wie in Serie A.

Mit jeder Konzentration der Versuchslösung werden 3 Stecklinge aus jeder der 4 Typen, also eine Gesamtanzahl von 12 Stecklingen behandelt. Und zwar werden ihre basalen Enden für eine Zeit von 20 Stunden in die Testlösung eingetaucht und nachher in Sand gepflanzt. Als Testobjekt können neben *Ligustrum* auch die Blattstecklinge der „Bonny Best" und „Marglobe" Sorte von *Lycopersicum esculentum* Mill. zur Verwendung kommen. Die Stecklinge werden 24 Stunden lang mit einer genügenden Menge einer Wuchsstofflösung, die sich in 50 bis 150 ccm-Bechergläsern oder Fläschchen befindet, behandelt und zwar auf die Art, daß die basalen Enden der Stecklinge 2 bis 3 cm tief in die Testlösung eingetaucht werden. Nach 24 Stunden werden die Stecklinge aus der Versuchslösung genommen, gewaschen und für den Rest des Testes mit den basalen Enden in Leitungswasser gestellt. Bei den behandelten Tomaten-Blattstecklingen erscheinen Wurzeln normalerweise am vierten oder fünften Tag.

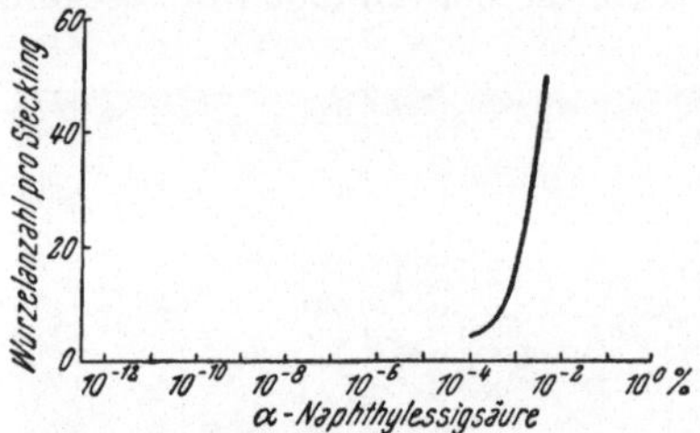

Abb. 88. Konzentrations-Wirkungskurve zum Wurzelbildungs-Test von Hitchcock und Zimmerman (1945, S. 23)

Die Länge der Tomaten-Blattstecklinge soll 15 und 25 cm betragen. Je nach der Größe der Pflanze werden von ihr 1 bis 3 Blätter abgenommen. Für den Test eignen sich besonders die großen Blätter am unteren Teil des Stengels. Die Blätter werden an der Basis des Blattstieles abgeschnitten. Bei vergleichenden Untersuchungen ist es wichtig, daß die Schnittstellen bei allen Stecklingen gleich sind. Die Teste mit Tomaten-Stecklingen werden in „Wardian"-Glasgefäßen, die im Glashaus aufgestellt sind, durchgeführt.

Messung: Sowohl bei den Testen mit *Ligustrum* als auch mit *Lycopercicum* wird die durchschnittliche Anzahl der neu gebildeten Wurzeln nach der Wuchsstoffbehandlung als Maß für die Wirkung des betreffenden Stoffes ausgewertet. Bei *Ligustrum* werden die Wurzelzählungen für Serie A und B 25 Tage, bei Serie C 29 Tage nach der Behandlung durchgeführt. Allgemein erfolgt die Wurzelzählung dann, wenn die unbehandelten Kontrollpflanzen beginnen, Wurzeln auszubilden. Bei *Lycopersicum* wird die Wurzelzählung am 6. oder 7. Tag, je nach der Aktivität der Stecklinge und den atmosphärischen Bedingungen, durchgeführt.

Konzentrations-Wirkungskurve: vgl. Abb. 88.

Kritik der Methode: Vergleiche Wurzelbildungs-Test von Went auf S. 145.

Ein ähnlicher Wurzelbildungs-Test wird von Maximov, Turezkaya und Mukhina (1947) beschrieben. Für den Test werden 10 Tage alte Keimlinge von *Phaseolus vulgaris* verwendet. Und zwar werden diese für 16 Stunden in Wuchsstofflösungen bestimmter Konzentration eingestellt. Nach 4 Tagen beginnen die Keimlinge bereits Wurzeln zu treiben und die ersten Anzeichen der Wuchsstoffeinwirkung, die vor allem in Veränderungen des Stengels und der Ausbildung von Protuberanzen bestehen, werden sichtbar. Es wird jede Wuchsstofflösung mit der physiologischen Wirksamkeit von Indol-3-buttersäure verglichen.

Konzentrations-Wirkungskurve wurde keine gegeben.

14. Cochlearia-Test von R. C. Lindner (1939)

Prinzip der Methode: 4 cm dicke Scheiben, die man aus einer Meerrettichwurzel herausschneidet, werden mit Wuchsstofflösungen bestimmter Konzentration behandelt und die Entwicklung von Wurzeln, Trieben, sowie anatomischen Veränderungen beobachtet.

Handhabung der Methode: Wurzeln von *Cochlearia armoracea* werden in 4 cm lange zylindrische Scheiben geschnitten und jede Scheibe an der

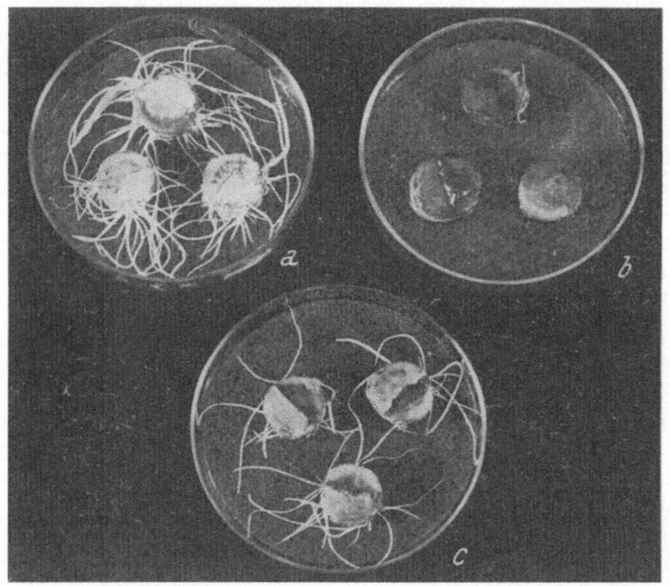

Abb. 89. Versuchsanordnung beim *Cochlearia*-Test nach LINSER 1949. *Cochlearia armoracea*; 13 Tage; 26° C; *a* Indol-3-essigsäure 10° %, *b Syringa*-Extrakt (stark konzentriert), *c Syringa*-Extrakt (schwach konzentriert)

morphologischen Unterseite durch eine kleine Kerbe gekennzeichnet. Die äußersten oberen und unteren Scheiben eines jeden Rettichs werden verworfen und nur die mittleren Scheiben für den Test verwendet.

Die Behandlung der Scheiben mit Wuchsstoff kann auf drei verschiedene Arten geschehen:

1. Die wässerige Wuchsstofflösung bestimmter Konzentration wird mittels eines Pinsels auf die obere oder untere Seite bzw. auf beide Schnittflächen der Scheibe aufgetragen.

2. Der zu testende Wuchsstoff wird in Lanolinpaste vermischt auf die obere oder untere Seite bzw. auf beide Schnittflächen der Scheibe aufgetragen.

3. Der Wuchsstoff wird in Lanolinpaste vermischt in Form eines 5 mm breiten Streifens rund um die Scheibe, knapp unterhalb der oberen Schnittfläche, aufgetragen.

Als Kontrollen werden solche Scheiben verwendet, die entweder mit reinem Lanolin behandelt werden, bzw. vollkommen unbehandelt bleiben.

Nach der Wuchsstoffbehandlung kommen die Scheiben in eine feuchte Kammer, in feuchten Sand oder in feuchtes *Sphagnum*-Moos. Nach etwa 2 Wochen erfolgt die Auszählung der neugebildeten Wurzeln und Knospen. Alle Versuche wurden vom Autor auch mit Wurzelscheiben wiederholt, die vor der Wuchsstoffbehandlung 14 Stunden lang in fließendem Leitungswasser lagen.

Eine quantitative Auswertung des Testes wurde nicht gegeben.

Kritik der Methode: Wie bei den Wurzelbildungs-Testen wird auch hier die Fähigkeit eines Stoffes, Zellteilungen anzuregen, bestimmt. Durch die lange Versuchszeit ist der Test nur schwer für Serienuntersuchungen verwendbar.

Eine Modifikation dieses Testes wurde von LINSER (1949) beschrieben und zwar werden 1 cm dicke *Cochlearia*-Scheiben in großen Petrischalen auf feuchtem Filtrierpapier ausgelegt und die Oberfläche jeder Scheibe *halbseitig* mit Lanolinpaste (Abb. 89), die den zu testenden Stoff in bestimmter Konzentration enthält, bestrichen. Nach einer bestimmten Zeit werden die neu sich bildenden Wurzeln jeder Schnitthälfte gezählt. Dieser Test kann ferner zur Untersuchung der Sproßbildung herangezogen werden.

Zu ähnlichen Versuchen können auch Rhizomstücke von *Aegopodium podagraria* verwendet werden (BENNET-CLARK und BALL 1951).

Eine weitere Methode zur Untersuchung der Wirkung von Wuchsstoffen auf isolierte pflanzliche Gewebe wurde von MOREL (1948) gegeben. Die zur Verwendung kommende Nährlösung (KNOP) besteht aus 0,50 g $Ca(NO_3)_2 . 4 H_2O$; 0,125 g KNO_3; 0,125 g $MgSO_4 . 7 H_2O$j0,125 g KH_2PO_4 und 1000 ccm glasdestilliertem Wasser, das keinerlei Spuren von Schwermetallen enthalten darf. Dieser Lösung, die halbverdünnt zur Verwendung kommt, werden pro 100 ccm je 1 Tropfen einer BERTHELOTschen Lösung, die statt Calzium etwas Jod enthält und daher folgendermaßen zusammengesetzt ist, beigegeben:

50 g $Fe_2 (SO_4)_3$	0,20 g 5 TiO_2, $SO_3 . 5 H_2O$
2 g $Mn (SO_4) . 7 H_2O$	0,10 g $Zn SO_4 . 7 H_2O$
0,5 g JK	0,05 g $CuSO_4 . 5 H_2O$
0,05 g $NiCl_2 . 6 H_2O$	0,10 g $BeSO_4 . 4 H_2O$
0,05 g $CoCl_2 . 6 H_2O$	0,05 g H_3BO_3
	1 ccm Schwefelsäure 66° Bê
	1000 ccm H_2O

Die zu testenden Wirkstoffe werden der Nährlösung in wässeriger Form beigefügt. Als Testobjekt können die Stengel verschiedener Pflanzen, so z. B. von *Vitis vinifera*, *Vitis coignetiae*, *Vitis Davidii*, *Parthenocissus tricuspidata*, *Rubus fruticosus*, *Cissus discolor*, *Parthenocissus quinquefolia*,

Cissus incisa, *Rubus reflexus*, *Rosa wichuraiana*, ferner *Crataegus monogyna*, *Pirus communis*, *Syringa vulgaris*, *Antirrhinum majus*, *Malva silvestris* und *Nicotiana Tabacum* (var. „White Burley") verwendet werden. Da die Gewebeschnitte aus den oben angeführten Pflanzen ein Eintauchen in die Nährflüssigkeit nicht gut vertragen, ist es zweckmäßig, die Nährlösung mit Gelatine (in einer Konzentration von 1,2%) zu verfestigen. Der Lösung werden außerdem noch 3 bis 5% Zucker beigegeben. Diese Nährlösung wird bis zur vollständigen Lösung der Gelatine leicht aufgekocht, abfiltriert und schließlich in 16 cm lange und 24 bis 30 mm breite Kulturröhrchen eingefüllt. Die Röhrchen werden bei 110° C 20 Minuten lang sterilisiert.

Die Präparation der Gewebeschnitte geschieht nun auf die Weise, daß die Stengel, die sorgfältig von ihren Blättern befreit sind, in 30 cm lange Stücke geschnitten werden. Diese Stengelstücke werden zur Auflösung der Wachsschicht in 96%igen Alkohol getaucht und ohne vorherige Waschung in eine Lösung von Calziumhypochlorit (70 g/l) eingelegt. Zur Herstellung dieser Lösung werden 70 g Ca-Hypochlorit in 1 l Wasser gegeben, 10 Minuten lang gut geschüttelt und schließlich durch ein Filtrierpapier filtriert.

In dieser Lösung verbleiben die Schnitte für ½ Stunde, werden sodann aus der Lösung genommen, mit sterilem Filtrierpapier abgetrocknet und mit sterilem Wasser (mit zweifacher Wiederholung) überrieselt. Nach diesen Waschungen werden die Schnitte geschält, und zwar nimmt man sie zu diesem Zweck aus den Eprouvetten, in welchen sie gewaschen wurden, taucht sie ganz kurz in Alkohol und legt sie zwischen zwei sterile Filtrierpapierbogen. Darauf wird die Epidermis mit einem scharfen Skalpell entfernt. Die geschälten Pflanzenteile werden erneut in Alkohol (95%) getaucht und nach gründlicher Waschung mit sterilem Wasser in 1,5 bis 2 cm lange Teile zerschnitten. Da sich die Explantate normalerweise nur bei normalem Luftzutritt an der ursprünglich basalen Seite weiterentwickeln, müssen sie invers (also so, daß das ursprünglich untere Ende des Schnittes frei nach oben schaut) in die Gelatine eingestellt werden.

Die Röhrchen werden sodann mit Wattepfropfen, außerdem aber noch mit kleinen, sterilen Stanniol- oder Kunststoffquadraten nahezu hermetisch abgeschlossen. Nach MOREL können mit der beschriebenen Methode zu 90% aseptische Kulturen erhalten werden.

Über weitere Methoden der pflanzlichen Gewebekultur vgl. BÖRGER (1926), CZECH (1926), CRACIUN (1931), FIEDLER (1938) und WHITE (1943).

Mit Hilfe der beschriebenen Methode konnte MOREL feststellen, daß sich gewisse pflanzliche Explantate (z. B. von *Crataegus monogyna* oder *Parthenocissus tricuspidata*) nur in Gegenwart von Wuchsstoff (z. B. α-Naphthylessigsäure) entwickeln, andere Explantate (z. B. Krongallen-Gewebe von *Nicotiana Tabacum*, var. „White Burley") zeigten dagegen auch ohne zusätzlichen Wuchsstoff ein Wachstum. Allerdings ließ sich auch hier eine Wachstumssteigerung durch Zufuhr von 5×10^{-6}% bis 5×10^{-5}% α-Naphthylessigsäure erreichen. Bei noch höherer Konzentration trat eine Hemmung des Wachstums ein.

Weitere Untersuchungen über den Einfluß von Wuchsstoffen auf pflanzliche Gewebekulturen vgl. GAUTHERET (1942).

Eine Methode zur Untersuchung der Zellteilung an Explantaten wurde von BROWN und RICKLESS (1949) und STEWARD und SHANTZ (1956) beschrieben: Das Gewebe-Explantat wird in einem Gemisch von 5% Chromsäure und 5% Salzsäure während 5 bis 10 Stunden bei Zimmertemperatur mazeriert und durch starkes Schütteln so gut als möglich zerteilt. Um das Mazerat vollständig in einzelne Zellen zu zerlegen, wird es in eine Injektionsspritze aufgenommen und kräftig herausgespritzt. Die Zellanzahl gleich großer Tropfen wird mikroskopisch in einer Blutkörperchenzählkammer bestimmt. Die Auswertung kann aber auch so erfolgen, daß die Zählkammer unter ein Mikroskop gelegt wird und bei einem möglichst großen Blickfeld (12 qmm) und schwacher Vergrößerung Mikro-Photos hergestellt werden. Die Negative werden sodann auf eine Wand projiziert und die Zellenanzahl per Flächeneinheit bestimmt. Da der Fehler bei dieser Bestimmung meist groß ist, müssen stets mehrere Wiederholungen gemacht werden. Diese Methode erlaubt ferner eine Bestimmung der durchschnittlichen Zellgröße. Wird das Gewicht des Gewebe-Explantates in mg bestimmt und die Anzahl der Zellen des Explantates festgestellt, so ist es leicht möglich, die Zellgröße in g pro Zelle oder aber die Zellenanzahl pro g des Gewebes anzugeben.

Mit Hilfe von Zellteilungstesten konnten in Kokosmilch einige zellteilungsbeeinflussende Stoffe festgestellt werden, die vorläufig als Substanz A, B, C und F bezeichnet wurden. Während es sich bei Substanz A um 1,3-Diphenylharnstoff handelt (SHANTZ und STEWARD 1955), ist die chemische Konstitution der Substanzen B, C und F noch ungeklärt. Es dürfte sich um zyklische, stickstoffhaltige Verbindungen handeln. Ein weiterer, die Zellteilung beeinflussender Stoff ist das bei der Autoklavierung von Nucleinsäuren entstehende Kinetin (6-Furfurylaminopurin; vgl. MILLER, SKOOG, OKUMURA, v. SALTZA und STRONG 1955). Weitere zellteilungsfördernde Stoffe sind die 2-Benzthiazoloxyessigsäure (bei Karotten und Artischockengewebe), ferner ein Leucoanthocyanin (aus unreifen *Aesculus*-Früchten).

15. Kallus-Test von F. Laibach und O. Fischnich (1935 a)

Prinzip der Methode: Auf das dekapitierte Epicotyl von *Vicia Faba* wird Lanolinpaste, die den zu testenden Wuchsstoff enthält, aufgetragen und nach einer bestimmten Zeit die Dickenzunahme des Stengels gemessen.

Handhabung der Methode: Zur Verwendung kommt das Epicotyl von *Vicia Faba* („Große grüne Windsor"). Die Samen werden für 12 Stunden bei einer Temperatur von 25° C in Leitungswasser eingeweicht und dann in Töpfe (7 cm Durchmesser) in groben Sand eingepflanzt. Die Töpfe werden im Warmhaus bei 25° C aufgestellt und nach etwa 10 Tagen, wenn die Epicotylen etwa eine Länge von 20 bis 25 cm erreicht haben, 5 mm unterhalb des zweiten Knotens dekapitiert. Mit einem Horizontalmikroskop wird sodann die Dicke des Stengels gemessen und zwar der zur Medianebene senkrechte Durchmesser 3 mm unterhalb der Schnittfläche. Eine Stunde nach der Dekapitierung, wenn die Blutung zum Stillstand gekommen ist, wird die Wuchsstoffpaste aufgetragen. Danach kommen die Pflanzen in einen Dunkelraum mit konstanter Temperatur und Feuchtigkeit. Die zweite Dickenmessung erfolgt nach 96 Stunden bei Tageslicht. Es ist vorteilhaft, die Messung unabhängig auch noch von einer anderen Person wiederholen zu lassen.

Die Versuche werden in 4 Serien durchgeführt, wobei für jede Serie 500 Bohnenpflanzen gesetzt werden, von denen dann 280 als Versuchspflanzen ausgewählt werden. Die Versuche werden an vier aufeinanderfolgenden Tagen angesetzt.

Zur Herstellung einer Standard-Konzentrations-Wirkungskurve, auf Grund derer man die kallusbildende Wirkung unbekannter Wuchsstoffe quantitativ bestimmen kann wird ein Test mit synthetischer Indol-3-essigsäure durchgeführt. Die Paste wird aus einer bei 35° C gesättigten Lösung mit einem Gehalt von 0,233 % Indol-3-essigsäure und Wollfett (Adeps lanae, Merck), die im Verhältnis 1:1 miteinander gemischt werden, hergestellt. Dadurch wird eine Ausgangspaste von 0,1165 %, bezogen auf Gesamtpaste, erhalten. Von dieser Paste ($^1/_1$) werden in geometrischer Reihe Lanolin (1 Teil Wollfett + 1 Teil Aqua dest.) abgestufte Verdünnungen hergestellt, die mit $^1/_2$, $^1/_4$ usw. bezeichnet werden.

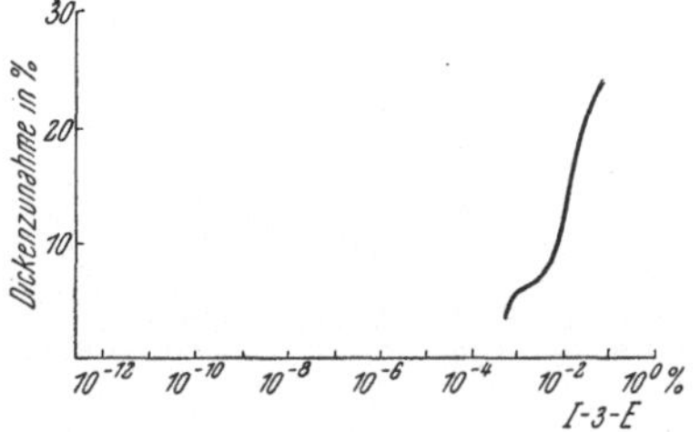

Abb. 90. Konzentrations-Wirkungskurve zum Kallus-Test von LAIBACH und FISCHNICH. (Nach LAIBACH und FISCHNICH 1935, S. 473)

Als *Vicia*-Wirkungseinheit wird von den Autoren jener Grad der Kallusbildung festgelegt, bei welchem eine Dickenzunahme des unter dem zweiten Knoten dekapitierten Epicotyls um 10% nach 4 Tagen erfolgt, vorausgesetzt die genaue Einhaltung der Testvorschrift. Die oben genannte *Vicia*-Wirkungseinheit entspricht dann der Wirkung von 73 γ Indol-3-essigsäure in 1 g Paste $= 7{,}3 \times 10^{-3}$% Indol-3-essigsäure.

Konzentrations-Wirkungskurve: Wird auf der Abszisse der Logarithmus der Wuchsstoffkonzentration, auf der Ordinate die prozentuelle Dickenzunahme aufgetragen, so zeigt sich, daß zwischen einer Konzentration von 5×10^{-4} bis 10^{-1}% Indol-3-essigsäure ziemliche Proportionalität zwischen der Wuchsstoffkonzentration und der Dickenzunahme des Epicotyl-Stengels gegeben ist. Aus der Kurve ist ersichtlich, daß bis zu einer Konzentration von 10^{-1}% Indol-3-essigsäure eine ausgesprochene Förderung des Dickenwachstums erfolgt.

Kritik der Methode: Es handelt sich um einen Zellteilungs-Test, der wegen der verhältnismäßig langen Versuchszeit zu größeren Serienuntersuchungen nur bedingt einsetzbar ist.

16. Hefe-Test von E. Turfitt (1941)

Prinzip der Methode: Hefe-Suspensionen werden mit Wuchsstofflösungen bestimmter Konzentration versetzt und die bei der Gärung entstehende CO_2-Menge bzw. die Anzahl der Hefezellen bestimmt. Die gesteigerte bzw. verminderte Abgabe von CO_2 bzw. Anzahl von Hefezellen bei Zugabe von Wuchsstoff wird als quantitativer Test ausgewertet.

Handhabung der Methode: Für den Test kommt eine erstklassige englische Gärhefe („D. C. L.“) zur Verwendung. 10 ccm Wasser (oder eine wässerige Lösung von $(NH_4)_2SO_4$ 0,2 %, KH_2PO_4 0,2%, $MgSO_4$ + + 7 H_2O 0,05 %, $FeSO_4$ + 7 H_2O 0,001 %), 10 ccm 10 %ige Rohrzuckerlösung, 4 ccm Hefe-Suspension (5 g Hefe pro 20 ccm Wasser) und 1 ccm der Testlösung (in den Kontrollen durch Wasser ersetzt) kommen in ein 50 ccm-Fläschchen, das mit einem Spund mit Abführungsröhrchen gut verschlossen wird. Fünf Fläschchen mit den verschiedenen Wuchsstoffkonzentrationen werden in der gleichen Weise hergestellt und im Wasserbad bei konstanter Temperatur (24° C) gehalten. Das bei der Gärung entstehende CO_2 wird in Eudiometerröhrchen über gesättigter Salzlösung gesammelt und das Volumen in bestimmten Zeitabständen gemessen.

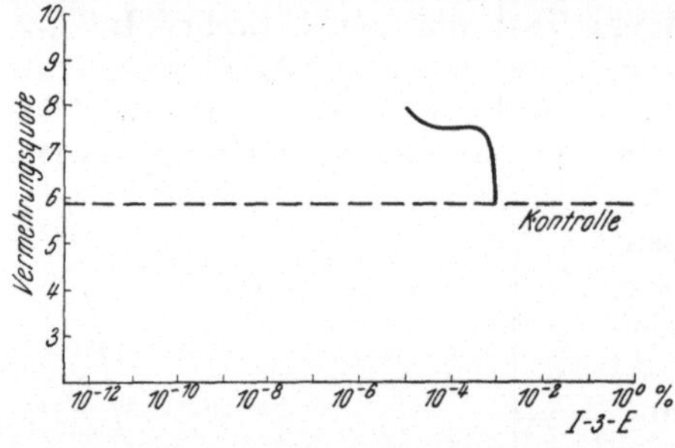

Abb. 91. Konzentrations-Wirkungskurve zum Hefe-Test von TURFITT. (Nach TURFITT 1941, S. 242)

Für die Durchzählung der Hefezellen werden fünf 250 ccm-Fläschchen mit 95 ccm des dampfsterilisierten Kulturmediums versetzt. Dazu werden 4 ccm der ebenfalls sterilen Wuchsstofflösung in bestimmter Konzentration zugegeben. Schließlich kommt in jede Flasche noch 1 ccm der Hefe-Suspension. Nach der ersten Durchzählung kommen die Kulturen in ein Wasserbad mit 25° C. Weitere Zählungen erfolgen nach 1, 2, 5, oder 6 Tagen. Sie werden mit Hilfe eines Thoma-Zeiss-Haemocytometers durchgeführt.

Konzentrations-Wirkungskurve: vgl. Abb. 91.

Kritik der Methode: Bei obiger Methode handelt es sich um einen Zellteilungs- und Stoffwechseltest. Es ist dabei zu beachten, daß Zellteilung und Stoffwechsel durch Wuchs- oder Hemmstoffe in verschiedener Weise beeinflußt werden können. Der Test kann für Serienuntersuchungen herangezogen werden.

17. Parthenocarpie-Test von L. C. Luckwill (1948)

Prinzip der Methode: Die Fruchtknoten junger, unbestäubter Tomatenblüten werden mit Wuchsstofflösungen bestimmter Konzentration behandelt. Nach einer bestimmten Zeit wird die Größenzunahme der behandelten Fruchtknoten gegenüber den Kontrollen bestimmt. Vgl. Abb. 92.

Handhabung der Methode: Zur Verwendung kommt eine reine Linie der Tomatensorte „Blaby“ (Linie 107) bzw. die Sorte „Potentate“ oder „Red Current Tomato“ (*Lycopersicum pimpinellifolium*). Die Samen werden in Kistchen ausgestreut und die jungen Keimlinge sodann in 10 cm-Töpfe, später in 18 cm-Töpfe umgepflanzt. Als Düngemittel wird „John Innes“-Mischdünger verwendet. Außerdem werden die Pflanzen während der Sommermonate, sobald die ersten Blütenstände erscheinen, wöchentlich einmal mit Blutmehl gedüngt, um sie kräftig zu erhalten.

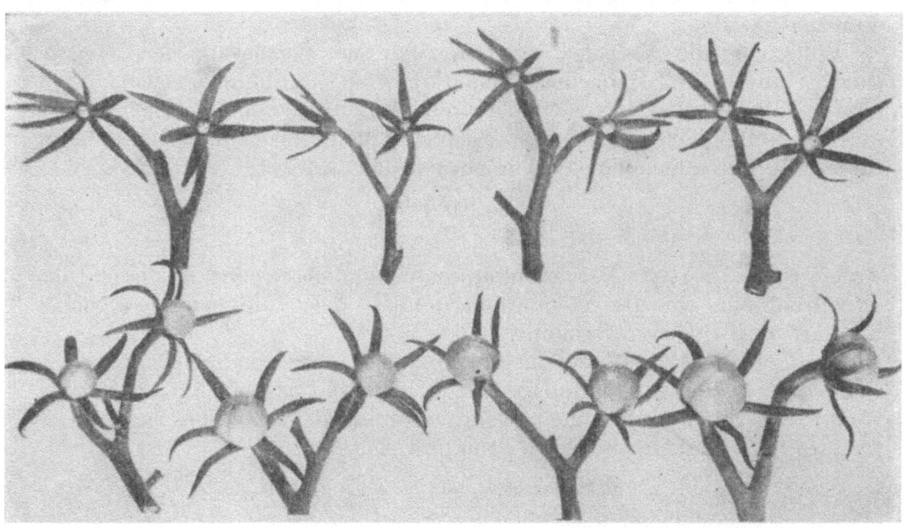

Abb. 92. Entwicklung von Tomaten-Früchten 6 Tage nach der Behandlung mit β-Naphthoxyessigsäure. Dosis von links oben: 0,0112; 0,112; 0,225; 0,560; 1,125; 2,250 γ pro Fruchtknoten. (Nach Luckwill 1948 aus Larsen 1955a, S. 610)

Für den Test werden nur die Blüten des ersten und zweiten Blütenstandes verwendet. Zwei Blätter unterhalb des zweiten Blütenstandes wird das Wachstum abgestoppt, indem alle Seitentriebe entfernt werden. Es sollen 30 % mehr Pflanzen vorhanden sein, als für den Test notwendig sind, um untereinander gleiche Pflanzen auswählen zu können.

Um Temperaturschwankungen in den verschiedenen Abschnitten des Glashauses zu vermeiden, werden die Versuche in wahllos verteilten Blocks mit 2 bis 8 Wiederholungen in jedem Block durchgeführt.

Wenn sich die ältesten Blüten des ersten Blütenstandes öffnen, werden die Pflanzen für den Test präpariert. Und zwar werden 2 Blütenknospen ausgewählt, die 1 bis 2 Tage vor dem Blütenöffnen stehen. Diesen werden die Staubbeutel, die Korolle und der Griffel abgenommen. Alle anderen Blüten und Knospen auf dem Blütenstand werden entfernt. Für den Test werden nur solche Fruchtknoten ausgewählt, die in Größe und Form vollkommen einheitlich sind. Alle nur irgendwie abweichenden und unregelmäßigen Fruchtknoten werden entfernt. Die Fruchtknoten müssen innerhalb 24 Stunden nach der Präparation mit Wuchsstoff behandelt werden.

Der zu testende Wuchsstoff wird den Fruchtknoten in Form einer wässerigen Lösung mit Hilfe einer kleinen Injektionsspritze (1 ccm-Spritze mit einer Nadel Nr. 17), die Tropfen gleicher Größe (0,0075 ccm) liefert, appliziert. Während der Behandlung wird die Blüte in vertikaler Lage gehalten, so daß eine gewünschte Anzahl von Tropfen von der Injektionsspritze auf den Fruchtknoten fallen kann. Es genügt meist, wenn 3 Tropfen (0,0225 ccm) der Lösung bestimmter Konzentration auf den Fruchtknoten appliziert werden.

Entsprechende Versuche zeigten, daß das Wachstum der Fruchtknoten am 12. Tag nach der Behandlung das Maximum erreicht. Nach dieser Zeit fällt die relative Wachstumsgeschwindigkeit allmählich wieder ab. Die anfängliche Wachstumsgeschwindigkeit der Fruchtknoten kann durch folgende allgemeine Formel ausgedrückt werden:

$$r = \frac{\log (V/v)}{t}$$

wobei r die relative Wachstumsgeschwindigkeit, v das Volumen des Fruchtknotens vor der Behandlung und V das Volumen des Fruchtknotens nach t Tagen darstellt.

Da die Fruchtknoten und die jungen Früchte eine ziemlich gleichmäßige Form zeigen und annähernd rund sind, entsteht nur ein kleiner Fehler, wenn das Volumen als eine konstante Funktion des Kubus des Durchmessers (d) angenommen wird. Es ergibt sich daraus

$$r = \frac{\log (k \cdot D^3/k \cdot d^3)}{t} = \frac{3 \cdot \log (D/d)}{t}$$

Wird die Versuchsdauer t konstant gehalten, so kann die Formel weiter vereinfacht werden zu

$$r = \frac{1}{2} \cdot \log (D/d)$$

Die Wirkung verschiedener Mengen von Wuchsstoff wird als Zunahme der relativen Wachstumsgeschwindigkeit der behandelten Früchte gegenüber den Kontrollen bestimmt. Es ergibt sich also

$$\text{Wirkung} = r_x - r_c = \frac{1}{2} \cdot \log (Dx/d) - \frac{1}{2} (Dc/d)$$

wobei r_x die relative Wachstumsgeschwindigkeit für den behandelten Fruchtknoten, r_c die der Kontrollen darstellt.

Der Durchmesser d der unbehandelten Fruchtknoten variiert so wenig, daß er praktisch als konstant angenommen werden darf. Dadurch ergibt sich, daß die Wirkung (h) proportional ist dem $\log D_x - \log D_c$.

Zur Auswertung des Testes ist somit lediglich der Durchmesser der behandelten Früchte (D_x) und der der Kontrollen (D_c) 6 Tage nach der Behandlung zu bestimmen und die gefundenen Werte in obige Formel einzusetzen. Die Durchmesser der jungen Früchte werden so bestimmt, daß diese 6 Tage nach der Behandlung von der Pflanze abgenommen werden und der Durchmesser mit Hilfe eines Binokulares mit Okularmikrometer bei achtfacher Vergrößerung abgemessen wird. Um verschiedene Versuchsresultate untereinander vergleichen zu können, wird die beobachtende Wirkung h in Prozenten von H der maximalen Wirkung jedes einzelnen Testes bestimmt. Die Ermittlung von H geschieht graphisch durch Extrapolieren der Dosis-Wirkungskurve.

Dosis-Wirkungskurve: Da es nach Angabe des Autors bei der Beeinflussung der Wachstumsgeschwindigkeit vor allem auf die *Menge* an appliziertem Wuchsstoff und nicht direkt auf die Konzentration der Lösung ankommt, ist auf Abb. 93 die Dosis-Wirkungskurve wiedergegeben.

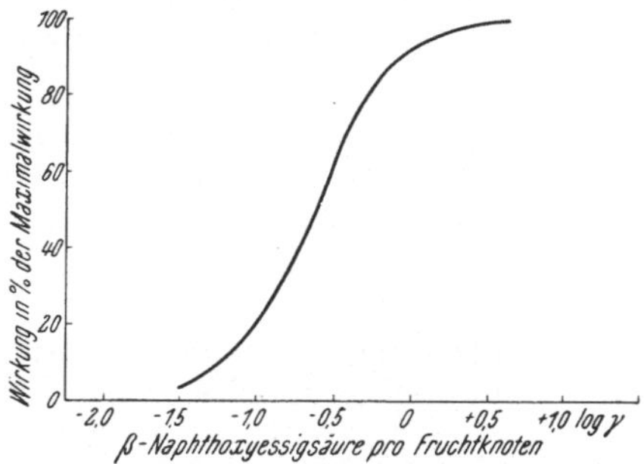

Abb. 93. Dosis-Wirkungskurve zum Parthenocarpie-Test von LUCKWILL. Abszisse: log γ β-Naphthoxyessigsäure pro Fruchtknoten; Ordinate: Wirkung, ausgedrückt in % der Maximalwirkung. (Nach LARSEN 1955a, S. 611)

Kritik der Methode: Der dem Test zugrunde liegende physiologische Vorgang kann bekanntlich durch Zellstreckungswuchsstoffe wie auch durch Hemmstoffe hervorgerufen werden und dürfte kompliziertere physiologische Ursachen haben. Die Funktion der Zellstreckungswuchsstoffe darf daher nur als eine unter mehreren auslösenden Ursachen angesehen werden. Eine gewisse Schwierigkeit für die serienmäßige Durchführung des Testes dürfte die ständige Beschaffung eines physiologisch einheitlichen Versuchsmaterials und die Durchführung des Testes während der Wintermonate sein.

18. Lepidium-Keimungs-Test von E. Libbert (1954a)

*Prinzip der Methode: Lepidium*samen werden in Petrischalen, die den zu testenden Wirkstoff in bestimmter Konzentration enthalten, ausgelegt und in bestimmten Zeitintervallen die gekeimten Samen ausgezählt.

Handhabung der Methode: 100 *Lepidium*samen (vorjährige Ernte) werden in Petrischalen (8 cm Durchmesser) auf 16 g Quarzsand, der mit 5 ccm der zu untersuchenden Lösung getränkt wird, zur Keimung im Dunkelthermostaten bei 27° C ausgelegt. Die gekeimten (Keimung = erstes Sichtbarwerden der Keimwurzel) Samen werden nach etwa 16 Stunden zum ersten Mal, nach 24 Stunden zum zweiten Mal, nach 40 Stunden zum dritten Mal ausgezählt.

Kritik der Methode: Der dem Test zugrunde liegende physiologische Effekt ist von sehr komplexer Natur, so daß aus den mit dieser Methode gewonnenen Ergebnissen keinesfalls auf eine Zellstreckungswirksamkeit des betreffenden Stoffes geschlossen werden darf. Ansonsten stellt der

Test eine einfach zu handhabende, schnelle und auch für Serienversuche mit statistischer Auswertung verwendbare Methode dar.

Über weitere Keimungsteste vgl. EVENARI (1949).

19. Rote-Rüben-Test von H. Veldstra und H. L. Booij (1949)

Prinzip der Methode: Aus roten Rüben werden Scheiben herausgeschnitten und in Wuchsstofflösungen bestimmter Konzentration eingelegt. Je nach der Wirkung des Wuchsstoffes wird die Semipermeabilität des Protoplasmas verändert, der rote Zellsaftfarbstoff verläßt die Vakuole und kann quantitativ auf photometrischem Wege erfaßt werden.

Handhabung der Methode: Aus roten Rüben werden mit Hilfe eines entsprechenden Korkbohrers Zylinder mit einem Durchmesser von 10 mm herausgeschnitten und davon mit einer Rasierklinge 10 Scheiben von 3 mm Dicke abgeschnitten. Darauf wird der rote Zellsaft der zerstörten Zellen gut mit dest. Wasser abgespült und die Scheiben noch 1 Stunde in dest. Wasser gewässert. Nach nochmaligem Abwaschen werden 10 Scheiben in Erlenmeyer-Kolben, die 50 ccm der zu testenden Versuchslösung enthalten, gegeben. Für einen Versuch werden die Scheiben (100 bis 120 Stück) einer Rübe verwendet. Falls Farbunterschiede unter den Scheiben auftreten, wird eine Anzahl von vergleichbaren Scheiben ausgesucht und davon je eine in jeden Kolben gegeben.

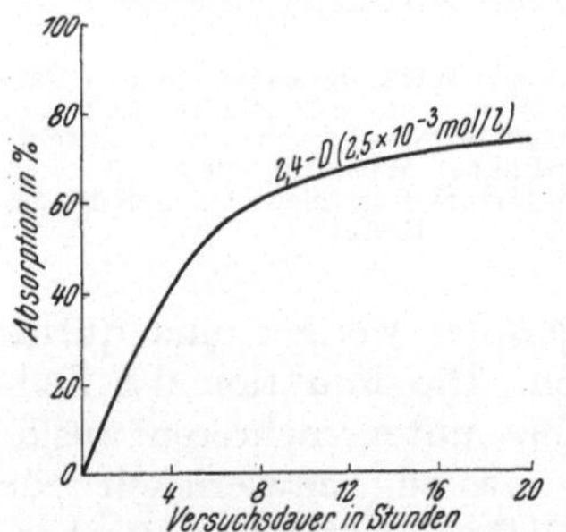

Abb. 94. Absorptionskurve beim „Rote-Rüben"-Test von VELDSTRA und BOOIJ. (Nach VELDSTRA und BOOIJ 1949, S. 289)

Der Farbstoff, der die Zellen verläßt, wird durch die Messung der Farbintensität der Versuchslösung mittels eines photoelektrischen Colorimeters (Colorimeter „Objekta" Bleeker, Utrecht, ausgestattet mit Monochromator und 2 Photozellen, bei Verwendung von grünem Licht, maximal 5000 Å) in bestimmten Zeitabständen gegenüber den Kontrollen, die 10 Scheiben in reinem Lösungsmittel enthalten, bestimmt. Die Testdauer beträgt gewöhnlich 22 Stunden, nach welchen mit $2{,}5 \times 10^{-3}$-mol./l 2,4-Dichlorphenoxyessigsäure das Absorptionsmaximum erreicht wird (vgl. Abb. 94).

Kritik der Methode: Bei dem Test wird *nicht* das Zellstreckungswachstum, sondern die Veränderung der Permeabilitätseigenschaften erfaßt.

20. Test mit „isolierten Knoten" von E. Libbert (1954 a, b)

Prinzip der Methode: Aus Erbsenkeimlingen werden kurze Sproßteile herausgeschnitten, die nur einen Knoten und noch je 1 cm der beiden angrenzenden Internodien haben. Diese „isolierten Knoten" werden mit Wuchsstofflösungen bestimmter Konzentration behandelt und die Anzahl der „getriebenen" Knospen, sowie die Länge der Knospen gegenüber den unbehandelten Kontrollen bestimmt.

Handhabung der Methode: Zur Verwendung kommt *Pisum sativum* (Markerbsen der Sorte Senator) der Fa. Hake & Co., Quedlinburg. Die Samen werden 20 Minuten mit einer 0,1%igen Quecksilberchloridlösung sterilisiert und über Nacht in dest. Wasser gequollen. Die Anzucht erfolgt in Blumentöpfen in „Hohenbockaer“ Kristallquarzsand, der mit Leitungswasser gegossen wird. Auf einen Topf (oberer Durchmesser 10 cm) kommen jeweils 8 oder 10 Samen. Die Anzuchttöpfe werden im Dunkelthermostaten bei 27° C aufgestellt.

7 bis 8 Tage nach dem Säen können die Pflanzen in der Regel zum Test zur Verwendung kommen. Die „isolierten Knoten“, d. h. kurze Sproßteile, die außer einem Knoten (dem ersten oder zweiten) nur noch 1 cm der beiden angrenzenden Internodien tragen, werden in Petrischalen (Durchmesser 10 cm) übertragen, deren Boden mit 25 g analysenreinem Sand bedeckt ist und außerdem mit 9 ccm der zu untersuchenden Wuchsstofflösung mit einem 2%igen Glukosezusatz versetzt wird.

Die isolierten Knoten werden in den nassen Sand leicht eingedrückt und zwar so, daß das schuppenförmige Niederblatt mit der in seiner Achsel stehenden Knospe nach oben gerichtet ist. Die Petrischalen mit Sand und Lösung werden täglich gewechselt. Alle Versuche werden bei 27° C im Dunkelthermostaten durchgeführt.

Die Auswertung der Versuche erfolgt so, daß 1. täglich die Anzahl der „getriebenen“ („getrieben“ heißt nach LIBBERT 1954 das Sichtbarwerden der Knospe unter dem Niederblatt, ohne daß dieses abgehoben zu werden braucht; die Knospen sind zu diesem Zeitpunkt etwa 3,6 mm lang) Knospen (in Prozent) bestimmt wird und 2. an einem Tag des Versuches die Länge der Knospen gemessen wird (mit dem Stechzirkel oder unter dem Mikroskop).

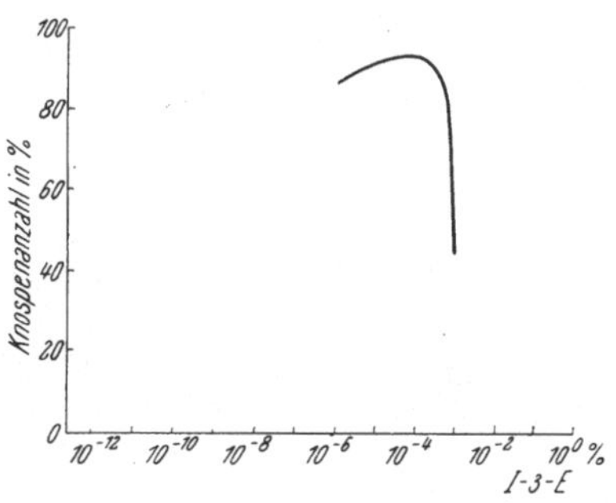

Abb. 95. Konzentrations-Wirkungskurve zum Test mit „isolierten Knoten“ von LIBBERT. (Nach LIBBERT 1954, S. 289)

Konzentrations-Wirkungskurve: Wird auf der Abszisse die Wuchsstoffkonzentration (Indol-3-essigsäure %), auf der Ordinate die Zahl der getriebenen Knospen in % aufgetragen, so zeigt sich bei isolierten Knoten am 4. Tag bei einer Konzentration von 10^{-4} bis 10^{-3}% eine deutliche Hemmung der Knospenbildung (vgl. Abb. 95).

Kritik der Methode: Bei dem Test wird die Wuchsstoffwirkung indirekt durch einen physiologischen Vorgang erfaßt, dessen Mechanismus noch ungeklärt ist.

21. Rhizoclonium-Test von F. F. Davidson (1952)

Prinzip der Methode: Eine Algenmasse (*Rhizoclonium hieroglyphicum*) (J. Ag. Kütz) wird in Wuchsstofflösungen bestimmter Konzentration eingelegt und entweder die Zellvergrößerung oder das Trockengewicht der behandelten Algen gegenüber den unbehandelten Wasserkontrollen bestimmt.

Handhabung der Methode: Es wird eine Kultur von *Rhizoclonium* in größeren Glasbehältern im Laboratorium vorrätig gehalten. Die Algen können in normalem Leitungswasser kultiviert werden.

Für den Test werden die Algen in gut durchlüftete 200 ccm-Erlenmeyerkolben gehalten, die die zu testende Versuchslösung enthalten. Das Wasser aus der Vorratskultur wird durch ein Berkefeld-Filter filtriert und zur Zubereitung der Wuchsstoffverdünnungen verwendet. Der optimale pH-Bereich für das Algenwachstum liegt zwischen 6,8 und 7,8. Dieser pH-Bereich kann mit verdünnter Salzsäure bzw. Natronlauge eingestellt werden.

Für einen Test kommen 11 Stück 200-ccm-Erlenmeyerkolben zur Verwendung, von denen einer 100 ccm reines Wasser (Wasserkontrolle) ent-

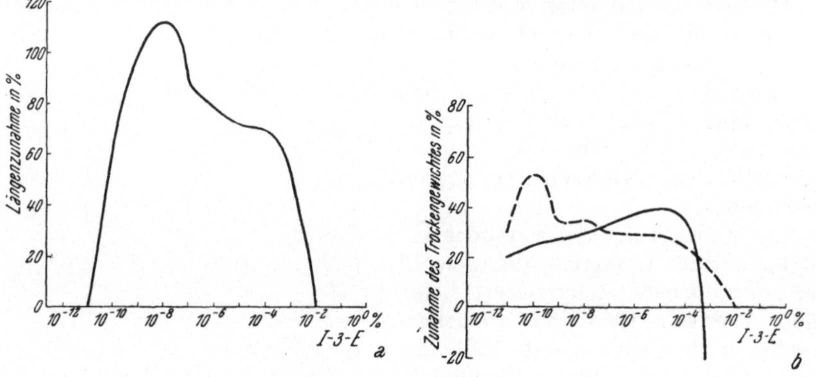

Abb. 96. Konzentrations-Wirkungskurven zum *Rhizoclonium*-Test von DAVIDSON. (Nach DAVIDSON 1952, S. 702)

hält, während die anderen mit je 100 ccm der Versuchslösung gefüllt werden. Aus der *Rhizoclonium*kultur wird eine Algenmasse genommen, einige Male gut mit filtriertem Wasser gewaschen und schließlich zwischen zwei Blätter steriles Filtrierpapier gelegt. Das Filtrierpapier wird rasch gewechselt, bis der Wasser-Überschuß aus der Algenmasse entfernt ist. Sodann werden die Algen bei Zimmertemperatur 15 Minuten lang etwas luftgetrocknet und mit Hilfe einer analytischen Waage in 50-mg-Portionen geteilt. 50 mg der Algen werden in den Kontrollkolben, je eine gleiche Menge in die Kolben mit den Versuchslösungen gegeben. Diese Kulturen werden in einen temperaturkonstanten Raum mit 18 bis 22° C gestellt und mit einer 150-Watt-Lampe, die 30 cm entfernt von den Kulturgefäßen aufgestellt wird, beleuchtet. Die Kulturen werden für die Versuchsdauer mit einem Thiberg-Aerator durchlüftet, und zwar wird der Durchlüfter so eingestellt, daß die Algenmasse in ständiger langsamer Rotation ist. Die Zunahme an Trockengewicht wird als Kriterium für die Wuchsstoffwirksamkeit genommen.

Zur Bestimmung der Zellänge werden die Algen vorerst in der gleichen Weise behandelt wie oben beschrieben. In 5-Tage-Intervallen werden aus den Kulturgefäßen Proben entnommen und die Zellgrößen mikroskopisch mit einem Okularmikrometer bestimmt.

Konzentrations-Wirkungskurve: Die größte Förderung an Trockensubstanz liegt für Indol-3-essigsäure zwischen einer Konzentration von 10^{-4} und 10^{-5} mg/ccm. Die Längenzunahme der Algenzellen beträgt bei einer Konzentration von etwa 10^{-7}mg/ccm Indol-3-essigsäure fast 110% über die Kontrollen.

Kritik der Methode: Es wird das Zellstreckungswachstum bestimmt. Der Test wurde für serienmäßige Untersuchungen bisher nicht herangezogen.

22. Abblattungs-Test (Defoliation-Test) von W. C. Hall (1951)

Prinzip der Methode: Von einem Blatt einer *Coleus*-Pflanze wird die Blattspreite abgeschnitten und auf dem Blattstielstumpf der zu testende Stoff in Lanolinpaste verrührt aufgetragen. Die Verzögerung bzw. die Förderung des Stengelabfalles kann zur Feststellung der Abblattungswirksamkeit ausgewertet werden.

Handhabung der Methode: Als Testpflanzen kommen gesunde, gutentwickelte *Coleus*-Pflanzen zur Verwendung, bei welchen nur die größeren Blätter auf einer Seite des Schößlings entspreitet werden. Die basalen und die zwei obersten Blätter werden nicht behandelt. Dadurch, daß nur Blätter einer Seite entspreitet werden, die der anderen Seite normal bleiben, kommt es zu keinen starken Veränderungen im Stoffwechsel der Pflanzen. Auf den Blattstielen wird nun der zu testende Stoff bestimmter Konzentration in Lanolinpaste verrührt aufgetragen, dann werden täglich Zählungen der von selbst bzw. nach leichtem Druck abgefallenen Stiele durchgeführt.

Konzentrations-Wirkungskurve wurde keine veröffentlicht.

Kritik der Methode: Als Testkriterium dient nicht das Zellstreckungswachstum, sondern der Einfluß von Wuchsstoffen auf die zwischen Blattstiel und Stengel ausgebildete Trennschicht. Der Test ist zur Bestimmung von Abblattungsmitteln (Defoliants) geeignet. Eine Schwierigkeit bei der Durchführung des Testes liegt in der Beschaffung eines physiologisch einheitlichen Versuchsmaterials.

Ein weiterer *Abblattungs-Test* wurde von Weintraub et al. (1952) beschrieben: Zur Verwendung kommen Keimpflanzen von *Phaseolus vulgaris* var. Black Valentine. Die Wirkstoffe werden in 95%igem Äthylalkohol, der 1% eines Netzmittels (Tween 20) enthält, auf die Endknospen von 1 Woche alten Keimlingen nach der Methode von Weintraub (vgl. S. 134) aufgetragen und die Pflanzen im Glashaus so lange weiterkultiviert, bis das erste dreiteilige Blatt der Kontrollen etwa $^2/_3$ der normalen Blattoberfläche erreicht hat. Dies dauert in der Regel 6 bis 10 Tage und ist saisonbedingt. Für jeden Versuch werden 16 Pflanzen pro Konzentration verwendet. Am Ende der Versuchsdauer wird die Zählung der Pflanzen, die einen Abblattungseffekt zeigen, durchgeführt.

Die Empfindlichkeit der Pflanzen ist stark vom Entwicklungszustand und von der Zeit der Behandlung abhängig, so daß das Pflanzenmaterial sorgfältig ausgewählt werden muß, um vergleichbare Werte zu erhalten.

Der Test wurde zu Reihenuntersuchungen über die Abblattungswirksamkeit einer großen Anzahl verschiedener chemischer Substanzen verwendet. Die größte Abblattungswirksamkeit zeigten vor allem halogensubstituierte Benzoesäuren in 2,3,5-Stellung. Die wirksamste Substanz war 2,3,5-Trijodbenzoesäure, die bei 0,08 γ bis 0,10 γ aufgebrachte Substanz pro Pflanze eine 100%ige Abblattungswirksamkeit zeigte.

Ein anderer Abblattungs-Test *in vitro* wurde von ADDICOTT, LYNCH, LIVINGSTON und HUNTER (1949) und LIVINGSTON (1950) beschrieben: Zur Verwendung kommen voll ausgebildete Blätter von *Citrus sinensis* var. Valencia Orange. Diese Blätter besitzen zwei aktive Trennungszonen, und zwar eine laminare Zone zwischen Lamina und Blattstiel und eine „nodale" Zone zwischen Blattstiel und Stamm. Für den Test wird aus den Blättern die nodale Zone so herausgeschnitten, daß an sie noch 6 mm des Stengels und 10 mm der Mittelrippe des Blattes anschließen. Die übrigen Blatteile werden verworfen. Die Schnitte werden in Petrischalen, die eine Schicht Agar enthalten, eingelegt.

Der zu testende Stoff kann auf zwei Arten zugeführt werden: Entweder wird der Agar mit der Substanz versetzt oder die Schnitte werden eine bestimmte Zeit hindurch in die Lösung getaucht und dann auf den unbehandelten Agar übertragen.

Da bei den *in vitro* behandelten Schnitten der normale, beim Feldversuch vorhandene mechanische Druck fehlt, wird am Ende des Versuches mit einer Schere ein leichter Druck auf die Teile des Stengels ausgeübt. Die ohne Hilfe abfallenden Teile, bzw. die Teile, die erst bei Anwendung von leichtem Druck abfallen, werden gesondert protokolliert.

Für die Testauswertung wird täglich der Prozentsatz an abgefallenen Stengelteilen von 20 Schnitten pro Behandlung bestimmt.

VI. Methode zur Molekulargewichtsbestimmung von Wuchsstoffen

Die nachfolgende Diffusionsmethode zur Bestimmung des Molekulargewichtes von synthetischen Wuchsstoffen bzw. solchen, die aus Pflanzenmaterial gewonnen werden, wurde erstmalig von WENT (1929) angewendet und beruht auf der Tatsache, daß die Diffusionsgeschwindigkeit verschiedener Substanzen durch mehrere Agarplättchen von der Größe der Moleküle abhängig ist.

STEFAN (1879) berechnete eine Tabelle, welche die Stoffverteilung bei der Diffusion zeigt, wenn über eine zwei Schichten hohe Lösung eine unendlich große Anzahl von Flüssigkeitsschichten gelagert wird. Die

Stoffverteilung in den verschiedenen Schichten ist in den Tabellen mit der Größe $x = \frac{h}{2\sqrt{kt}}$ als Argument dargestellt, wobei h (in cm) die Höhe einer Schicht, k der Diffusionskoeffizient des Stoffes und t (in Tagen) die Diffusionsdauer bedeutet. KAWALKI (1884) errechnete eine Tabelle, welche die Wuchsstoffverteilung wiedergibt, wenn auf eine Lösungsschicht 3 Schichten des Lösungsmittels gelagert werden. Als Argumente der Tabelle benützt man die Größe $x = \frac{H^2}{4\,kt}$ (oder $\frac{H^2}{kt}$, wo H dann die halbe Schichtdicke bedeutet). Die Werte können in der auf Abb. 97 gegebenen Art in 4 Kurven graphisch dargestellt werden. Der Diffusionskoeffizient (k) wird aus der Formel $x = \frac{H^2}{4kt}$ nach $k = \frac{H^2}{x \cdot 4\,t}$ berechnet.

Die Bestimmung des Molekulargewichtes wird nach BOYSEN-JENSEN (1941) folgendermaßen durchgeführt: Zur Durchführung der Diffusionsversuche werden dünnwandige Glasröhrchen (Wandstärke 0,5 bis 0,7 mm; Länge 20 mm), die an beiden Enden plan geschliffen sind, verwendet und zwar sollen 3 Sätze von Röhrchen mit einer lichten Weite von 15,2 mm (a), 13,2 mm (b) und 11,3 mm (c) zur Verfügung stehen. Aus einer genau 1 mm dicken Agarplatte (aus 1%igem Agar) wird mit Hilfe einer b-Röhre ein Plättchen herausgestanzt, welches mit der auf das Molekulargewicht zu untersuchenden Wuchsstofflösung (oder einem gereinigten pflanzlichen Extrakt) nach der „Auftropfmethode" (vgl. S. 55f.) versetzt wird. Zur besseren Verteilung des Wuchsstoffes wird das betropfte Agarplättchen, welches auf einem Objektträger liegt, umgedreht und 1 Stunde lang liegen gelassen. Sodann werden aus einer wuchsstofffreien Platte mit der c-Röhre 3 Agarplättchen (die in der Röhre bleiben) und zuletzt aus dem wuchsstoffhaltigen Plättchen noch ein viertes herausgestanzt. Zwischen den vier Plättchen dürfen keine Luftblasen oder Wassertropfen sein. Das wuchsstoffhaltige Agarplättchen wird Platte I, die folgenden als Platte II, III und IV bezeichnet. Die beschickte c-Röhre wird sodann in ein kleines Proberöhrchen gegeben und dieses bei konstanter Temperatur (am besten in einem isolierten Behälter) in horizontaler Lage eine bestimmte Zeit stehen gelassen. Danach werden die einzelnen Agarschichten mit einem feinen Pinsel voneinander getrennt und in dampfgesättigter Atmosphäre aufbewahrt.

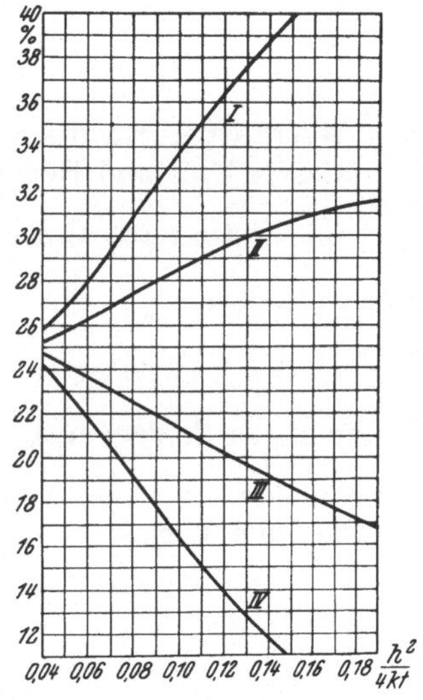

Abb. 97. Graphische Darstellung der KAWALKI-Tabellen. (Aus LARSEN 1944, S. 57)

Mit Hilfe des Standard-*Avena*-Testes (vgl. S. 50 ff.) erfolgt nun die physiologische Bestimmung des Wuchsstoffgehaltes jeder dieser 4 Plättchen. Es muß dabei beachtet werden, daß die 4 erhaltenen Werte innerhalb des Meßbereiches des *Avena*-Testes liegen. Eine Erweiterung des Meßbereiches kann durch „Verdünnung" der Wuchsstoffkonzentration in den ersten 3 Plättchen erreicht werden und zwar kann diese so erfolgen, daß z. B. auf beiden Seiten des Plättchens I ein $^1/_2$ mm dickes Agarplättchen und auf eine Seite des Plättchens II und III ebenfalls ein $^1/_2$ mm dickes Plättchen aufgelegt wird. Werden nach 2 (oder 24) Stunden die zusätzlich aufgelegten Agarplättchen entfernt, so ist die Wuchsstoffkonzentration des Plättchens I auf die Hälfte und die der Plättchen II und III auf $^2/_3$ vermindert. Meistens ist es jedoch nicht notwendig, diese Methode anzuwenden.

Der aus dem *Avena*-Test für jedes einzelne Plättchen erhaltene Wert wird an Hand einer Eichkurve in die Wuchsstoffkonzentration umgerechnet und danach die relative Wuchsstoffverteilung, bezogen auf die Gesamtkonzentration aller 4 Plättchen, in % errechnet. Bei unbekannten Stoffen wird an Hand einer Eichkurve dieses Stoffes nur die prozentuelle Verteilung der Wuchsstoffwirksamkeit in den einzelnen Plättchen ermittelt.

Für jedes Plättchen wird nun an Hand der in Abb. 97 gegebenen Kurven der entsprechende $\frac{H^2}{4\,kt}$-Wert interpoliert. Die Genauigkeit der vier Werte ist durch die Steigung der Kurven im Ablesebereich bedingt. Um diesem Umstand Rechnung zu tragen, muß dem interpolierten Wert $\frac{H^2}{4\,kt}$ ein bestimmtes Gewicht p beigemessen werden, das die Zunahme oder Abnahme der Wuchsstoffkonzentration (in %) pro 0,01 $\frac{H^2}{4\,kt}$ im Bereich des interpolierten Wertes darstellt. Das Gewicht „p" ist also die Differenz der Prozentmengen für die beiden Werte $\frac{H^2}{4\,kt}$, die den Ablesewert einschließen.

Nach der Formel

$$\frac{\sum \frac{H^2}{4\,kt} \cdot \mathrm{p}}{\sum \mathrm{p}}$$

errechnet sich der Durchschnittswert für $\frac{H^2}{4\,kt}$ „x" und dieser Wert wird zur Berechnung des Diffusionskoeffizienten k nach der Formel

$$k = \frac{H^2}{x \cdot 4\,t}$$

wobei H die Dicke eines Agarplättchens (in cm) und t die Zeit (in Tagen) darstellt, herangezogen (vgl. Tab. 9).

Aus dem Mittelwert von k, gewonnen aus mehreren Versuchen, kann nach der Formel

$$k \cdot \sqrt{M} = 7{,}0$$

(von Öholm 1912) das Molekulargewicht (M) des betreffenden Stoffes errechnet werden. Die Formel hat nur für nichtkolloidale und undissoziierte Substanzen bei einer Temperatur von 20° C Geltung. Für dissoziierte Substanzen stellt $k \cdot \sqrt{M}$ einen etwas höheren Wert dar: Für Essigsäure mit der Dissoziationskonstante $1{,}8 \times 10^{-5}$ ist $k \cdot \sqrt{M} = 7{,}7$. Indol-3-essigsäure und Auxin a haben nach Kögl und Klostermans (1935) und Dolk und Thimann (1932) eine Dissoziationskonstante von annähernd gleicher Größenordnung. Deshalb kann angenommen werden, daß auch für diese Substanzen $k \cdot \sqrt{M} = 7{,}7$ ist. Über weitere genaue Angaben bei Diffusionsversuchen mit Wuchsstoffen vgl. Larsen (1944, 1955a).

Mit Hilfe dieser Methode fanden Went (1929) und Raadts (1952) in Diffusaten aus *Avena*-Koleoptilen und ähnlichem Material Molekulargewichte von annähernd 300, ferner 376 und 384. Da Auxin a und b ähnlich hohe Molekulargewichte besitzen ($M = 328$ und 310), könnten die Diffusate mit den beiden Substanzen identisch sein. Ferner konnte Hemberg (1947) aus der sauren Fraktion eines Kartoffel-Ätherextraktes Werte von $M = 179$ und Kramer und Went (1949) bei einem Ätherextrakt aus Tomatenstengel-Spitzen Werte von $M = 200$ finden. Larsen (1944) erzielte aus der neutralen Fraktion eines Ätherextraktes von

Tabelle 9. *Beispiel für eine Bestimmung des Diffusions-Koeffizienten (k) von Indol-3-essigsäure (nach Larsen 1944, entnommen aus Larsen 1955, S. 617)*

Versuchs-bedingungen	Platte No.	Indol-3-essigsäure-Konzentration jeder Platte µg / l	Relative Verteilung %	$\frac{H^2}{4kt}$ (aus Abb. 97 interpoliert)	Gewicht p	$\frac{H^2}{4kt} \cdot p$	Durchschnittswert $x = \frac{\sum \frac{H^2}{4kt} \cdot p}{\sum p}$	Diffusionskoeffizient $k = \frac{H^2}{x \cdot 4t}$
Temp. 20° C	I	82,5	34,7	0,107	1,3	0,1391	0,1155	0,584
pH 6,0	II	72,5	30,5	0,145	0,35	0,0508		
$H = 0{,}106$ cm								
$t = {}^1/_{24}$ Tag	III	48,9	20,6	0,113	0,6	0,0678		
	IV	33,8	14,2	0,117	1,2	0,1404		
		237,7	100,0		3,45	0,3981		

Erbsenkeimlingen einen Wert von $M = 155$. Wie WILDMAN und BONNER (1948) berichten, konnten sie die Resultate von WENT (1929) an Koleoptilspitzen bestätigen, fanden aber, wenn das gleiche Material mit Äther aus den Agarplatten extrahiert wird, einen Wert von 206, woraus wahrscheinlich gemacht wird, daß das Material aus den Koleoptilspitzen einen Komplex darstellt, von welchem Indol-3-essigsäure ($M = 175$) und (oder) Indol-3-Brenztraubensäure ($M = 203$) durch Ätherausschüttelung abgespalten werden kann. Ferner konnten JONES et al. (1952) den Indol-3-acetonitril ($M = 156$) aus Kohlpflanzen, LARSEN (1951 a) und YAMAKI und NAKAMURA (1952) den Indol-3-acetaldehyd ($M = 159$) und REDEMANN et al. (1951) den Indol-3-essigsäure-äthylester ($M = 203$) aus unreifen Maissamen wahrscheinlich machen.

Die Diffusionsmethode kann auch zur Trennung von Pflanzenextrakten herangezogen werden. Und zwar enthalten die untersten Agarplättchen mehr von den rasch diffundierenden Substanzen. Wird aus den untersten Plättchen ein Extrakt hergestellt, so stellt dieser ein gereinigtes Präparat der schneller beweglichen Komponenten dar und kann als Ausgangsmaterial für weitere Diffusionsversuche verwendet werden (BOYSEN-JENSEN 1941).

VII. Verwendung von Radioisotopen in der Wuchsstofforschung

Wie auf vielen anderen Forschungsgebieten wurden in der letzten Zeit auch in der Wuchsstofforschung markierte Substanzen vor allem zur Untersuchung ihrer Wanderung und Speicherung in Pflanzen herangezogen. Es handelte sich dabei vorwiegend um Wuchsstoffsäuren, die in ihrer Carboxylgruppe mit C^{14} markiert waren. Leider ist, wie Tab. 10 zeigt, die Anzahl der erhältlichen radioaktiven Wuchsstoffe bisher noch so gering, daß Versuche mit markierten Substanzen nur in sehr geringem Ausmaß durchgeführt werden konnten.

Tabelle 10. *Derzeit käuflich*[1] *erhältliche radioaktive Wuchsstoffe*

1. 2,4-Dichlorphenoxyessigsäure $-1-C^{14}$
2. 2,4-Dichlorphenoxyessigsäure $-2-C^{14}$
3. 5-Jod-2,4-Dichlorphenoxyessigsäure
4. 2,4,5-Trichlorphenoxyessigsäure $-1-C^{14}$
5. Indol-3-essigsäure $-2\ C^{14}$

Die meisten Untersuchungen wurden mit seitenkettenmarkierter 2,4-Dichlorphenoxyessigsäure, vor allem in Hinblick auf ihre Aufnahme und Wanderung in Pflanzen unternommen (MITCHELL und LINDNER 1950 a, b; WEINTRAUB et al. 1952, CRAFTS 1955, BLAIR und FULLER 1952, WEDDING und METCALF 1952, RICE und ROHRBAUGH 1953). Die letztgenannten Autoren betropften Blätter junger Bohnenpflanzen mit in

[1] (1—3) Erhältlich bei Radiochemical Centre, Amersham, England, bzw. (1, 4) bei Tracerlab Inc. Boston, Mass, U.S.A. und (5) bei Commissariat à l'énergie atomique B.P. No. 6, Fontenay-aux-Roses (Seine, Frankreich).

Kerosen gelöster, C^{14}-markierter 2,4-Dichlorphenoxyessigsäure und stellten in bestimmten Zeitintervallen Autoradiogramme[1] her. Solche Radiogramme wurden ½ Stunde nach dem Auftragen der 2,4-Dichlorphenoxyessigsäure erhalten und zeigten, daß diese in stärkelosen Bohnenpflanzen binnen ½ Stunde von den Primärblättern (wo sie in Kerosen gelöst aufgetragen wurde) bis in die feinen Verästelungen der Wurzeln wandert. Die Autoren geben für diesen Fall eine Wandergeschwindigkeit von 4 cm/Stunde an. HOLLEY, BOYLE und HAND (1950) und HOLLEY (1952) untersuchten den Verbleib von radioaktiver 2,4-Dichlorphenoxyessigsäure in Bohnenpflanzen und gaben eine Methode zu ihrer Synthese, sowie zur Isolation radioaktiven Materials aus Pflanzenextrakten an. Zur chemischen Trennung der Extrakte wurde von den Autoren die Verteilungsmethode im CRAIG-Apparat (vgl. S. 41), zur Bestimmung der einzelnen radioaktiven Fraktionen das GEIGER-MÜLLER-Zählrohr[1] angewendet. In Abb. 98 ist eine Kurve einer Radioaktivitätsbestimmung der Pflanzenextrakt-Fraktionen, die mit Hilfe einer 24-stufigen CRAIG-Apparatur gewonnen wurden, wiedergegeben. Bei solchen Versuchen konnte gezeigt werden, daß der Hauptanteil der auf Blätter applizierten radioaktiven 2,4-Dichlorphenoxyessigsäure den Stengel abwärts wandert. Nahezu ⅓ des isolierten radioaktiven Materials war 2,4-Dichlorphenoxyessigsäure, während über die Hälfte desselben nicht 2,4-Dichlorphenoxyessigsäure, sondern ein wasserlösliches, mit Äther aus einer wässerigen Lösung bei pH 8,0 oder pH 1,5 nicht extrahierbares Material darstellt. Die wasserlösliche Substanz kann schon 6 Stunden nach der Behandlung in Pflanzenextrakten gefunden werden und wird von Säuren oder Alkalien zu einer ätherlöslichen stärkeren organischen Säure hydrolysiert.

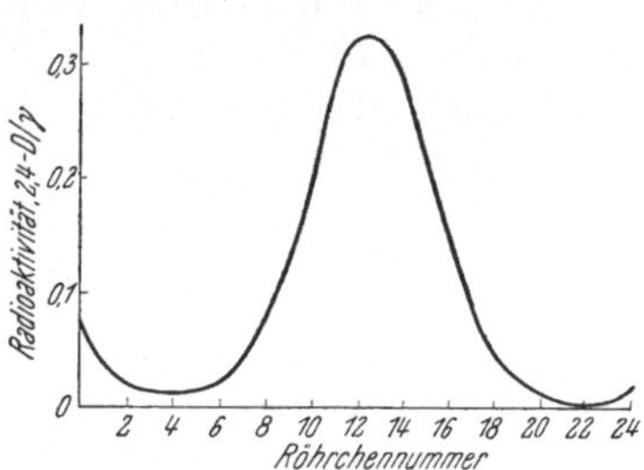

Abb. 98. Die Verteilung radioaktiver 2,4-Dichlorphenoxyessigsäure in einer 24-stufigen CRAIG-Apparatur. (Nach HOLLEY, BOYLE und HAND 1950, S. 149)

Die Trennung eines radioaktiven pflanzlichen Extraktes kann auch mit der apparativ viel einfacheren Papierchromatographie (S. 24) oder Papierelektrophorese (S. 36) durchgeführt werden: Der radioaktive Extrakt, dessen Gesamt-Aktivität am besten mit einem GEIGER-MÜLLER-Zählrohr bestimmt wird, wird auf das Chromatogrammpapier punktförmig, oder für elektrophoretische Trennung streifenförmig aufgetragen und chromatographiert. Nach der Trocknung des Papieres kann von dem Chromatogramm ein Autoradiogramm (z. B. mit Hilfe eines „No-Screen X-ray-Filmes") hergestellt werden[1]. Auf einem solchen erkennt man die

[1] Über die Herstellung von Autoradiogrammen vgl. LAUDA (1955), über allgemeine Isotopentechnik, insbesondere die Handhabung von GEIGER-MÜLLER-Zählrohren vgl. BERNERT (1955), sowie KAMEN (1951) und COMAR (1955).

radioaktiven Chromatogramm-Spots als schwarze Stellen. Diese können in einem Chromatometer (S. 27 f.) quantitativ ausgewertet werden.

Da die Herstellung von Autoradiogrammen bei schwach aktiven Substanzen (z. B. Stoffen mit langer Halbwertszeit) wegen der langen Belichtungszeit für Serienuntersuchungen nicht sehr zweckmäßig erscheint, wird die Aktivitätsbestimmung der einzelnen Chromatogramm-Abschnitte vorteilhafter mit einem Geiger-Müller-Zählrohr durchgeführt.

Die wenigen bisherigen Versuche haben gezeigt, daß auch in der Wuchsstofforschung die Verwendung von Radioisotopen neue Wege eröffnet. Insbesondere die für alle Testmethoden bisher noch ungeklärte Frage über die Intrabilität von Wuchsstoffen, ohne deren Lösung absolute quantitative Angaben über die tatsächlich in die Testpflanzen eingedrungenen Wuchsstoffmengen nicht möglich sind, könnte mit Hilfe radioaktiver Wuchsstoffe vielleicht gelöst werden. Dazu wäre es aber notwendig, daß eine größere Anzahl von markierten, wegen der leichten Abspaltung der Seitenketten vor allem ringmarkierten Wuchsstoffen zur Verfügung stünde.

Anhang. Tabelle 11. *Kennzahlen von Konzentrations-Wirkungskurven der verschiedenen Testmethoden für Indol-3-essigsäure*

Testmethode	vgl. Seite	tiefste, noch als wachstumsfördernd meßbare Konzentration in %	Konzentration (in %), welche die maximale Wachstumsförderung gibt	Konzentration (in %) der Umschlagspunkte
1. Test mit „isolierten Maiswurzeln" (GEIGER-HUBER)	125ff.	10^{-10}	10^{-9}	10^{-8}
2. Wurzel-Zylinder-Test (AUDUS et al.)	124f.	10^{-9}	10^{-9}	—
3. Rhizocolonium-Test (DAVIDSON)	157ff.			
a) Längenmessung		10^{-10}	10^{-8}	10^{-2}
b) Gewichtsbestimmung		10^{-11}	10^{-5}	8×10^{-4}
4. Kressewurzel-Test (MOEWUS)	116ff.	10^{-8}	6×10^{-8}	4×10^{-6}
5. Cephalaria-Test (SÖDING)	65f.	etwa 10^{-8}	10^{-7}	—
6. Koleoptilzylinder-Test (BONNER)	107ff.			
a) nach RIETSEMA		10^{-9}	10^{-6}	—
b) nach BONNER		etwa 10^{-6}	10^{-4}	—
c) nach JOST und REISS		10^{-5}	10^{-3}	—
d) nach KIERMAYER		10^{-7} — 10^{-6}	10^{-4}	6×10^{-2}
7. Artemisia-Wurzel-Test (ASHBY)	122f.	etwa 10^{-6}	10^{-6}	7×10^{-6}
8. Erbsenwurzel-Test (LEOPOLD et al.)	128f.	etwa 10^{-9}	6×10^{-6}	8×10^{-5}
9. Raphanus-Test (OVERBEEK, SÖDING)	66f.	etwa 10^{-5}	10^{-5}	—
10. Koleoptil-Test (FUNKE)	64f.	etwa 10^{-5}	6×10^{-5}	—
11. Helianthus-Geradwachstums-Test (FARDON et al.)	104f.	10^{-5}	3×10^{-5}	—
12. Agrostemma-Test (BORRISS)	102f.	10^{-6}	10^{-5}	—
13. Hefe-Test (TURFITT)	152f.	10^{-5}	10^{-5}	
14. Tageslicht-Test (SÖDING)	63f.	10^{-5}	10^{-4}	—
15. Standard-*Avena*-Test (WENT)	50ff.			
a) nach eigenen Versuchen		etwa 10^{-6}	10^{-4}	—
b) nach WENT		etwa 10^{-5}	10^{-4}	—
16. Geradwachstums-Test (WEINTRAUB)	97	10^{-5}	10^{-4}	—
17. Erbsen-Test (WENT)	68ff.			
a) nach THIMANN α-Messung		10^{-5}	5×10^{-4}	—
b) nach THIMANN und SCHNEIDER α-Messung		etwa 10^{-5}	10^{-3}	—
18. Test mit „viergeteilter Koleoptile" (THIMANN)	72f.	etwa 10^{-4}	10^{-3}	4×10^{-3}
19. Helianthus-Test (BRAUNER)	74f.	etwa 10^{-4}	etwa 10^{-3}	—
20. Helianthus-Test (AMLONG)	75	etwa 10^{-4}	10^{-2}	—
21. Pinsel-Test (SCHLENKER)	77f.	10^{-3}	10^{-2}	—

Literaturverzeichnis

Åberg, B., 1950: Physiol. Plant. **3**, 447—461.

—, 1953: Kungl. Lantbrukshögskolans Ann. **20**, 241—295.

—, 1954: Kungl. Lantbrukshögskolans Ann. **21**, 197—211.

Addicott, F. T., Ruth S. Lynch, G. A. Livingston und J. K. Hunter, 1949: Plant Physiol. **24**, 537—539.

Albaum, H. G., S. Kaiser und H. A. Nestler, 1937: Amer. J. Bot. **24**, 513—518.

Algéus, S., 1946: Bot. Notiser 129—278.

Amlong, H. U., 1939: Jb. wiss. Bot. **88**, 438—455.

Ashby, W. C., 1951: Bot. Gaz. **112**, 237—250.

Audus, L. J. und A. Garrard, 1953: J. exp. Bot. **4**, 330—348.

Audus, L. J. und Ruth Thresh, 1953: Physiol. Plant. **6**, 451—465.

Avery, G. S., 1952: Plants and Gardens, N. S. **8**, 28.

Avery, G. S. und E. B. Johnson, 1947: Hormones and Horticulture. New York: McGraw-Hill Book Comp. Inc.

Avery, G. S., J. Berger und B. Shalucha, 1941: Amer. J. Bot. **28**, 569—607.

Avery, G. S., J. Berger und O. White, 1945: Amer. J. Bot. **32**, 188—191.

Avery, G. S., P. R. Burkholder und H. B. Creighton, 1937: Amer. J. Bot. **24**, 51—58 und 226—232.

Avery, G. S., H. B. Creighton und C. W. Hock, 1939: Amer. J. Bot. **26**, 360—365.

Avery, G. S., H. B. Creighton und B. Shalucha, 1940: Amer. J. Bot. **28**, 289—300.

— — —, 1941: Amer. J. Bot. **28**, 498—506.

Bandurski, R. S., 1946: Bot. Gaz. **107**, 446.

Behrens, M. und A. Fischer, 1954: Naturwissenschaften **41**, 13.

Bennet-Clark, T. A. und N. G. Ball, 1951: J. exp. Bot. **2**, 169—203.

Bennet-Clark, T. A. und N. P. Kefford, 1953: Nature (London) **171**, 645.

Bennet-Clark, T. A., M. S. Tambiah und N. P. Kefford, 1952: Nature (London) **169**, 452.

Benson, A. A., J. A. Brassham, M. Calvin, T. C. Goodale, V. A. Haas und W. Stepka, 1950: J. Amer. chem. Soc. **72**, 1710.

Bentley, J. A., 1950: J. exp. Bot. **1**, 201—213.

Bentley, J. A. und S. Housley, 1954: Physiol. Plant. **7**, 405—419.

Bernert, Traude, 1955: Zählrohrmethode. In: Handbuch der mikrochemischen Methoden, herausgegeben von F. Hecht und M. K. Zacherl, Band II. Wien: Springer-Verlag.

Berry, H. K., H. E. Sutton, L. Cain und J. S. Berry, 1951: Univ. Texas Bull. No. 5109, 22.

Bertho, A. und W. Grassmann, 1939: Laboratory Methods of Biochemistry. London: The MacMillan Co., Ltd.

Blackman, G. E., 1952: J. exp. Bot. **3**, 1.

Blackman, G. E. und R. C. Robertson-Cuninghame, 1953: New Phytologist **52**, 71—75.

Blair, B. O. und W. H. Fuller, 1952: Bot. Gaz. **113**, 368–372.
Block, R. J., R. Le Strange und G. Zweig, 1900: Paper Chromatography. New York: Academic Press, Inc.
Bobko, E. V. und N. J. Jakushkina, 1945: C. R. (Doklady) Acad. Sci. URSS **48**, 132–134.
Bonde, E. K., 1954: Physiol. Plant. **7**, 66–71.
Bonner, J., 1933: J. gen. Physiol. **17**, 63–76.
—, 1949: Amer. J. Bot. **36**, 323–332.
Bonner, J. und S. G. W. Wildman, 1947: Growth **11**, 51.
Börger, H., 1926: Z. Zellforsch. **2**, 123–190.
Borriss, H., 1943: Jb. wiss. Bot. **91**, 83–119.
Borriss, H. und K. Bussmann, 1939: Jb. wiss. Bot. **88**, 519.
Boysen-Jensen, P., 1910: Ber. dtsch. bot. Ges. **28**, 118–120.
—, 1911: Bull. Acad. Danemark **1**, 3–24.
—, 1913: Ber. dtsch. bot. Ges. **31**, 559–566.
—, 1933: Planta **19**, 345.
—, 1935: Die Wuchsstofftheorie, VIII. Jena: G. Fischer.
—, 1936a: Kgl. danske Vidensk. Selsk., biol. Medd. **13**(1), 1–31.
—, 1936b: Growth Hormones in Plants. New York: McGraw Hill.
—, 1937: Planta **26**, 584–594.
—, 1941: Planta **31**, 653–669.
Brain, Dorothy E., 1941: Nature (London) **148**, 666–667.
Brauner, L., 1952: Naturwissenschaften **39**, 282.
—, 1953: Z. Bot. **41**, 291–341.
Brian, P. W., H. G. Hemming und Margaret Radley., 1955: Physiol. Plant. **8** (4), 899–912.
Brockmann, H., 1940: Angew. Chem. **53**, 384–390.
Brown, J. W. und R. L. Weintraub, 1950: Bot. Gaz. **111**, 448–456.
— —, 1952: Bot. Gaz. **113**, 479–482.
Brown, R. und P. Rickless, 1949: Proc. Roy. Soc. (London), Ser. B **136**, 110.
Burlet, E., 1940: Ber. schweiz. bot. Ges. **50**, 519–544.
Burström, H., 1942: Lantbrukshögskolans Ann. **10**, 209–240.
—, 1949: Physiol. Plant. **2**, 197–209.
—, 1950: Physiol. Plant. **3**, 277–292.
—, 1953: Physiol. Plant. **6**, 262–276.
Buy, H. G. du, 1931: Proc., Kon. Akad. Wetensch. Amsterdam **34**, 277–288.
—, 1933: Recueil Trav. bot. néerl. **30**, 798–925.
—, 1936: Recueil Trav. bot. néerl. **33**, 798.
—, 1938: J. agric. Res. **56**, 155.
Buy, H. G. du und E. Nuernbergk, 1929: Proc., Kon. Akad. Wetensch. Amsterdam **32**, 614–624.

Caplin, S. M. und F. C. Steward, 1949: Nature (London) **163**, 920.
Cholodny, N., 1930: Jb. wiss. Bot. **73**, 720–758.
—, 1934: Planta **21**, 517.
Clauss, H., 1952: Z. Naturforsch. **7** b, 112–117.
Comar, C. L., 1955: Radioisotopes in Biology. New York: McGraw Hill.
Craciun, E., 1931: Le culture des tissus en Biologie experimentale. Paris: Masson.
Crafts, A. S., 1955: Atom-Konferenz (Genf) A/Conf./8/P/111.
Craig, L. C. und O. Post, 1949: Analyt. Chem. **21**, 500.

Cramer, F., 1954: Papierchromatographie, 3. Aufl. Monographien zu „Angewandte Chemie“ und „Chemie-Ingenieur-Technik“. Weinheim: Verlag Chemie.
Czech, H., 1926: Z. Zellforsch. **3**, 176—199.

Darwin, C., 1880: The Power of Movement in Plants. London.
Davidson, F. F., 1952: Amer. J. Bot. **39**, 700—704.
Denffer, D. v. und A. Fischer, 1952: Naturwissenschaften **39**, 549.
Denffer, D. v., M. Behrens und A. Fischer, 1952a: Naturwissenschaften **39**, 258.
— — —, 1952b: Naturwissenschaften **39**, 550.
Dijkman, M. J., 1934: Recueil Trav. bot. néerl. **31**, 391—450.
Dixon, M., 1951: Manometric Methods. Cambridge: University Press.
Dolk, H. und K. V. Thimann, 1932: Proc. nat. Acad. Sci. USA **18**, 30—46.

Ebert, V. A., 1955: Phytopathol. Z. **24**, 216—242.
Emsweller, S. L., 1952: Plants and Gardens, N. S. **8**, 35.
Evenari, M., 1949: Bot. Rev. **15**, 153—194.

Fardon, J. C., M. T. Maynard und M. M. A. Mc Dowell, 1945: Growth **9**, 195—205.
Feldmeier, I. und H. von Guttenberg, 1953: Planta **42**, 1—18.
Ferri, M. G., 1951: Arch. Biochem. Biophysics **31**, 127—131.
Ferri, M. D. und L. S. V. Camargo, 1950: An. Acad. brasil. Ci. **22**, 161.
Fiedler, H., 1938: Z. Bot. **55**, 369—416.
Fischer, A., 1954: Planta **43**, 288—314.
Fisher, R. A. und F. Yates, 1949: Statistical Tables for Biological, Agricultural and Medical Research. Edinburgh: Oliver and Boyd.
Fitting, H., 1907: Jb. wiss. Bot. **44**, 177—253.
Fromm, F., 1946: Ciencia (Mexico) **7**, 214—218.
—, 1951: Bot. Gaz. **113**, 86—90.
Fromm, F., J. M. Vidal und J. Coleman, 1949: Proc. Pa Acad. Sci. **23**, 85—90.
Funke, Hildegard, 1939: Jb. wiss. Bot. **88**, 373.

Gast, A., 1942: Ber. schweiz. bot. Ges. **52**, 441—475.
Gautheret, R. J., 1942: Bull. Soc. Chim. biol. **24**, 13—48.
Geiger-Huber, M. und E. Burlet, 1936: Jb. wiss. Bot. **84**, 233—253.
Goodwin, R. E., 1939: Amer. J. Bot. **26**, 130.
Gordon, S. A. und R. P. Weber, 1951: Plant Physiol. **26**, 192—195.
Granick, S. und H. W. Dunham, 1938: Science **87**, 47.
Grassmann, W. und K. Hannig, 1950: Naturwissenschaften **37**, 496.
Gustafson, F. G., 1941: Amer. J. Bot. **28**, 947—951.
Guttenberg, H. von, I. Eifler und G. Nehring, 1953: Planta **42**, 209—219.

Hackett, D. P. und K. V. Thimann, 1950: Plant Physiol. **25**, 648—652.
— —, 1952: Amer. J. Bot. **39**, 553—560.
Hall, W. C., 1951: Bot. Gaz. **113**, 310—322.
Hamence, J. H., 1943: Analyst **68**, 13—14.
Hancock, C. R. und H. W. B. Barlow, 1953: Annu. Rep., East Malling Res. Stat., Near Maidstone, Kent **1952**, 88—94.
Hansen, Berit A. M., 1954: Bot. Notiser 230—325.
Hemberg, T. 1947: Acta Hort. berg. **14**, 133—220.
—, 1952: Physiol. Plant. **5**, 115—129.

HENDERSON, J. H. M. und D. L. HUNT, 1951: Science **114**, 262–264.
HITCHCOCK, A. E. und P. W. ZIMMERMAN, 1938: Contr. Boyce Thompson Inst. **9**, 463–518.
— —, 1945: Contr. Boyce Thompson Inst. **14**, 21–38.
— —, 1951: Contr. Boyce Thompson Inst. **16**, 225–248.
HOLLEY, R. W., 1952: Arch. Biochem. Biophysics **35**, 171–175.
HOLLEY, R. W., F. P. BOYLE und D. B. HAND, 1952: Arch. Biochemistry **27**, 143–151.
HOLLEY, R. W., F. R. BOYLE, H. K. DURFEE und ANN D. HOLLEY, 1951: Arch. Biochem. Biophysics **32**, 192–199.
HUBER, H., 1951: Ber. schweiz. bot. Ges. **61**, 499–538.
HULL, H. M., F. W. WENT und N. YAMADA, 1954: Plant Physiol. **29**, 182–187.

JERCHEL, D. und R. MÜLLER, 1951: Naturwissenschaften **38**, 561–562.
JONES, R. L., T. P. METCALFE und W. A. SEXTON, 1954: J. Sci. Food Agric. **1**, 32–47.
JONES, E. R. H., H. B. HENBEST, G. F. SMITH und J. A. BENTLEY, 1952: Nature (London) **169**, 485.
JOST, L. und E. REISS, 1936: Z. Bot. **30**, 335–376.

KAINDL, K., 1954: Mh. Chem. **85**, 985–1002.
—, 1956: Proc. of a Symposium Wye College, 159–164. London: Butterworths.
KAMEN, M., 1951: Radioactive Tracers in Biology. New York: Academic Press, Inc.
KANDLER, O., 1951: Z. Naturforsch. **6** b, 437.
KANDLER, O. und G. EBERLE, 1955: Phyton (Argentinien) **5**(1), 31–45.
KAWALKI, W., 1894: Ann. Phys. u. Chem. **52**, 166.
KENT, MARTHA und W. A. GORTNER, 1951: Bot. Gaz. **112**, 307–311.
KIERMAYER, O., 1956: Planta **47**, 527–531.
KLEIN, G., 1931 bis 1933: Handbuch der Pflanzenanalyse. Wien: Julius Springer.
KÖGL, F., 1932: Chem. Weekbl. **29**, 317–318.
—, 1933: Rep. Brit. Assoc. 600–609.
—, 1933: Angew. Chem. **46**, 469–473.
KÖGL, F. und H. ERXLEBEN, 1934: Hoppe-Seyler's Z. physiol. Chem. **227**, 51–73.
KÖGL, F. und A. J. HAAGEN-SMIT, 1931: Proc., Kon. Akad. Wetensch. Amsterdam **24**, 1411–1416.
KÖGL, F. und F. R. KLOSTERMANS, 1935: Hoppe-Seyler's Z. physiol. Chem. **235**, 201–216.
KÖGL, F., H. ERXLEBEN und A. J. HAAGEN-SMIT, 1934a: Hoppe-Seyler's physiol. Chem. **225**, 215–229.
— — — 1934b: Hoppe-Seyler's Z. physiol. Chem. **228**, 90–103.
KÖGL, F., A. J. HAAGEN-SMIT und C. J. VAN HULSSEN, 1936: Hoppe-Seyler's Z. physiol. Chem. **241**, 17–33.
KORNMANN, P., 1932: Jb. wiss. Bot. **76**, 283.
KRAMER, M. und F. W. WENT, 1949: Plant Physiol. **24**, 207–221.
KRIBBEN, F. J., 1940: Ber. dtsch. bot. Ges. **57**, 526–530.
KUHN, R. und H. BROCKMANN, 1932: Hoppe-Seyler's Z. physiol. Chem. **206**, 41.

LAIBACH, F., 1932: Jb. wiss. Bot. **76**, 218.
—, 1933: Ber. dtsch. bot. Ges. **51**, 386.

Laibach, F. und O. Fischnich, 1935: Ber. dtsch. bot. Ges. **53**, 469—477.
Laibach, F. und P. Kornmann, 1933: Planta **19**, 482.
— —, 1934: Planta **21**, 396.
Laibach, F. und R. Lotz, 1936: Biochem. Z. **288**, 250.
Laibach, F. und F. Meyer, 1935: Senckenbergiana **17**, 73.
Lange, S., 1927: Jb. wiss. Bot. **67**, 1—51.
Larsen, P., 1940a: Planta **30**, 160—167.
—, 1940b: Planta **30**, 673—682.
—, 1944: Dansk bot. Ark. **11**(9), 1—132.
—, 1949: Amer. J. Bot. **36**, 32—41.
—, 1951a: Annu. Rev. Plant Physiol. **2**, 169—198.
—, 1951b: Plant Physiol. **26**, 697—707.
—, 1953: Physiol. Plant. **6**, 735—774.
—, 1955a, in: Moderne Methoden der Pflanzenanalyse, herausgegeben von K. Paech und M. V. Tracey, Band III, S. 565—625. Berlin-Göttingen-Heidelberg: Springer-Verlag.
—, 1955b: Plant Physiol. **30**, 190—191.
Lauda, Hanne, 1955: Photographische Methoden in der Radiochemie. In: Handbuch der mikrochemischen Methoden, herausgegeben von F. Hecht und M. K. Zacherl, Band II. Wien: Springer-Verlag.
Leopold, A. C. und F. S. Guernsey, 1953: Bot. Gaz. **115**, 147—154.
Lexander, K., 1953: Physiol. Plant. **6**, 406—411.
Libbert, E., 1953: Planta **41**, 396—435.
—, 1954a: Planta **44**, 286—318.
—. 1954b: Flora (Jena) **141**, 269.
Lindner, R. C., 1939: Bot. Gaz. **100**, 500—527.
Link, G. K. K., Virginia Eggers und I. Moulton, 1941: Bot. Gaz. **102**, 590—601.
Linser, H., 1938: Planta **28**, 227.
—, 1939: Planta **29**, 392.
—, 1940: Planta **31**, 32.
—, 1949: Österr. bot. Z. **95**, 95—101.
—, 1950: Phyton **2**, 92—97.
—, 1951a: Bodenkultur **2**, 191.
—, 1951b: Biochim. biophysica Acta **6**, 384.
—, 1951c: Planta **39**, 377—401.
—, 1953: Biochim. biophysica Acta **10**, 189.
—, 1954a: Biochim. biophysica Acta **15**, 25—30.
—, 1954b: Protoplasma **54**, 307—313.
—, 1954c: Mh. Chem. **85**, 196—226.
—, 1954d: Planta **43**, 440.
—, 1954e: Österr. Forst- u. Holzwirtsch. **6**, 135.
—, 1956: Proc. of a Symposium Wye College, 141—158. London: Butterworths.
Linser, H. und K. Kaindl, 1951: Science **114**, 69.
Linser, H. und O. Kiermayer, 1956a: Biochim. biophysica Acta **19**, 341—344.
— —, 1956b: Biochim. biophysica Acta **21**, 382.
Linser, H. und F. Maschek, 1953: Planta **41**, 567—588.
Linser, H., W. Frohner und R. Kirschner, 1954: Phyton (Argentinien) **3**, 53—107.
— — —, 1955: Ber. dtsch. bot. Ges. **68**, 46—51.
Linser, H., H. Mayr und F. Maschek, 1954: Planta **44**, 103—120.

LINSKENS, H. F., 1955: Papierchromatographie in der Botanik. Berlin-Göttingen-Heidelberg: Springer-Verlag.
LIVINGSTON, G. A., 1950: Plant Physiol. **25**, 711–721.
LUCKWILL, L. C., 1948: J. horticult. Sci. **24**, 19–31.
—, 1952: Nature (London) **169**, 365.

MARKHAM, R. und J. D. SMITH, 1949: Biochem. J. **45**, 294.
MARQUARDT, R. P. und E. N. LUCE, 1951: Analytic. Chem. **23**, 1485.
MARTH, P. C. und H. V. WESTER, 1952: Plants and Gardens, N. S. **8**, 7.
MAXIMOV, N. A., R. KH. TUREZKAYA und M. F. MUKHINA, 1947: C. R. (Doklady) Acad. Sci. URSS **55** (7) 655–658.
MAYR, H., 1956: Planta **46**, 512–515.
MEISSNER, K. W., 1929: Physik. Z. **30**, 965.
—, 1932: Jb. wiss. Bot. **76**, 208.
MENTZER, C., 1948: Bull. Soc. Chim. biol. **30**, 384–396.
MEVIUS, W., 1927: Jb. wiss. Bot. **66**, 183–253.
MILLER, C. O., F. SKOOG, F. S. OKUMURA, H. M. v. SALTZA und F. M. STRONG, 1955: J. Amer. chem. Soc. **77**, 2662.
MINORU, SAITO und JUJI TOKUNAGA, 1955: Biol. Abstr. **29**, 1975.
MITCHELL, J. W. und B. C. BRUNSTETTER, 1939: Bot. Gaz. **100**, 802–816.
MITCHELL, J. W. und P. J. LINDNER, 1950a: Science **112**, 54–55.
— —, 1950b: Bot. Gaz. **112**, 126–129.
MOEWUS, F., 1949a: Biol. Zbl. **68**, 58–72.
—, 1949b: Biol. Zbl. **68**, 118–140.
MOREL, G., 1948: Ann. Epiphyt. **14** (N. S.), 1–112.
MÜLLER, R., 1953: Beitr. Biol. Pflanzen **30**, 1.
MULLISON, W. R., 1951: Bot. Gaz. **112**, 521–524.

NAUNDORF, G., 1940: Planta **30**, 639–663.
NICKELL, L. G., 1952: Plants and Gardens, N. S. **8**, 40.
NIELSEN, N., 1924: Dansk bot. Ark. **4** (8).
—, 1930: Jb. wiss. Bot. **73**, 125–191.

ÖHOLM, L. W., 1912: Medd. K. Vetensk Akad. Nobelinst. **2** (3).
OVERBEEK, J. VAN, 1933: Recueil Trav. bot. néerl. **30**, 537.
—, 1937: Proc. nat. Acad. Sci. USA **23**, 272–276.
—, 1938a: Plant Physiol. **13**, 587.
—, 1938b: Proc. nat. Acad. Sci. USA **24**, 42.
—, 1950 in FREAR: Agricultural Chemistry, I, Kapitel 13. New York: Van Nostrand.
OVERBEEK, J. VAN und F. W. WENT, 1937: Bot. Gaz. **99**, 22–41.
OVERBEEK, J. VAN, G. DAVILA OLIVO und E. M. SANTIAGO DE VAZQUEZ, 1945: Bot. Gaz. **106**, 440–451.

PAAL, P., 1914: Ber. dtsch. bot. Ges. **32**, 499–502.
—, 1919: Jb. wiss. Bot. **58**, 405–458.
PFAHLER, F., 1938: Jb. wiss. Bot. **86**, 675–719.
PILET, P. E., 1951a: Mém. Soc. vaudoise Sci. natur. **64**, 10, 137.
—, 1951b: Experientia (Basel) **7** (7), 262–264.
—, 1953: Phyton **4**, 247–262.
POHL, R., 1948: Planta **36**, 230–261.
—, 1951: Planta **39**, 105–125.
—, 1952: Z. Bot. **40**, 307–316.
—, 1953: Z. Bot. **41**, 343–273.

PORTER, W. L., 1951: Analytic. Chem. **23**, 412.
PURDY, H., 1921: Kgl. danske Vidensk. Selsk., biol. Medd. **3**, (8).

RAADTS, EDITH, 1952: Planta **40**, 419–430.
RAALTE, M. H. VAN, 1936: Proc., Kon. Akad. Wetensch. Amsterdam **39**, 261.
—, 1937: Recueil Trav. bot. néerl. **34**, 278.
REDEMANN, C. T., S. H. WITTWER und H. M. SELL, 1951: Arch. Biochem. Biophysics **32**, 80–84.
REIMERS, F., 1943: Aeter til Narkose. Copenhagen: E. Munksgaard.
REINERT, J., 1950: Z. Naturforsch. **5** b, 374–380.
—, 1952: Z. Bot. **40**, 77–81.
RICE, E. L. und L. M. ROHRBAUGH, 1953: Bot. Gaz. **115**, 76–81.
RIETSEMA, J., 1950: Proc., Kon. Akad. Wetensch. Amsterdam **52**, 1194–1204.
ROTHERT, W., 1894: Beitr. Biol. Pflanzen **7**, 1–212.

SANTEN, A. M. A., VAN 1940: Diss. Utrecht.
SAUBERT, E., 1925: Z. Bot. **17**, 49–88.
SCHEER, BEATRICE A., 1937: Amer. J. Bot. **24**, 559–565.
SCHLENKER, G. und G. MITTMANN, 1936: Jb. wiss. Bot. **83**, 315–323.
SCHLENKER, G. und CHR. ROSENTHAL, 1937: Die Wuchsstoffe der Pflanze. Ein Querschnitt durch die Wuchshormonforschung. München-Berlin: Lehmann.
SCHNEIDER, C. L., 1938: Amer. J. Bot. **25**, 258–270.
SEILER, L., 1951: Ber. schweiz. bot. Ges. **61**, 622–663.
SEN, S. P., 1955 in: Papierchromatographie in der Botanik, herausgegeben von H. F. LINSKENS, S. 153–170. Berlin-Göttingen-Heidelberg: Springer-Verlag.
SEN, S. P. und A. C. LEOPOLD, 1954: Physiol. Plant. **7**, 98–108 .
SHANTZ, E. M. und F. C. STEWARD, 1955: J. Amer. chem. Soc. **77**, 6351.
SIMON, E. W. und H. BEEVERS, 1952: New Phytologist **52**, 163.
SKOOG, F., 1937: J. gen. Physiol. **20**, 311–334.
SÖDING, H., 1923: Ber. dtsch. bot. Ges. **41**, 396–400.
—, 1925: Jb. wiss. Bot. **64**, 587–603.
—, 1935: Ber. dtsch. bot. Ges. **53**, 331–334.
—, 1937: Jb. wiss. Bot. **85**, 770–787.
—, 1952: Die Wuchsstofflehre. Stuttgart: Thieme.
SÖDING, H. und HILDEGARD FUNKE, 1942: Jb. wiss. Bot. **90**, 1–24.
SÖDING, H. und EDITH RAADTS, 1953: Planta **43**, 25–36.
STARK, P., 1921: Jb. wiss. Bot. **60**, 67–134.
STEFAN, J., 1879: S.-B. österr. Akad. Wiss., math.-naturwiss. Kl. **79**, 161.
STEWARD, F. C. und E. M. SHANTZ, 1956: Proc. of a Symposium Wye College, 165–186. London: Butterworths.
STEWARD, F. C., S. M. CAPLIN und F. K. MILLAR, 1952: Ann. Botany (N. S.) **16**, 58.
STREET, H. E., 1954: Physiol. Plant. **7**, 212–230.
SUTTER, ERIKA, 1944: Ber. schweiz. bot. Ges. **54**, 197–244.
SWANSON, C. P., 1946: Bot. Gaz. **107**, 507–509.

TANG, Y. W. und J. BONNER, 1947: Arch. Biochemistry **13**, 11–25.
— —, 1948: Amer. J. Bot. **35**, 570–578.
TERPSTRA, W., 1953a: Thesis. Utrecht.
—, 1953b: Proc., Kon. Akad. Wetensch. Amsterdam **56**, 206–213.
THIMANN, K. V. und J. BONNER, 1932: Proc. nat. Acad. Sci. USA **18**, 692–701.
— —, 1948: Amer. J. Bot. **35**, 271–280.

THIMANN, K. V. und C. L. SCHNEIDER, 1938a: Amer. J. Bot. **25**, 270—280.
— —, 1938b: Amer. J. Bot. **25**, 627—641.
— —, 1939: Amer. J. Bot. **26**, 792—797.
THIMANN, K. V. und F. SKOOG, 1940: Amer. J. Bot. **27**, 951—960.
THOMPSON, H. E., C. P. SWANSON und A. G. NORMANN, 1946: Bot. Gaz. **107**, 476—507.
TSWETT, M., 1906: Ber. dtsch. bot. Ges. **24**, 384.
—, 1910: Die Chlorophylle in der Pflanzen- und Tierwelt. Warschau (russ.).
TURBA, F., 1954: Chromatographische Methoden in der Protein-Chemie. Berlin-Göttingen-Heidelberg: Springer-Verlag.
TURFITT, G. E., 1941: Biochem. J. **35**, 237—244.

VELDSTRA, H. und H. L. BOOIJ, 1949: Biochim. biophysica Acta **3**, 278—312.
VLITOS, A. J. und W. MEUDT, 1953: Contr. Boyce Thompson Inst. **17** (3), 197—202.

WEDDING, R. T. und R. L. METCALF, 1952: Bot. Gaz. **114**, 180—188.
WEIJ, H. G. VAN DER, 1931: Proc., Kon. Akad. Wetensch. Amsterdam **35**, 875—892.
WEINTRAUB, R. L., 1938: Smithsonian Inst. Publ., misc. Collect. **97** (11), 1—10,
WEINTRAUB, R. L., J. W. BROWN, M. FIELDS und J. RIHAM, 1952: Plant Physiol. **27**, 293—301.
WEINTRAUB, R. L., J. W. BROWN, J. C. NICKERSON und KATHARINE N. TAYLOR, 1952: Bot. Gaz. **113**, 348—362.
WEINTRAUB, R. L., J. W. BROWN, J. A. THRONE und J. N. YEATMAN, 1951: Amer. J. Bot. **38**, 435—440.
WENT, F. W., 1926: Proc., Kon. Akad. Wetensch. Amsterdam **30**, 10—19.
—, 1929: Recueil Trav. bot. néerl. **25**, 1—116.
—, 1934a: Proc., Kon. Akad. Wetensch. Amsterdam **37**, 547—555.
—, 1934b: Proc., Kon. Akad. Wetensch. Amsterdam **37**, 445—455.
WENT, F. W. und K. V. THIMANN, 1937: Phytohormones. New York: The MacMillan Company.
WHITE, P. R., 1943: A Handbook of Plant Tissue Culture. Lancaster: The Cattell Press.
WILDMAN, S. G. und J. BONNER, 1948: Amer. J. Bot. **35**, 740—746.
WILSKE, CAMILLA und H. BURSTRÖM, 1950: Physiol. Plant. **3**, 58—67.
WINKLER, S. und S. PETERSEN, 1935: Hoppe-Seyler's Z. physiol. Chem. **231**, 210—212.
WINTER, A. G. und F. SCHÖNBECK, 1953: Naturwissenschaften **40**, 168—169.
WITSCH, H. VON, 1938: Jb. wiss. Bot. **87**, 1.
WÜRGLER, W., 1942: Ber. schweiz. bot. Ges. **52**, 239—271.

YAMAKI, T. und K. NAKAMURA, 1952: Sci. Pap. Coll. Gen. Educ. Univ. Tokyo **2**, 81—98.

ZECHMEISTER, L. und L. V. CHOLNOKY, 1938: Die chromatographische Adsorptionsmethode, 2. Aufl. Wien: Julius Springer.
ZELLER, A. und G. GRETSCHY, 1952: Veröff. Bundesanst. alp. Landwirtsch. Admont **6**, 124—137.
ZIMMERMAN, P. W., A. E. HITCHCOCK und F. WILCOXON, 1939: Contr. Boyce Thompson Inst. **10**, (3), 363—376.
ZÜRN, F., 1950: Fortschrittl. Landwirt (Graz) **28** (23).

Namenverzeichnis

Sachverzeichnis